中等职业教育"十一五"规划教材

数控加工技术与项目实训

（基础知识、编程篇）

主　编　赵慧曜
参　编　张亚力　刘春玲
　　　　韩庆国　张　晗
主　审　于凤丽

机 械 工 业 出 版 社

《数控加工技术与项目实训》由基础知识、编程篇和机床操作、项目实训篇构成，本教材为基础知识、编程篇，由基础篇和编程篇组成。

基础知识篇主要讲述了技能型数控人才所必须掌握的基础知识，其中，第一章讲述了数控机床的特点、组成、分类及工作原理等与数控机床有关的知识；第二章讲述了数控系统的硬件结构、软件结构及信息处理过程等与数控系统有关的知识；第三章讲述了数控刀具的种类、特点、材料、失效形式及数控刀具的选择等与数控刀具有关的知识；第四章讲述了六点定位原理与夹具的分类、选择等与工装夹具有关的知识；第五章讲述了数控加工工艺过程的概念、组成，毛坯的种类、选择，定位基准的选择，工序尺寸及其公差的确定等与数控加工工艺有关的知识；第六章讲述了数控加工精度及表面质量等与质量控制有关的知识。

编程篇主要讲述了技能型数控人才所必须掌握的数控指令体系和手工编程、计算机编程思想，其中，第七章讲述了数控编程的方法、数控机床的坐标系统及数控程序的结构和格式等数控编程的基础知识；第八章以功能为导向，对比讲解了华中 HNC—21T/M、Fanuc 0i—TB/MA、Siemens 802D 数控系统常用指令的格式及用法；第九章讲述了 MasterCAM 的加工方法和编程思想；第十章讲述了 CAXA 制造工程师 2004 自动编程的加工方法和编程思想。

本教材内容广泛，图文并茂，突出教法，实例充分，不仅可作为机械制造与自动化专业、数控专业、模具设计与制造专业的教材，也可作为数控技能考证的实训指导书。

图书在版编目（CIP）数据

数控加工技术与项目实训/赵慧曜主编 .—北京：机械工业出版社，2008.7（2010.2 重印）

中等职业教育“十一五”规划教材

ISBN 978 - 7 - 111 - 24729 - 6

Ⅰ.数… Ⅱ.赵… Ⅲ.数控机床 - 加工 - 专业学校 - 教材 Ⅳ.TG659

中国版本图书馆 CIP 数据核字（2008）第 113518 号

机械工业出版社（北京市百万庄大街 22 号　邮政编码 100037）

策划编辑：崔占军　王海峰

责任编辑：崔占军　王海峰　章承林　版式设计：霍永明

责任校对：吴美英　责任印制：乔　宇

北京京丰印刷厂印刷

2010 年 2 月第 1 版 · 第 2 次印刷

184mm × 260mm · 29.5 印张 · 716 千字

3 001—6 000 册

标准书号：ISBN 978 - 7 - 111 - 24729 - 6

定价：46.00 元（上下册）

凡购本书，如有缺页、倒页、脱页，由本社发行部调换

电话服务

社服务中心：（010）88361066

销 售 一 部：（010）68326294

销 售 二 部：（010）88379649

读者服务部：（010）68993821

网络服务

门户网：http：//www.cmpbook.com

教材网：http：//www.cmpedu.com

前　言

《数控加工技术与项目实训》是中等职业教育“十一五”规划教材，是根据教育部数控技能型紧缺人才培训培养方案，参照最新的数控专业教学计划，本着“理论教学以技能需要为原则、技能培养以项目实施为主线”而编写的。

《数控加工技术与项目实训》由基础知识、编程篇和机床操作、项目实训篇构成。

基础知识篇讲述了技能型数控人才所必须掌握的有关数控机床、数控系统、数控刀具、夹具、数控加工工艺、数控加工质量等方面的基础知识。

编程篇以功能为导向，对比讲解了华中 HNC—21T/M、Fanuc 0i—TB/MA、Siemens 802D 数控系统常用指令的格式及用法。本篇不仅使读者掌握三种常见数控系统的基本指令和用法，更主要的是掌握“如何学习数控系统”的方法，因为数控系统很多，学无止境。

机床操作篇以实用为原则，分别讲述了华中 HNC—21T 数控车床、Siemens 802D 数控铣床、Fanuc 0i—MA 加工中心的基本操作。

项目实训篇以“一项目多方案”的教学方法，以“项目实施”为主线，以“对比分析不同加工方案→优化所用方案→确定‘最佳’方案”的教学模式，旨在培养读者提出问题→分析问题→解决问题的项目实施能力。

本教材由浙江科技工程学校赵慧曜任主编，沈阳铁路机械学校于凤丽任主审。参与本教材编写的还有河北张家口北方机电工业学校张亚力、河南南阳工业学校刘春玲、吉林航空工程学校韩庆国、吉林航空工程学校张晗。其中，第一章、第三章、第八章由赵慧曜和刘春玲联合编写；第二章由赵慧曜、刘春玲、韩庆国联合编写；第七章由赵慧曜、刘春玲、张晗联合编写；第四章至第六章、第十章、第十八章项目二由赵慧曜和张亚力联合编写；第九章、第十一章至第十七章、第十八章项目一由赵慧曜编写。

在教材编写和出版过程中，各位参编教师和出版社工作人员皆付出了艰辛的劳动，提出了许多宝贵意见。在此，谨向他们表示衷心的感谢！限于编者水平有限和时间仓促，书中难免有错误和不妥之处，敬请读者批评指正。

本教材学时安排，见表 I-1。

表 I-1 教材学时安排参考表

序 号	课 程 内 容	学 时
	基础知识篇 数控加工的基本知识	**26**
1	第一章 数控机床知识	4
2	第二章 数控系统知识	4
3	第三章 数控刀具知识	6
4	第四章 夹具知识	2
5	第五章 数控加工工艺知识	8
6	第六章 数控加工质量	2
	编程篇 数控编程的思想与指令体系	**28**
7	第七章 编程基础	2
8	第八章 编程指令	10
9	第九章 MasterCAM 自动编程	8
10	第十章 CAXA 制造工程师 2004 自动编程	8
	机床操作篇 典型数控系统的基本操作	**14**
11	第十一章 数控机床安全操作规程与保养规范	2
12	第十二章 华中 HNC—21T/M 数控系统操作	4
13	第十三章 Siemens 802D 数控铣床操作	4
14	第十四章 Fanuc 0i—MA 立式加工中心操作	4
	项目实训篇 数控加工的项目实训	**46**
	第十五章 华中 HNC—21T 数控车床项目实训	23
15	项目一 阶梯轴加工程序的编制	4
16	项目二 外圆锥面加工程序的编制	4
17	项目三 槽与切断加工程序的编制	4
18	项目四 螺纹加工程序的编制	4
19	项目五 数控车床综合样件加工	7
	第十六章 Siemens 802D 数控铣床项目实训	8
20	项目一 数控铣床基本样件加工	4
21	项目二 泵体端盖底板加工	4
	第十七章 Fanuc 0i—MA 加工中心项目实训	7
22	项目 Fanuc 0i—MA 型腔薄壁球岛件加工	7
	第十八章 CAD、CAM 项目实训	8
23	项目一 MasterCAM 9.0 计算机编程	4
24	项目二 CAXA 制造工程师 CAM 编程	4
合计		114
机动		2
总计		116

编 者

目　录

基础知识篇

数控加工的基本知识

第一章　数控机床知识

学习目的：了解数控技术、数控设备的基本概念；掌握数控机床的使用范围；掌握数控机床的特点及其组成和工作原理；了解数控机床的分类。

学习重点：掌握数控机床的组成和工作原理。

第一节　数控技术与数控机床

一、数控技术与数控设备

数字控制（Numerical Control）技术，简称数控技术（NC 技术），是用数字化信号构成的程序对某一对象的工作过程进行控制的一种技术，它集传统的机械制造技术、液压气动技术、传感检测技术、现代控制技术、计算机技术、信息处理技术、网络通信技术于一体，是制造自动化的关键基础，是现代制造装备的灵魂核心。数控技术已广泛应用于机器人、生产线、轻工机械、火炮控制等机电一体化领域，是国家工业和国防工业现代化的重要手段。

数控设备是指采用了数控技术的机械设备，机械设备的运动及其加工过程均由数字化信号构成的程序自动控制。数控设备种类繁多，如数控机床、数控测量机、数控绣花机、数控编织机、机器人等等。

数控机床是以数字化的信息实现机床控制的机电一体化产品，它把刀具和工件之间的相对位置、机床电动机的起动和停止、主轴变速、工件松开夹紧、刀具的选择、冷却泵的起停等各种操作和顺序动作信息，用代码化的数字信息送入数控装置或计算机，经过译码、运算，发出各种指令，控制机床伺服系统或其他执行元件，使机床自动加工出所需要的工件。

二、数控机床的特点

1. 具有充分的柔性、适应性强

数控机床的程序控制取代了通用机床的手工操作，具有充分的柔性。当改变加工工件时，只需要重新编制零件程序，更换相应工装，就能加工出新的零件。这一特点为单件、小批量生产及试制产品提供了极大的便利，适应社会对产品多样化的要求。适应性强是数控机床最突出的优点。

2. 加工精度高、产品质量稳定

数控机床的传动系统和机床结构具有很高的刚度和热稳定性，进给系统也采用了消除间隙的措施，反向间隙与丝杠螺距误差等可由数控装置进行自动补偿，对于中、小型数控机床，定位精度普遍可在0.02mm，重复定位精度为0.01mm，脉冲当量普遍已达到了0.001mm，所以数控机床能达到很高的加工精度。数控机床加工是按照程序完全自动进行的，避免了通用机床加工时人为因素的影响，使同一批工件尺寸的一致性好，加工质量十分稳定。

3. 能实现复杂型面零件的加工

数控机床的刀具运动轨迹是由加工程序决定的，因此通过手工或计算机编程（CAD/

CAM 技术)，只要能编制出程序，无论工件的型面多么复杂都能加工，例如我国新研制的“太行”飞机发动机叶片的加工。

4. 生产效率高

工件加工所需的时间包括机动时间和辅助时间两部分。数控机床有效地减少了这两部分的时间。数控机床主轴的转速和进给量的变化范围比普通机床大，能选用最有利的切削用量；数控机床的结构刚性好，能使用大切削用量的强力切削，从而提高了数控机床的切削效率，节省了机动时间；数控机床移动部件的空行速度快，工件装夹时间短，辅助时间比一般机床少。

5. 良好的经济效益

虽然数控机床昂贵，分摊到每个工件的设备费用较高，但用数控机床加工工件可以节省许多其他费用，如通过节省划线工时，减少调整、加工和检验的时间，从而节省了直接生产的费用；数控机床加工精度稳定、废品率低，使生产成本下降；另外，数控机床可以一机多用，节省厂房面积，减少建厂投资，因此，使用数控机床加工可以获得良好的经济效益。

6. 自动化程度高、劳动强度低

数控机床加工工件是按事先编好的程序自动完成的，工件加工过程中不需要人的干预，加工完毕后自动停车，使操作者的劳动强度与紧张程度大为减轻，加上数控机床一般都具有较好的安全防护、自动排屑、自动冷却和自动润滑功能，操作者的劳动条件也大为改善。

7. 有利于构建自动化生产系统

数控机床使用数字信息与标准化代码处理、传递信息，有利于与计算机连接，构成以数控机床为基础的自动化生产系统，例如，计算机直接数控系统（DNC)、柔性制造单元（FMC)、柔性制造系统（FMS）和计算机集成制造系统（CIMS)。

三、数控机床的应用范围

数控机床具有一般机床所不具备的许多优点，其应用范围正在不断扩大，但它并不能完全代替一般机床，也不能以最经济的方式解决机械加工中的所有问题。数控机床和普通机床的应用范围，如图 1-1 所示；各种机床生产批量和综合费用的关系，如图 1-2 所示。

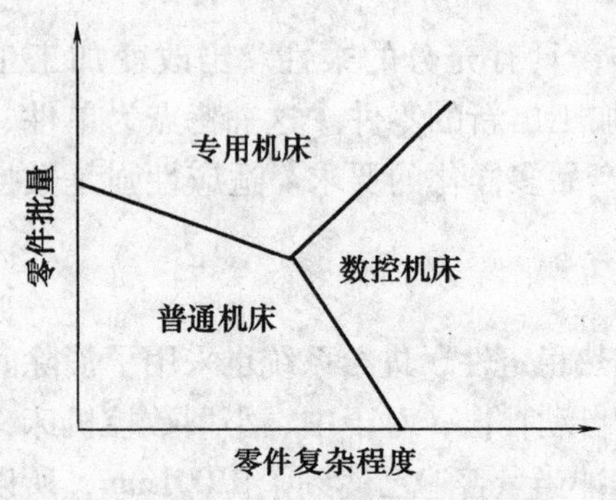

图 1-1 机床的使用范围

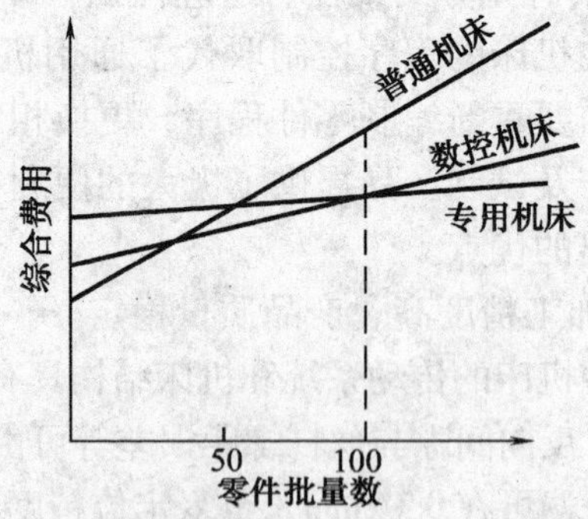

图 1-2 机床的生产量与成本的关系

数控机床最适合加工具有以下特点的零件：

1）多品种、小批量生产的零件或新产品试制中的零件。

2）形状结构比较复杂的零件。

3）工艺设计需多次改进的零件。

4）价格昂贵，加工中不允许报废的关键零件。

5）需要最短生产周期的零件。

6）必须严格控制公差，精度要求高的零件。

7）加工过程中必须进行多工序加工的零件。

8）用普通机床加工时，需要昂贵工装设备（工具、夹具和模具）的零件。

第二节　数控机床组成和工作原理

一、数控机床的组成

数控机床的组成包括程序载体、操作面板、数控装置、主轴伺服系统、进给伺服系统、辅助控制装置、测量反馈系统及机床本体等部分，如图 1-3 所示。

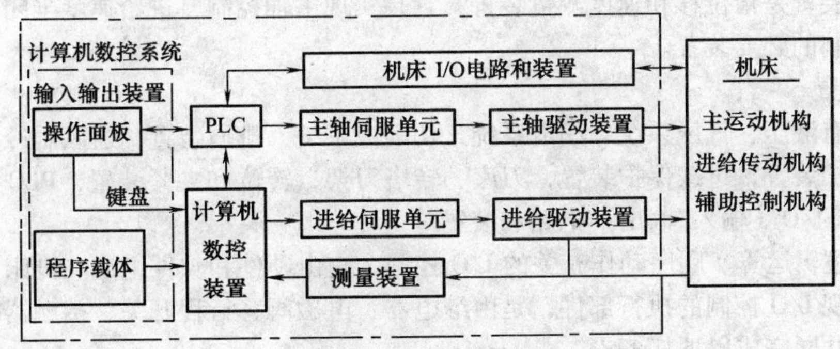

图 1-3　数控机床的组成

1. 数控加工程序载体（控制介质）

控制介质是纪录零件加工程序的媒介，是人与机床建立联系的介质。程序输入输出设备是 CNC 系统与外部设备进行信息交换的装置，其作用是将纪录在控制介质上的零件加工程序输入 CNC 系统，或将调试好的零件加工程序通过输出设备存放或纪录在相应的介质上。数控加工程序载体包括加工程序单、穿孔纸带、磁带、软磁盘、硬磁盘以及 FLASH 闪存等。

此外，现代数控系统一般可利用通信方式进行信息交换，目前在数控机床上常用的通信方式有：串行通信、并行通信、以太网通信、自动控制专用接口。

2. 操作面板

操作面板又称控制面板，是操作人员与数控机床（系统）进行信息交互的工具。操作人员可以通过它对数控机床（系统）进行操作、编程、调试或对机床参数进行设定和修改，也可以通过它了解和查询数控机床（系统）的运行状态。它是数控机床的一个输入输出部件，主要由按钮灯、状态灯、按键阵列（功能同计算机键盘）和 CRT 或液晶显示器等部分组成。

3. 计算机数控（CNC）装置

计算机数控装置是计算机数控系统的核心，其主要作用是根据输入的零件加工程序或操作命令进行相应的处理，然后输出控制命令到相应的执行部件（伺服单元、驱动装置和PLC等），完成零件加工程序或操作所要求的工作。它由硬件和软件组成：

（1）硬件 计算机数控（CNC）装置的硬件由CPU、存储器、控制器、通信接口板以及扩展功能模块等组成，又分为专用计算机和工业用PC机。

（2）软件 计算机数控（CNC）装置的软件包括系统程序和用户程序，主要用于程序管理、参数管理、机床状态监控、系统诊断、图形模拟、刀具补偿以及程序执行等。

4. 伺服单元和驱动装置

伺服单元和驱动装置包括主轴伺服驱动装置、主轴电动机和进给伺服驱动装置、进给电动机。主轴伺服系统的作用是实现零件加工的主切削运动，其控制量为速度；进给伺服系统的作用是实现零件加工所需的成形运动，其控制量为速度和位置，特点是能灵敏、准确地实现CNC装置的位置和速度指令。

5. 检测反馈装置

检测反馈装置是指位移和速度测量装置，它是实现主轴控制、进给速度半闭环控制和进给位置闭环控制的必要装置。

6. 辅助装置

辅助装置有液压、气压系统，润滑系统，切削液系统，排屑装置，通风制冷装置，超程保护，安全防护装置，过载保护装置，刀库、转塔刀架，转位和夹紧装置，PLC（可编程序控制器）、机床I/O（输入/输出）电路和装置等。

PLC是与逻辑运算、顺序动作有关的I/O控制，它由硬件和软件组成。机床I/O电路和装置是用来实现I/O控制的执行部件，是由继电器、电磁阀、行程开关、接触器等组成的逻辑电路。它们共同完成以下任务：

1）接收CNC的M、S、T指令，对其进行译码并转换成对应的控制信号，控制装置完成机床相应的开关动作。

2）接收操作面板和机床传送来的I/O信号，送给CNC装置，经处理后，输出指令控制CNC系统的工作状态和机床的动作。

7. 机床本体

机床本体是数控系统的控制对象，是实现加工零件的执行部件，它主要由主运动部件（主轴、主运动传动机构）、进给运动部件（工作台、拖板及相应的传动机构）、支承件（立柱、床身等）以及特殊装置、自动工作台交换（APC）系统和自动刀具交换（ATC）系统等组成。

二、数控机床的工作原理

数控机床工作原理示意图，如图1-4所示。

首先根据被加工零件的形状、尺寸及工艺要求等，采用手工或计算机编制零件加工程序，把加工零件所需的各种机床动作及工艺参数变成数控装置所能接收的程序代码，并存储在控制介质上，然后经输入装置读出信息并送入数控装置，再经过数控装置一系列的处理和运算转变成脉冲信号，有的脉冲信号被传送到机床的伺服系统，控制传动装置驱动机床有关运动部件；有的脉冲信号则被送到可编程序控制器（PLC）中，按顺序控制机床的其他辅助动作，如工件夹紧、松开，切削液的打开、关闭，刀具的自动更换等。

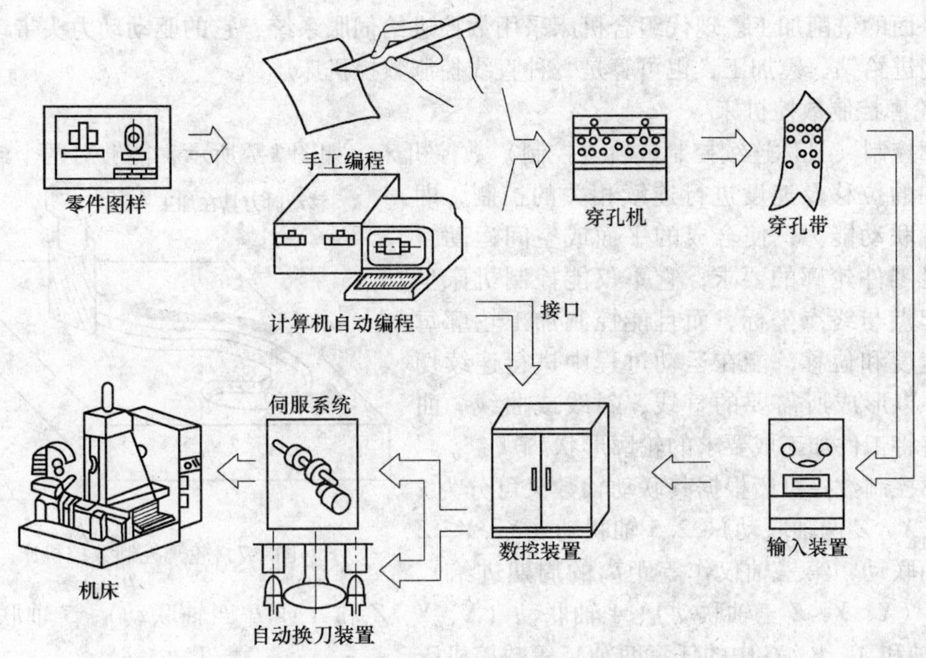

图 1-4 数控机床工作原理示意图

第三节 数控机床的分类

数控机床的种类很多，从不同角度出发，有不同的分类方法。常见的分类方法有以下几种。

一、按运动方式分类

1. 点位控制数控机床

点位控制数控机床，如图 1-5 所示，只能控制机床坐标轴（相对工件）从一个点（坐标位置）到另一个点（坐标位置）的精确定位，而对于点与点之间的移动轨迹不进行控制，且移动过程中不作任何切削加工。机床几个坐标轴之间的运动无任何联系，既可以同时向目标点运动，也可以单独依次运动。

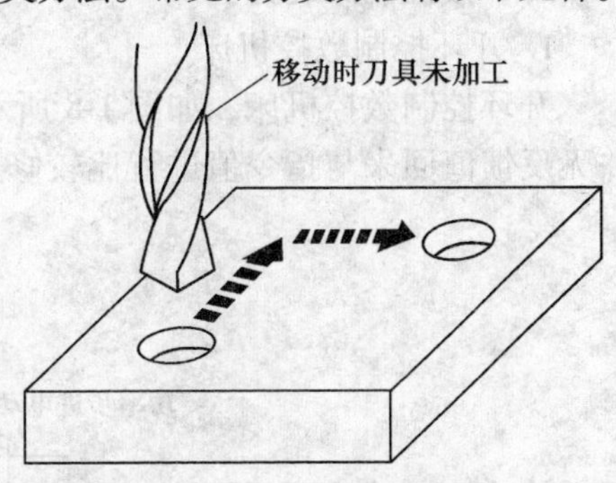

图 1-5 点位控制数控机床

点位控制数控机床主要有数控坐标镗床、数控钻床、数控冲床、数控点焊机等。

2. 直线控制数控机床

直线控制数控机床，如图 1-6 所示，不仅要控制机床坐标轴（相对工件）从一个点到另一个点的精确定位，还要控制两点之间的移动轨迹是一条直线，且在移动中能以适当的进给速度进行切削加工，进给速度根据切削条件可在一定范围内变化。

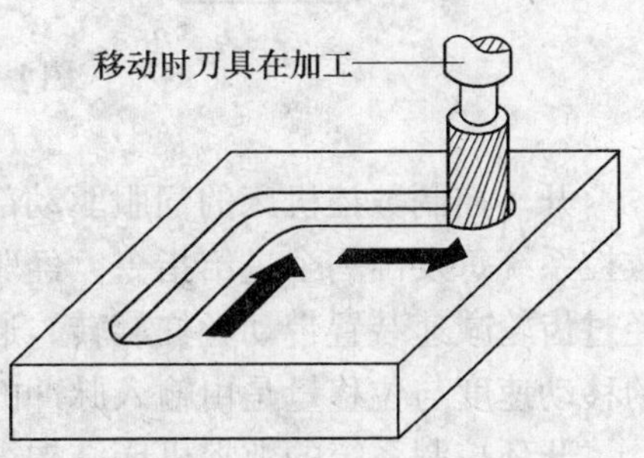

图 1-6 直线控制数控机床

直线控制的简易数控车床，只有两个坐标轴，可加工阶梯轴。直线控制的数控铣床，有三个坐标轴，可用于平面的铣削加工。现代组合机床采用数控进给伺服系统，它的驱动动力头带动多轴箱进行轴向进给钻、镗加工，也可算是一种直线控制数控机床。

3. 轮廓控制数控机床

轮廓控制（又称连续控制或轨迹控制）数控机床，如图1-7所示，能够对两个或两个以上坐标轴的位移及速度进行连续相关的控制，即多坐标轴联动能力，使合成的平面或空间运动轨迹能满足零件轮廓的要求，它不仅能控制机床坐标轴的起点与终点坐标，而且能控制加工轮廓每一点的速度和位移，能在运动过程中进行连续切削加工，以形成所需要的直线、斜线或曲线、曲面，最终将工件加工成要求的轮廓形状。

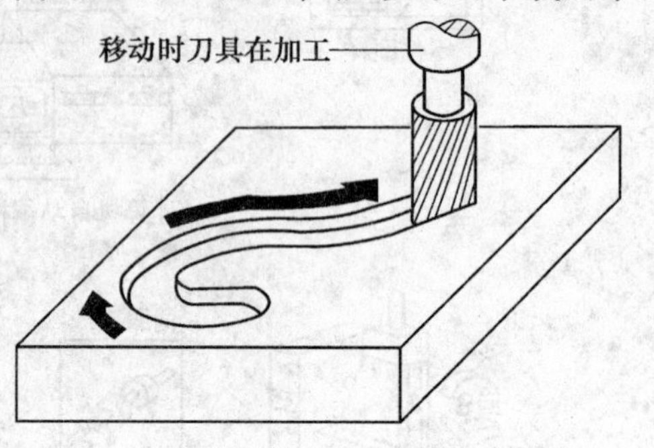

图1-7 轮廓控制数控机床

轮廓控制数控机床根据其联动轴数又可分为2轴联动（*X*、*Z*两轴联动）、2.5轴联动（*X*、*Y*、*Z*任意二轴联动，第三轴仅作等距离的周期进给）、3轴联动（*X*、*Y*、*Z*三轴联动）、4轴联动（*X*、*Y*、*Z*和*A*或*B*四轴联动）、5轴联动（*X*、*Y*、*Z*三轴和*A*、*B*、*C*中的任意两轴）等数控机床。

常用的数控车床、数控铣床、加工中心就是典型的轮廓控制数控机床。数控火焰切割机、电火花加工机床以及数控绘图机等也采用了轮廓控制系统。轮廓控制系统的结构要比点位、直线控制系统更为复杂，在加工过程中需要不断进行插补运算，然后进行相应的速度与位移控制。

二、按控制原理分类

1. 开环控制数控机床

开环控制数控机床，如图1-8所示，这类数控机床没有位置检测装置，即位移的实际值并无反馈值回来与指令值进行比较修正，控制信号的流程是单向的，故称“开环”。

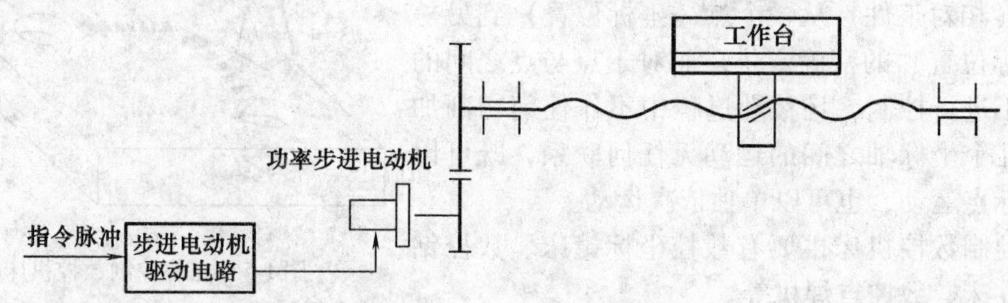

图1-8 开环控制数控机床示意图

开环控制数控机床的伺服驱动部件通常为反应式步进电动机或混合式伺服步进电动机。数控系统每发出一个进给指令，经驱动电路功率放大后，驱动步进电动机旋转一个角度，再经过齿轮减速装置带动丝杠旋转，通过丝杠螺母机构转换为移动部件的直线位移。移动部件的移动速度与位移量是由输入脉冲的频率与脉冲数所决定的。

开环控制系统的数控机床结构简单、成本较低，但是，由于系统对移动部件的实际位移量不进行监测，也不进行误差校正，因此，步进电动机的失步、步距角误差、齿轮与丝杠等传动误差都将影响被加工零件的精度，所以开环控制系统仅适用于加工精度要求不很高的中小型数控机床，特别是简易经济型数控机床。

2. 闭环控制数控机床

闭环控制数控机床，如图1-9所示，这类数控机床带有位置检测装置，即位移的实际值要反馈回去与指令值进行比较，用比较后的差值再去控制，……，直至差值消除，才停止修正。这类数控机床，因把机床工作台纳入了控制环节，控制信号的流程构成了闭合的环状，故称“闭环”。

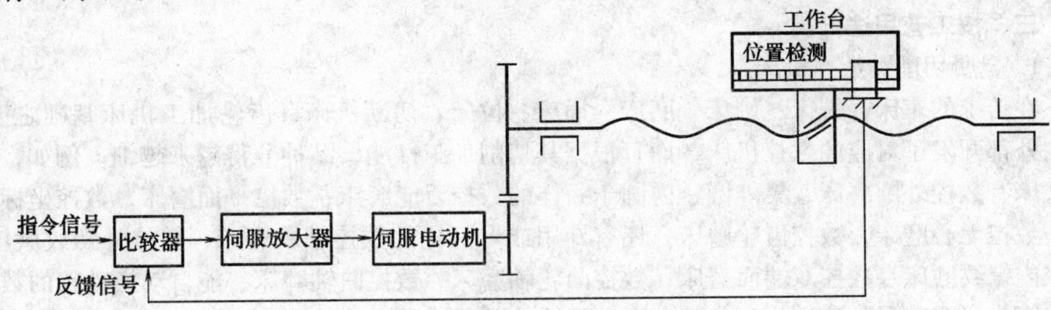

图1-9　闭环控制数控机床示意图

闭环控制数控机床的伺服驱动部件通常用直流伺服电动机或交流伺服电动机。闭环控制数控机床的定位精度高、速度快，但调试和维修都较困难，系统复杂、成本高，适用于精度较高的数控设备，如数控精密镗铣床。

3. 半闭环控制数控机床

半闭环控制数控机床，如图1-10所示，这类数控机床是闭环机床的一种派生，它是在伺服电动机的轴或数控机床的传动丝杠上装有角位移电流检测装置（如光电编码器等），所检测得到的不是工作台的实际位移量，而是与位移量有关的旋转轴的转角量，然后反馈到数控装置中去，并对误差进行修正。由于工作台没有包括在控制回路中，因而称为“半闭环”。

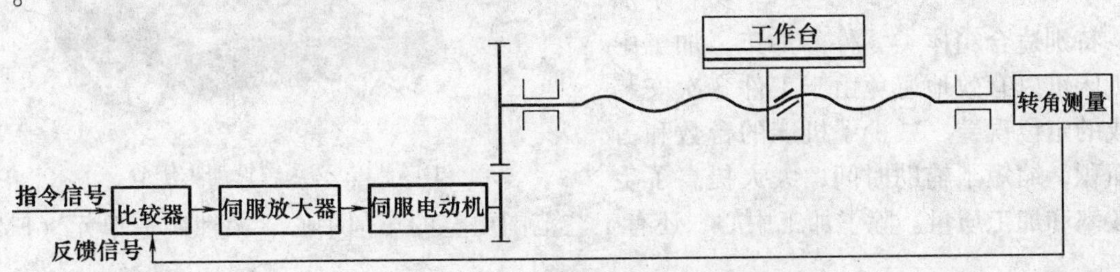

图1-10　半闭环控制数控机床示意图

半闭环控制数控机床的精度比闭环系统稍差，但这种系统结构简单、调试比较方便，并且具有很好的稳定性，检测元件价格也较低，因而是广泛使用的一种数控系统。目前大多将角度检测装置和伺服电动机设计成一体，这样，使结构更加紧凑。

4. 混合控制数控机床

将以上三类数控机床的特点结合起来，就形成了混合控制数控机床。混合控制数控机床特别适用于大型或重型数控机床，因为大型或重型数控机床需要较高的进给速度与相当高的精度，其传动链惯量与力矩大，如果只采用全闭环控制，机床传动链和工作台全部置于控制闭环中，闭环调试比较复杂。混合控制系统又分为两种形式：

（1）开环补偿型　它的基本控制选用步进电动机的开环伺服机构，另外附加一个校正电路，用装在工作台的直线位移测量元件的反馈信号校正机械系统的误差。

（2）半闭环补偿型　它是用半闭环控制方式取得高精度控制，再用装在工作台上的直线位移测量元件实现全闭环修正，以获得高速度与高精度的统一。

三、按工艺用途分类

1. 金属切削类数控机床

在传统的车床、铣床、刨床、磨床、插床、拉床、切断机床、齿轮加工机床基础之上，国内外都开发了对应的数控机床，而且根据其切削加工性能，品种分得越来越细。例如，数控磨床有数控外圆磨床，集外圆、内圆于一体的数控万能磨床，数控平面磨床，数控坐标磨床，数控无心磨床，数控齿轮磨床，还有专用或专门化的数控轴承磨床、数控外螺纹磨床、数控内螺纹磨床、数控双端面磨床、数控凸轮轴磨床、数控曲轴磨床、能自动换砂轮的数控导轨磨床（又称导轨磨削中心），等等。尽管这些数控机床在加工工艺方法上存在很大差别，具体的控制方式也各不相同，但机床的动作和运动都是数字化控制的，具有较高的生产率和自动化程度。

普通数控机床上加装刀库和换刀装置就成为加工中心。加工中心机床进一步提高了普通数控机床的自动化程度和生产效率。例如立式镗铣加工中心，如图1-11所示，它是在数控铣床基础上增加了一个容量较大的刀库和自动换刀装置形成的，工件一次装夹后，可以对箱体零件进行铣、钻、扩、铰、镗以及攻螺纹等多工序加工，特别适合箱体类零件的加工。加工中心机床可以有效地避免由于工件多次安装造成的定位误差，减少了机床的台数和占地面积，缩短了辅助时间，大大提高了生产效率和加工质量。除了加工中心，还有工艺范围更宽的车削中心、柔性制造单元（FMC）等。

图1-11　立式镗铣加工中心

2. 成形加工类数控机床

成形加工数控机床是指通过物理方法改变工件形状的数控机床，如数控折弯机、数控冲床、数控弯管机、数控旋压机、数控压力机等。

3. 特种加工类数控机床

特种加工数控机床是指具有特种加工功能的数控机床，如数控线切割机床、数控电火花成形机床（见图1-12）、带有自动换电极功能的电火花加工中心（见图1-13）、数控激光切割机床、数控激光板料成形机床、数控等离子切割机等。

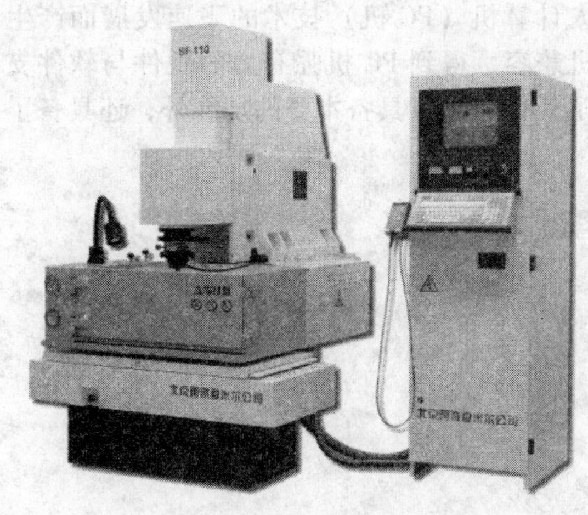

图 1-12 多轴数控电火花成形机床

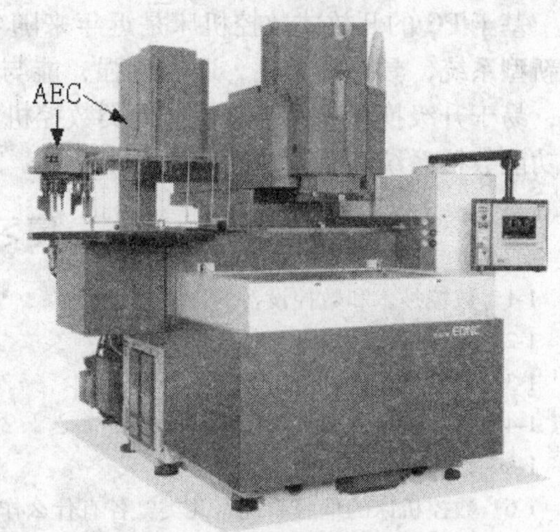

图 1-13 电火花加工中心

4. 其他类型数控机床

此类数控机床是指采用了数控技术的其他一些机械设备，如数控装配机、数控多坐标测量机、自动绘图机及工业机器人等。

四、按数控系统功能水平分类

按数控系统的功能水平来分，有两种分法，一种是把数控机床分为高、中、低档数控机床，这种分类方法，目前还没有一个统一的界定标准，加之不同时期划分的标准也不同；另一种分类方法是将数控机床分为经济型（简易）、普及型（全功能）和高档型数控机床。

1. 经济型数控机床（又称简易数控机床）

经济型数控机床并不追求过多功能，以实用为准。在我国，这类机床是指装备了功能简单、价格低廉、使用操作方便的低档数控系统的机床或对原有机床进行数控化改造的机床，仅能满足一般精度要求的加工，能加工形状较简单的直线、斜线、圆弧及带螺纹的零件，采用的微机系统为单板机或单片机系统，具有数码显示，CRT 字符显示功能，机床进给由步进电动机实现开环驱动，控制的轴数和联动轴数在 3 轴或 3 轴以下。

2. 全功能数控机床（又称标准型或普及型数控机床）

全功能数控机床的功能较多，除了具有一般数控机床的功能以外，还具有一定的图形显示功能及面向用户的宏程序功能等，它采用的微机系统为 16 位或 32 位微处理机，具有 RS—232C 通信接口，机床的进给多用交流或直流伺服驱动，一般能实现 4 轴或 4 轴以上联动控制。

3. 高档数控机床

高档数控机床采用的是 32 位及以上 CPU 或多 CPU 技术，具有三维动画图形功能和友好的图形用户界面，同时还具有丰富的刀具管理功能、宽调速主轴系统、多功能智能化监控系统和面向用户的宏程序功能，还有很强的智能诊断和智能工艺数据库，能实现加工条件的自动设定，且能实现与计算机的联网和通信。高档机床的进给大多采用交流伺服驱动，能实现 5 轴或 5 轴以上的联动控制。

4. 基于 PC 的开放式数控机床

基于PC的开放式数控机床是近年来随着个人计算机（PC机）技术的飞速发展而产生的新型系统，具有高柔性、通用性强，能与PC机兼容，得到PC机强有力的硬件与软件支持，易于升级换代和网络通信。此类数控机床的通用微机除了具备本身的功能外，还具备了全功能数控系统的所有功能。

复习思考题

1-1 数控技术和数控设备的含义是什么？

1-2 数控机床的特点是什么？

1-3 数控机床适合应用于哪些场合？

1-4 数控机床主要由哪几部分组成？

1-5 数控装置的功能是什么？

1-6 数控机床的伺服系统有几类？各有什么作用？

1-7 数控机床按运动方式怎样分类？各有什么特点？

1-8 加工中心有什么特点？

1-9 什么是经济型数控机床？

1-10 怎样理解基于PC的开放式数控机床？

第二章　数控系统知识

学习目的：掌握数控系统硬件结构的类型；以 Siemens 840D 数控系统为例，掌握数控系统硬件结构的组成和特点；掌握经济型数控系统的软件结构；了解数控系统的信息处理过程。

学习重点：掌握数控系统的硬件结构和软件结构。

第一节　数控系统的硬件结构

一、数控系统硬件结构的类型

数控系统从总体结构来看，可分为整体式结构和分体式结构；按数控装置中各印制电路板的插接方式可分为大板式结构和模块化结构；按数控装置中的硬件制造方式可以分为专用型结构和个人计算机式开放结构；按数控装置中的微处理器个数可以分为单微处理器结构和多微处理器结构。

1. 整体式结构和分体式结构

整体式结构是将 CRT、MDI 面板以及功能模块组成的电路板等安装在同一机箱内。

分体式结构通常把 CRT、MDI 面板、机床操作面板等做成一个部件，而把功能模块组成的电路板安装在一个机箱内，两者之间用导线或者光纤连接。

2. 大板式结构和模块化结构

大板式结构数控系统的数控装置由主板、附加轴控制板、PLC 板、通信板和电源板等组成，其中主板是大印制电路板，其余的是小印制电路板。

模块化结构的数控系统将整个数控装置按功能分成模块。

3. 专用型结构和个人计算机式开放结构

专用型结构的数控系统，其硬件是由制造厂家专门设计和制造的，具有很强的专用性，经过了长时间的使用，质量和性能稳定可靠，但由于其采用了一种完全封闭的体系结构，正在受到开放式体系结构的挑战，市场份额已经在逐渐减小。

个人计算机式开放结构是近年来随着个人计算机（PC 机）技术的飞速发展而产生的新型结构系统，它具有高柔性、通用性强、能与 PC 机兼容、易于升级换代和网络通信等特点，按其开放程度又可分成以下几种：

（1）“PC 嵌入 NC”的开放式结构数控系统　“PC 嵌入 NC”的开放式结构数控系统是由系统制造商将 PC 机丰富的软件资源和数控软件技术相结合而开发的产品，如 Fanuc16i/18i、Siemens 840D，Num1060 等数控系统。这类数控系统与传统专用型数控系统相比，虽然功能十分强大，软件资源具有一定的开放性，但其 NC 部分仍然是专用型数控系统，而且系统软硬件结构十分复杂，用户无法介入数控系统的核心；系统价格也十分昂贵，一般的中小型数控机床生产厂家没有经济能力去购买。

（2）“NC 嵌入 PC”的开放式结构数控系统　“NC 嵌入 PC”的开放式结构数控系统由开放式体系结构的运动控制卡与 PC 机构成。运动控制卡通常选用高速 DSP（Digital Signal Processor）作为 CPU，具有很强的运动控制和 PLC 控制能力，如日本 MAZAK 公司用三菱电动机的 MELDASMAGIC 64 构造的 MAZATROL 640 CNC；美国 DELTA TAU 公司用 PMAC 多轴运动控制卡构造的 PMAC—NC 数控系统。这种数控系统的开放性能比较好，并且对功能进行改进也比较方便，系统的控制功能主要由运动控制卡来实现，机床硬件发生改变时，只需要修改相应部分的控制软件；系统性价比也比较高，能够满足大多数数控机床生产厂家的需要。

（3）全软件型开放式数控系统　全软件型开放式数控系统是一种最新型的开放式体系结构的数控系统，所有的数控功能（包括插补、位置控制等）全部都是由计算机软件来实现的，而硬件部分仅是计算机与伺服驱动和外部 I/O 之间的标准化通用接口。与前几种数控系统相比，全软件型开放式数控系统具有最高的性价比，因而最有生命力。其典型产品有德国 Power Automation 公司的 PA8000NT、美国 MDSI 公司的 Open CNC 以及 NUM 公司的 NUM1020 系统等。

4. 单微处理器结构和多微处理器结构

单微处理器结构中，只有一个微处理器，由它对存储器、插补运算、CRT 显示等功能实行集中控制，并分时处理数控系统的各项任务。这种结构由于只有一个微处理器，具有结构简单、易于实现的特点，但是系统的功能将受到微处理器本身的字长、数据宽度和运算速度等的限制。

多微处理器结构是由两个或两个以上的 CPU 部件构成的功能模块，各功能模块之间采用耦合方式，通过多层操作系统，有效地实现并行操作，完成各项任务。这种结构更能适应现代柔性制造系统（FMS）、计算机集成制造系统（CIMS）等高层次的要求，代表了当今数控系统的新水平。

二、数控系统硬件结构典型实例

现以 Siemens 840D 数控系统为例，介绍数控系统的硬件组成及各模块间的联接。

（一）Siemens 840D 数控系统的主要性能和特点

（1）数控类型　840D 采用 32 位微处理器实现 CNC 控制，可完成 CNC 连续轨迹控制以及内部集成式 PLC 控制，具有全数字化的 SIMODRIVE611 数字驱动规模，最多可控制 31 个进给轴和主轴，进给和快速进给的速度范围为 $10\times10^3\sim99.9\times10^3$mm/min。其插补功能有样条插补、三阶多项式插补、控制值互联和曲线表插补，这些功能为加工各类曲线、曲面类零件提供了便利条件。此外，还具备进给轴和主轴同步操作的功能。

（2）操作方式　840D 的操作方式主要有 AUTOMATIC（自动）、JOG（手动）、TEACH IN（交互式程序编制）、MDA（手动过程数据输入）。

（3）补偿功能　840D 可根据用户程序进行轮廓的冲突检测、刀具半径补偿、刀具长度补偿、螺距误差补偿和测量系统误差补偿、反向间隙补偿、过象限误差补偿等。

（4）安全保护功能　840D 数控系统可通过预先设置软极限开关的方法，进行工作区域的限制，当超程时可以触发程序进行减速；对主轴的运行还可以进行监控。

（5）NC 编程　840D 数控系统具有高级语言编程特色的程序编辑器，可进行公制、英制尺寸或混合尺寸的编程，程序编制与加工可同时进行，系统具备 1.5MB 的用户内存，用于零件程序、刀具偏置和刀具补偿程序的存储。

（6）PLC 编程　840D 的集成式 PLC 完全以标准 SIMATIC S7 模块为基础，PLC 程序和数据内存可扩展到 288KB，I/O 模块可扩展到 2048 个输入/输出点，PLC 程序可以极高的采样速率监视数字输入，向数控机床发送运动、停止、起动等命令。

（7）操作部分硬件 840D 提供有标准的 PC 软件、硬盘、奔腾处理器，用户可在 Windows98/2000 下开发自定义的界面。此外，通用接口 RS—232 可使主机与外设进行通信，用户还可通过磁盘驱动器接口和打印机并行接口完成程序存储、读入及打印工作。

（8）显示功能 840D 提供了多语种的显示功能，用户只需按一下按钮，即可将用户界面从一种语言转换成另一种语言，系统提供的语言有中文、英语、德语等。显示屏上可显示程序块、电动机轴位置、操作状态等信息。

（9）数据通信 840D 系统配有 RS—232C/TTY 通用接口，加工过程中可通过通用接口进行数据输入/输出。此外，用 PCIN 软件可以进行串行数据通信，通过 RS—232 接口可方便地使 840D 与 Siemens 编程器或普通的个人计算机连接起来，进行加工程序、PLC 程序加工参数等各种信息的双向通信；用 SINDNC 软件可以通过标准网络进行数据传送；还可以用 CNC 高级编程语言进行程序的调试。

（二）Siemens 840D 数控系统的组成

Siemens 840D 数控系统应用的典型配置，如图 2-1 所示。

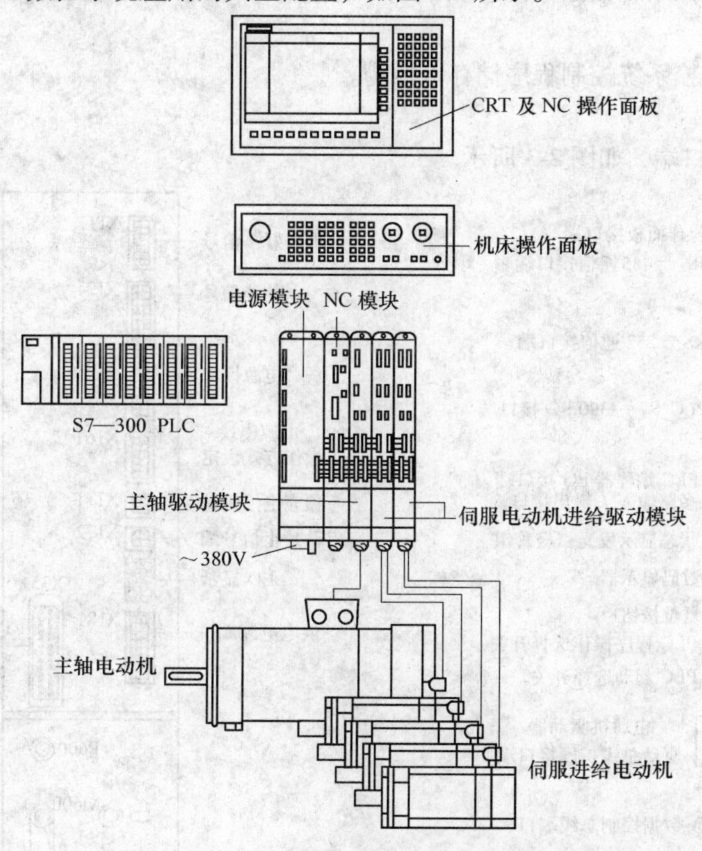

图 2-1 840D 数控系统的基本配置

1. NC 模块

NC 模块接口端，如图 2-2 所示，其接口端的意义如下：

（1）X101 操作面板接口端，该端口通过电缆与 MMC（人机通信接口板）及机床操作面板连接。

（2）X102 RS—485 通信接口端，该接口端主要是满足 Siemens Profibus DP 通信的要求。

（3）X111 PLC S7—300 输入/输出接口端，该接口端提供了与 PLC 连接的通道。

（4）X112 RS—232 通信接口端，实现与外部的通信，如果由几台数控机床构成 DNC 系统，实现系统的协调控制，则各台数控机床均要通过该接口端与主控计算机通信。

（5）X121 多路输入/输出接口端，通过该接口端，数控系统可与多种外设联接，如与控制进给运动的手轮、CNC 输入/输出的联接。

（6）X122 PLC 编程器 PG 接口端，通过该端口与 Siemens PLC 编程器 PG 联接，以此传输 PG 中的 PLC 程序到 NC 模块，或从 NC 模块将 PLC 程序拷贝到 PG 中，另外还可在线实时监测 PLC 程序的运行状态。

（7）X130A、X130B 电动机驱动器 611D 的输入输出扩展端口，通过扁平电缆将驱动总线与各个驱动模块联接起来，对各个伺服电动机进行控制。

（8）X172 数控系统数据控制总线端口，通过扁平电缆与各相关模块的系统数据控制总线联接起来。

（9）X173 数控系统控制程序储存卡插槽。

2. 电源模块

电源模块的接口端，如图 2-3 所示。

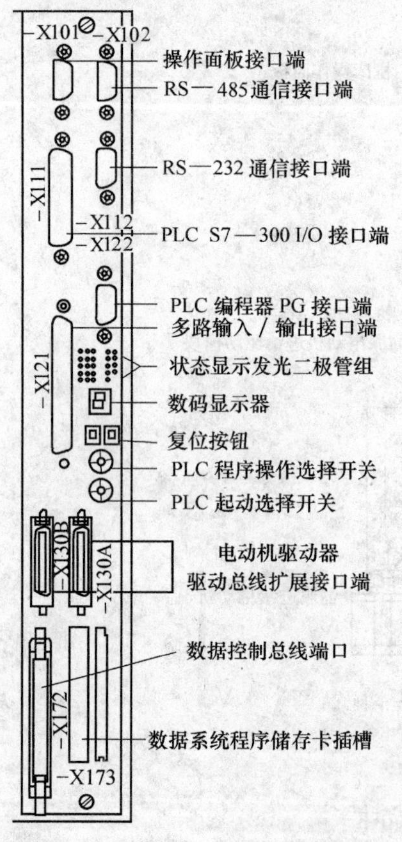

图 2-2 NC 模块

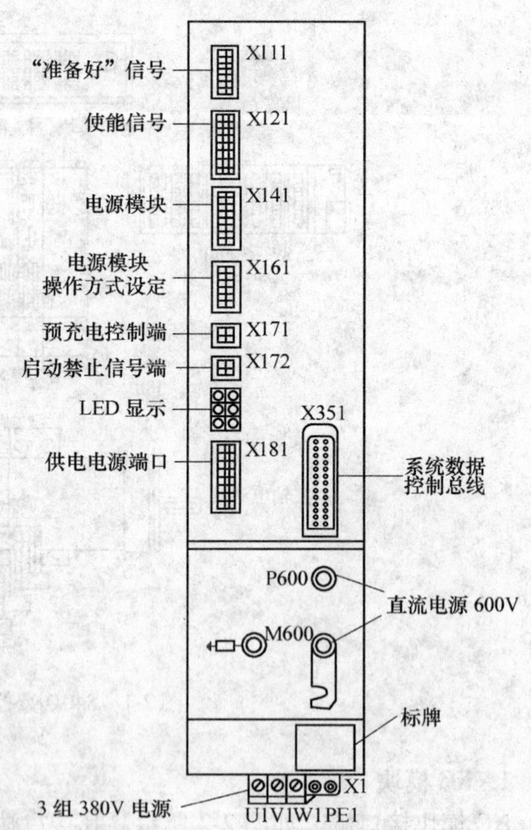

图 2-3 电源模块

如图 2-3 所示，主要接口端的意义如下：

（1）X111　“准备好”信号，由电源模块输出至 PLC 的电源模块，表示电源正常。

（2）X121　使能信号，由 PLC 输出至电源模块、数控模块，表示外部电路硬件信号正常。

（3）X141　电源模块，电源工作正常输出信号端口。

（4）X161　电源模块操作设定和标准操作选择端口。

（5）X171　线圈通电触点，控制电源模块内部线路预充电接触器（一般按出厂状态使用）。

（6）X172　启动禁止信号端（一般按出厂状态使用）。

（7）X181　供电电源端口，包括直流电源 600V，三相交流电源 380V。

3. 伺服电动机驱动模块

（1）双轴伺服电动机驱动模块　双轴伺服电动机驱动模块，如图 2-4 所示。

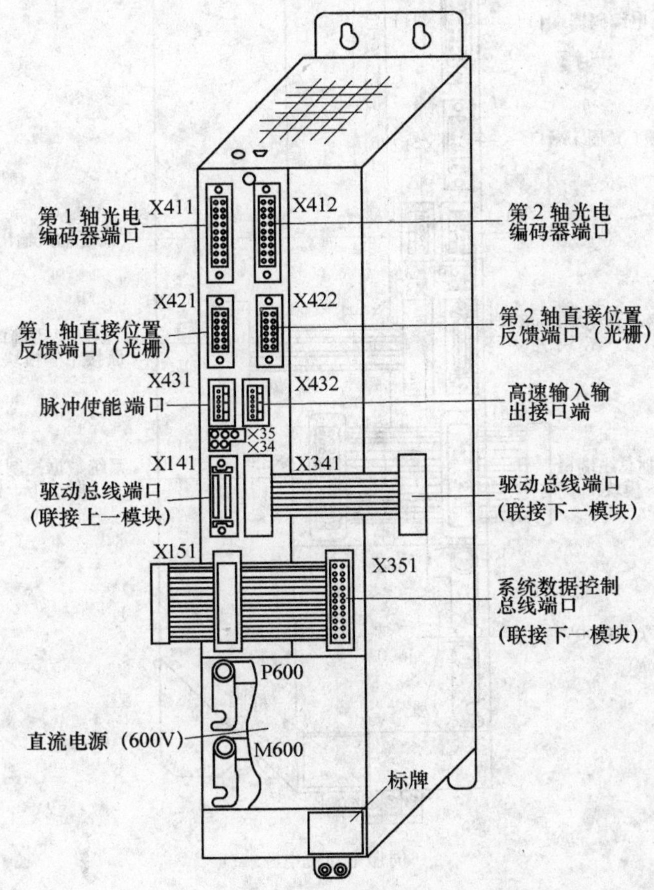

图 2-4　双轴伺服电动机驱动模块

如图 2-4 所示各主要接口端的意义如下：

1）X411、X412 是处理电动机内置光电编码器反馈至该端口的位置和速度反馈信号的端口。

2）X421、X422 是机床拖板直接位置反馈端口（光栅）。

3）X431 是脉冲使能端口，使能信号一般由 PLC 给出。

4）X432 是高速输入输出接口端。

5）X341、X351 是电压、电流检测孔，一般供模块维修检测使用，用户不得使用。

主轴电动机的驱动可使用上述进给电动机驱动模块驱动，另外还有专门的主轴电动机驱动模块，模块的接口端与进给电动机驱动模块类似。

（2）单轴伺服电动机驱动模块 单轴伺服电动机驱动模块，如图 2-5 所示。

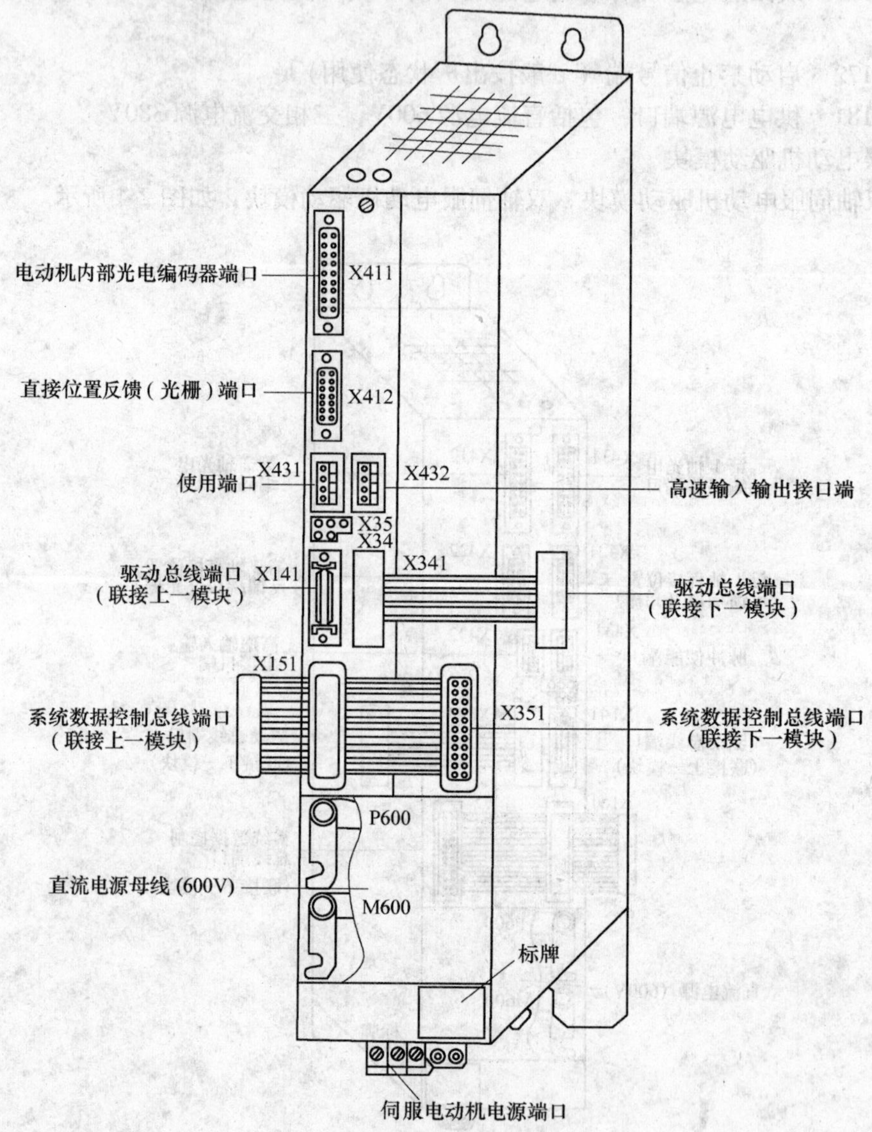

图 2-5 单轴伺服电动机驱动模块

如图 2-5 所示各主要接口端的意义，参见双轴伺服电动机驱动模块的解释。

4. 840D 接线图

840D 数控系统的接线图，如图 2-6 所示。

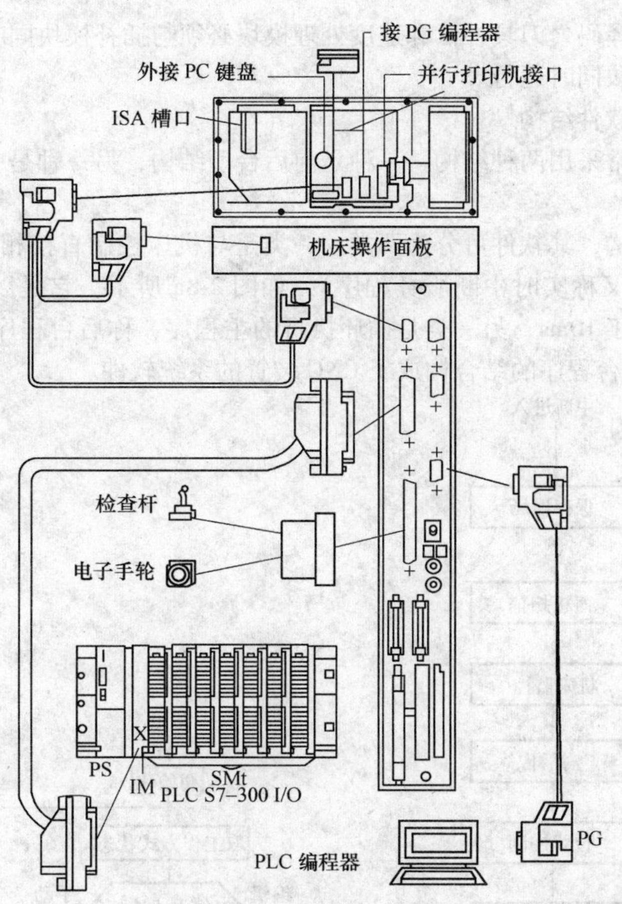

图 2-6　840D 数控系统的接线图

第二节　数控系统的软件结构

一、数控系统的软件内容

数控系统软件是为了实现 CNC 系统各项功能而专门设计和编制的专用软件，又称为系统软件（或系统程序）。系统软件包括管理软件和控制软件两大部分，如图 2-7 所示。

管理软件主要承担系统资源的管理和系统各任务的调度，包括零件加工程序的输入和输出、I/O 处理、系统的显示和诊断等；控制软件主要完成从译码、刀具补偿、速度处理、插补运算和位置控制等方面的工作。

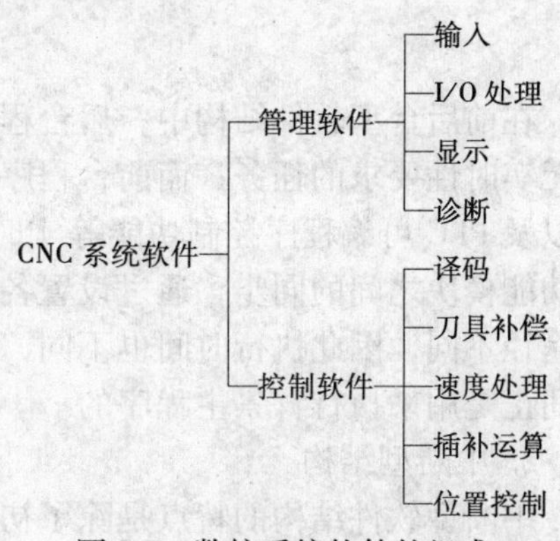

图 2-7　数控系统软件的组成

数控系统是一个多任务的实时控制系统，即能对多种信息同时进行快速处理和响应。例如：为了使操作人员在加工零件时，能及时了解程序的执行情况、参数的变化和刀具运动轨迹等，管理软件的显示模块必须与控制软件同时运行；为了保证加工过程中刀具在各程序间不停刀，译码、刀具补偿和速度处理模块必须与插补模块同时运行，而插补模块又必须与位置控制模块同时运行。

二、数控系统的软件结构

数控系统的软件常采用两种结构，一种是前后台型结构，另一种是中断型结构。

1. 前后台型结构

前后台型软件结构，其软件可分为两类：一类是与机床控制直接相关的实时控制部分，其构成了前台程序（又称实时中断服务程序），如图 2-8a 所示，它是以一定周期定时发生的，中断周期一般小于 10ms；另一类是循环执行的主程序，称后台程序（又称背景程序），如图 2-8b 所示。前后台程序的结合构成了 CNC 装置的系统软件。

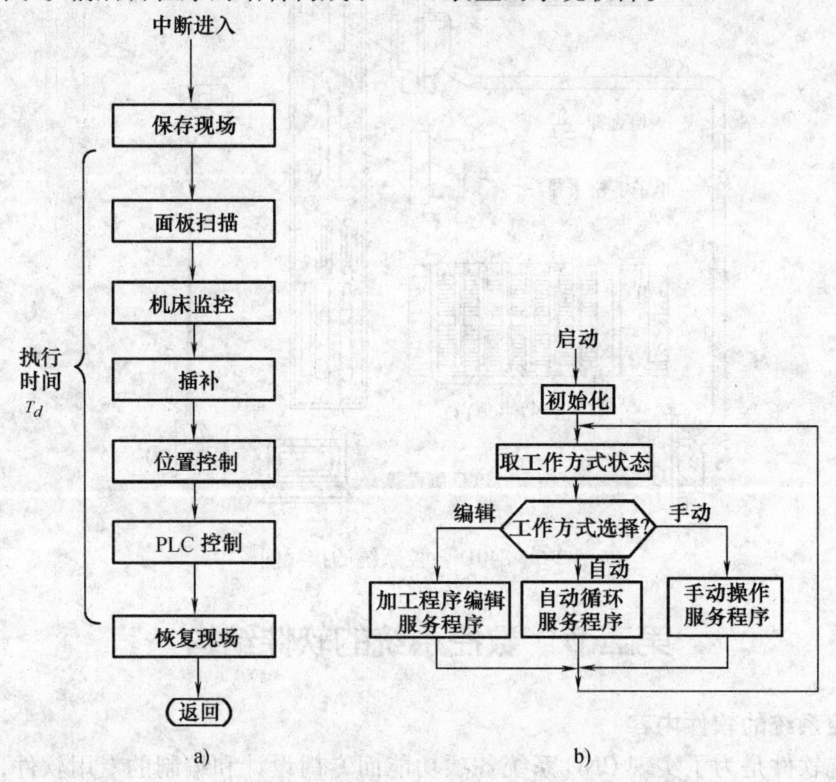

图 2-8 前后台型系统软件结构
a）前台程序 b）后台程序

在前后台型软件结构中，后台程序完成协调管理、数据译码、数据预处理以及显示坐标等无实时性要求的任务；而前台程序完成机床监控、操作面板状态扫描、插补计算、位置控制以及 PLC 可编程序控制功能等实时控制。前后台软件的同步与协调，以及前后台软件中各功能模块之间的同步，通过设置各种标志位来进行。由于每次中断发生，前后台软件响应的途径不同，因此执行时间也不同，但最大执行时间必须小于中断周期，而两次中断之间的时间正是用来执行背景主程序的。

2. 中断型结构

中断型软件结构的特点是除了初始化程序之外，整个系统软件的各种功能模块分别安排在不同级别的中断服务程序中，整个软件就是一个大的中断系统，其管理的功能主要通过各级中断服务程序之间的相互通信来解决。

中断型结构模式的 CNC 软件体系中，控制 CRT 显示的模块一般为低级中断（0 级中断），只要系统中没有其他中断级别请求，总是执行 0 级中断，即系统进行 CRT 显示；其他程序模块，如译码处理、刀具中心轨迹计算、键盘控制、I/O 信号处理、插补运算、终点判别、伺服系统位置控制等处理，分别具有不同的中断优先级别。开机后，系统程序首先进入初始化程序，进行初始化状态的设置、ROM 检查等工作，初始化后，系统转入 0 级中断 CRT 显示处理，此后系统就进入各种中断的处理。

三、经济型数控系统软件结构实例

经济型数控系统多是以步进电动机为驱动装置的开环系统，因此要尽可能用软件来实现大部分数控功能，这样，一方面可以降低系统的制造成本；另一方面可以提高系统的可靠性。

经济型数控系统的软件结构常见的有两种：第一种是中断式结构，即把插补安排在中断程序中，将准备工作放在后台程序中处理；第二种是流水式结构，即按加工顺序安排软件流程。

1. 中断型结构

中断型结构的软件框图，如图 2-9 所示，整个程序以加工子程序 MACHINE 为中心。主程序的主要任务是在执行了初始化程序之后，调用加工子程序 MACHINE。在加工子程序 MACHINE 中将插补分为直线、圆弧等处理模块，根据程序段的内容判别加工性质并分别处理。中断服务程序安排在插补程序中，中断一次输出一个脉冲，使步进电动机运行一步，因此中断周期决定了进给速度。

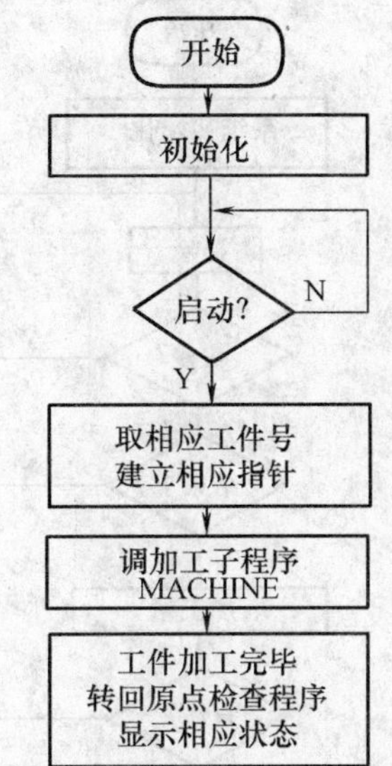

加工子程序:

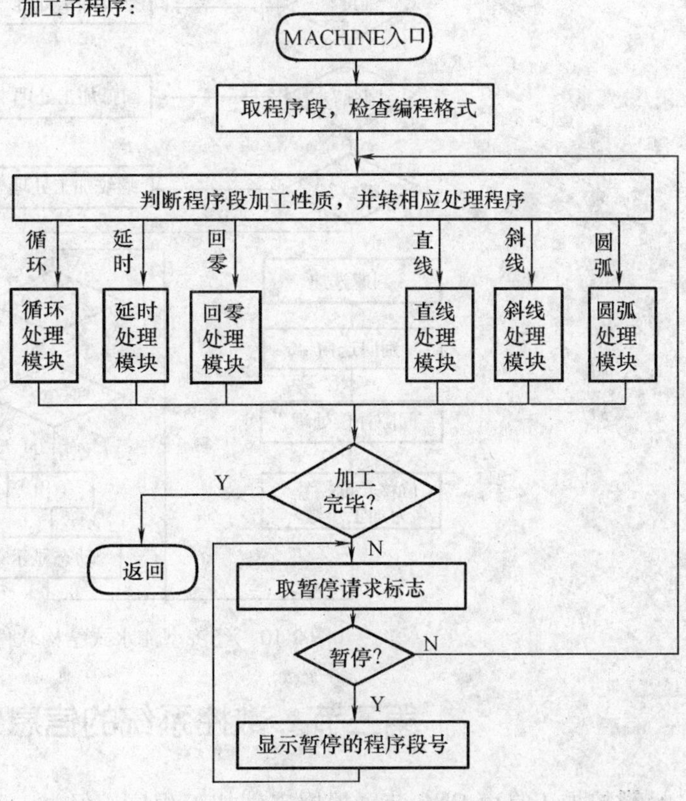

图 2-9 经济型中断结构软件框图

2. 流水式结构

流水式软件结构的特点是按照加工流程安排软件的先后顺序，如图 2-10 所示。整个程序由系统初始化、显示、对步进电动机进给方向的判定、对步进电动机进给速度的判定、进给量变换为脉冲个数换算、各种加工类型与处理等程序组成。

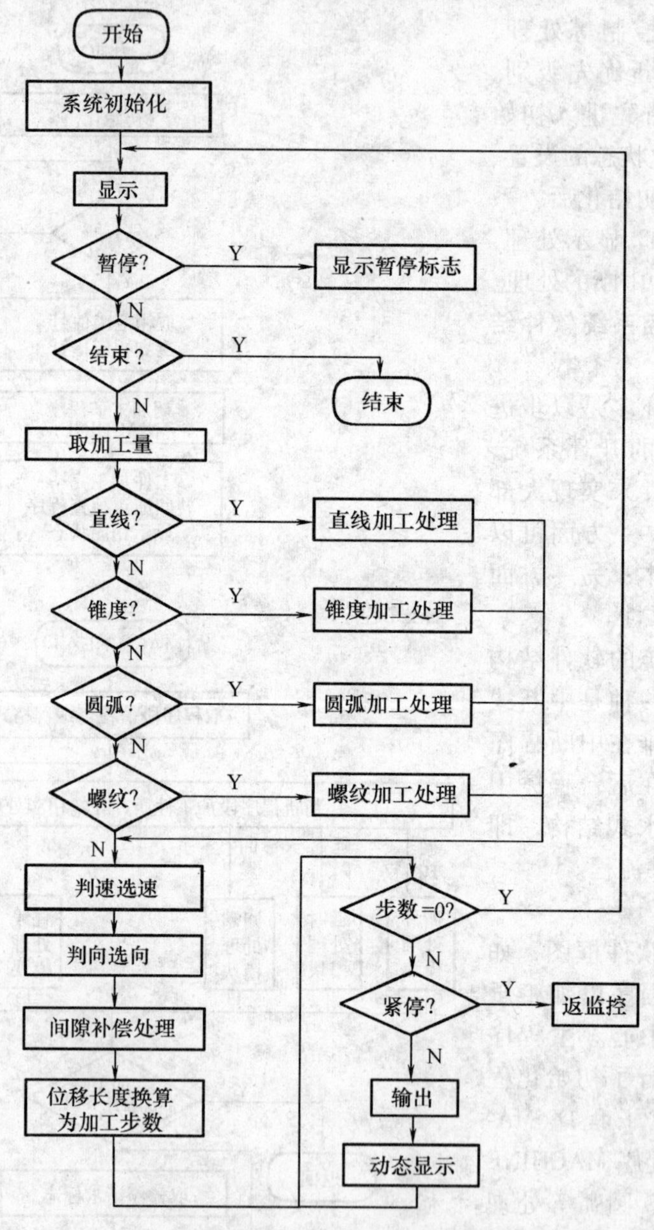

图 2-10 经济型流水式结构软件框图

第三节 数控系统的信息处理过程

数控加工是由 CNC 装置根据零件加工程序，经过一系列的信息处理后，控制数控机床自动完成的，每一个加工程序段的处理按输入→译码→刀具补偿→进给速度处理→插补运算

→位置控制的顺序来完成，如图 2-11 所示，最终实现各坐标轴的运动控制。

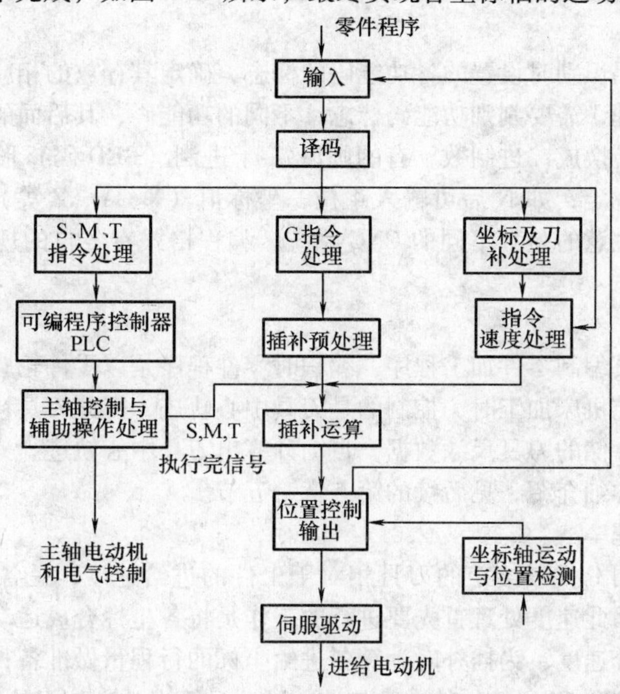

图 2-11　数控系统的信息处理过程

一、输入

数控系统输入的内容通常有零件加工程序、机床参数和刀具补偿参数。机床参数一般在机床出厂时或在用户安装调试时已经设定好，所以输入的内容主要是零件加工程序和刀具补偿参数。

数控系统输入的工作方式有存储方式和 NC 工作方式。存储方式是将整个零件程序一次全部输入到 CNC 内部存储器中，加工时再从存储器中把程序一个一个地调出进行处理，这种方式是目前数控系统常用的工作方式；NC 工作方式是数控系统一边输入一边加工的方式，即在前一程序段加工时，同时输入后一个程序段的内容。

输入因输入介质不同而采用不同的输入手段，最常见的方法是通过纸带阅读机或键盘进行，若采用计算机通信方式，则可经过 CNC 装置的串行通信接口输入。

二、译码

输入的程序段含有零件轮廓信息（起点、终点、直线或圆弧等）、加工速度信息（F 代码）和其他辅助信息（M、S、T 代码等），计算机不能直接识别。译码程序就像一个翻译，按照一定的语法规则，将上述信息解释成计算机能识别的数据形式，并按一定的数据格式存放在指定的内存专用区域。译码一般是以零件程序的一个程序段为单位进行信息处理的，在译码过程中还要对程序段进行语法检查，发现错误立即报警。

译码的工作有代码识别和功能码的译码两部分。

1. 代码识别

在 CNC 系统中，代码识别由软件完成。译码程序按顺序将每个字符与各文字码和符号码进行比较，若相等就说明输入了该字符，系统设置相应的标志，并转相应的处理子程序。

2. 功能码的译码

译码程序根据代码识别时设置的各功能码的标志，确定其存放的相应地址，以便送入数据。对于数字码的处理，需要判别功能码标志，不同的功能码，其后面的数字位数和存放形式也有区别，有的需转换成二进制数，有的则以二-十进制（BCD 码）形式存放。每个功能码后，数字位数都有规定，如 N 后可输入 4 位，坐标值（X、Y、Z 等）后可输入 7 位等，均因系统而异。需要注意的是：不同的 CNC 系统，编程格式有各自的规定，因此各功能码的处理也各不相同。

三、刀具补偿

为了方便编程人员编制零件加工程序，编程时零件程序是以零件轮廓轨迹来编程的，与刀具尺寸无关，而数控机床加工时，控制的是刀具中心轨迹，因此刀具补偿的作用是根据零件的轮廓信息和系统存储的刀具尺寸数据，自动计算出刀具中心轨迹。

有关刀具补偿的详细介绍，见后续的第三章第五节。

四、进给速度处理

数控加工程序中用 F 代码给定的刀具相对于工件的进给速度，是各个坐标在合成运动方向上的合成速度，因此速度处理首先要进行的工作是将各坐标合成运动方向上的速度分解成各进给运动方向的分速度，为插补时计算各进给坐标的行程量做准备；另外对于机床允许的最低、最高速度限制和 CNC 软件的自动加速、减速运算也放在这里处理。

1. 进给速度控制

数控系统的进给速度控制包括自动和手动两种方式。自动方式指按程序中指令的进给速度进行控制；手动方式指加工过程中由操作者根据需要随时使用倍率旋钮对进给速度进行手动调节。根据这两种速度控制要求和所使用的插补方式，通过软件控制输出脉冲的频率，即可控制进给速度。

2. 加减速控制

当机床起动、停止或在加工过程中改变进给速度时，为了避免产生冲击、失步、超程或振荡，必须对进给电动机的进给脉冲频率或电压进行加减速控制。

CNC 装置的加减速控制一般由软件实现，可在插补前进行，也可在插补后进行。放在插补前的加减速控制称为前加减速控制，其优点是只对程编进给速度 F 进行控制，不会影响实际插补输出的位置精度，但需预测减速点；放在插补后的加减速控制称为后加减速控制，对各运动轴分别进行加减速控制，其优点是无需预测减速点。

五、插补运算

零件加工程序中指令行程的信息是有限的，如加工直线的程序段仅给定起、终点坐标；加工圆弧的程序段除了给定其起、终点坐标外，还给定圆心坐标或圆弧半径。要进行轨迹加工，CNC 必须在已知曲线的种类、起点、终点和进给速度的条件下，在曲线的起点、终点之间进行“数据点的密化”，即计算出运动轨迹各个中间点的坐标值，这就是插补。插补在每个规定的周期（插补周期）内进行一次，即在每个周期内，按指令进给速度计算出一个微小的直线数据段，通常经过若干个插补周期后，插补完一个程序段的加工，也就完成了从程序段起点到终点的“数据密化”工作。插补是实时性很强的工作，其计算时间和计算精度直接影响数控系统的运行速度和精度。插补工作可以用硬件或软件来完成，在 CNC 系统中，插补工作一般由软件完成。软件插补算法可分为脉冲增量插补和数据采样插补两大类。

1. 脉冲增量插补

脉冲增量插补算法主要为各坐标轴进行脉冲分配的计算，插补结果以脉冲形式输出给各坐标轴的伺服电动机。一个脉冲所产生的坐标轴移动量叫脉冲当量，用δ表示。脉冲当量是脉冲分配的基本单位，它的选择依赖于加工精度，普通机床一般取$\delta = 0.01\text{mm}$，较为精密的机床取$\delta = 1\mu\text{m}$或$0.1\mu\text{m}$。

脉冲增量插补方法输出脉冲的最大速度取决于执行一次插补运算所需要的时间，其控制精度和进给速度较低，因此，主要适用于以步进电动机为驱动装置的开环数控系统。

2. 数据采样插补

数据采样插补又称为时间分割插补，是根据程编进给速度将刀具的曲线按插补周期分割成一系列微小直线段，然后将这些微小直线段对应的位置增量数据输出，控制伺服系统的运动。其插补的结果是数字量，而非单个脉冲。这种算法具有高速度、高精度的特点，适用于半闭环或闭环数控系统。

六、位置控制

位置控制装置位于伺服系统的位置环上，如图2-12所示，它的主要工作是在每个采样周期内，将插补计算出的理论位置与实际反馈位置进行比较，用其差值控制进给电动机。位置控制可由软件完成，也可由硬件完成。在位置控制中通常还要完成位置回路的增益调整、各坐标方向的螺距误差补偿和反向间隙补偿等，以提高机床的定位精度。

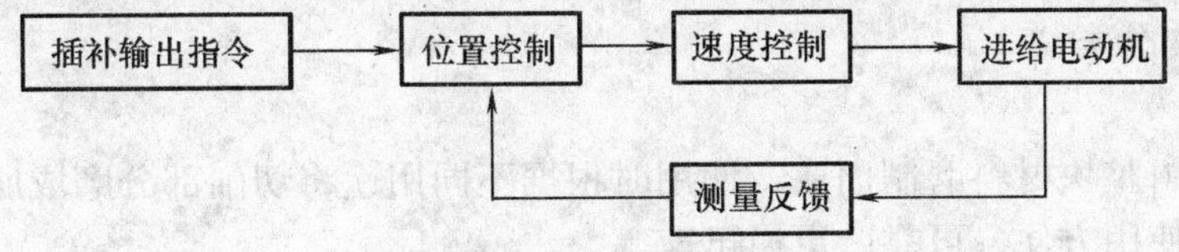

图2-12　位置控制框图

复习思考题

2-1　数控系统的硬件结构有哪几种类型？

2-2　个人计算机式开放结构有何特点？有哪几种类型？

2-3　Siemens 840D 数控系统的硬件结构有何特点？

2-4　什么是数控系统软件？它由哪几部分组成？各有何作用？

2-5　常见的数控系统软件结构有哪几种？

2-6　前后台型软件结构有何特点？

2-7　中断型软件结构有何特点？

2-8　举例说明经济型数控系统软件结构有何特点？

2-9　说明数控程序实现数控加工的基本过程。

2-10　何谓译码？译码程序的主要工作是什么？

2-11　何谓插补？常用的插补方法有哪些？

第三章　数控刀具知识

学习目的：了解数控刀具的含义及特点；掌握数控刀具的种类及材料特点；了解数控刀具的失效形式及可靠性分析；掌握数控车削、铣削刀具的选择；理解刀具补偿的功用。

学习重点：数控刀具的种类、特点；常用刀具材料及刀具选择。

第一节　数控刀具种类及特点

一、数控刀具的含义

数控刀具是指在数控车床、数控铣床、加工中心等数控机床上所使用的刀具。随着数控机床功能、结构的发展，数控刀具已不是普通机床“一机一刀”的模式，而是多种不同类型刀具同时在数控机床上轮换使用，以实现自动换刀和快速换刀，因此，“数控刀具”应理解为广义的“数控刀具系统”。

二、数控刀具的种类

数控刀具的分类方式有以下几种：

（一）按结构分类

1. 整体式

整体式刀具由整块材料磨制而成，使用时根据不同用途将切削部分磨成所需形状，其优点是结构简单、使用方便、可靠、更换迅速等。

2. 镶嵌式

镶嵌式刀具分为焊接式和机夹式。机夹式根据刀体结构的不同，又可分为不转位刀具和可转位刀具。

可转位刀具是将预先加工好并带有若干个切削刃的多边形刀片，用机械夹固的方法夹紧在刀体上的一种刀具。在使用过程中，当一个切削刃磨钝时，只要将刀片的夹紧装置松开，转位或更换刀片，使新的切削刃进入工作位置，再经夹紧就可以继续使用。

可转位刀具与焊接式和整体式刀具相比有以下特点：刀体上安装的刀片，至少有两个预先加工好的切削刃供使用；刀片转位后的切削刃在刀体上位置不变，并具有相同的几何参数；刀片成为独立的功能元件，其切削性能得到了扩展和提高；机械夹固式避免了焊接工艺的影响和限制，更利于根据加工对象选择各种材料的刀片，并充分地发挥了其切削性能，从而提高了切削效率；切削刃空间位置相对刀体固定不变，节省了换刀、对刀等所需的辅助时间，提高了机床的利用率；可转位刀具的刀体可重复使用，节约了钢材和制造费用，经济性好。

3. 减振式

当刀具的工作长度与直径之比大于 4 时，为了减少刀具的振动，提高加工精度，多采用减振的特殊结构刀具。减振式刀具主要应用在镗孔加工上。

4. 内冷式

内冷式刀具的切削液通过机床主轴或刀盘流到刀体内部，并从喷孔喷射到刀具切削刃部位。

5. 特殊式

特殊式刀具包括强力夹紧、可逆攻螺纹、复合刀具等。

（二）按制造材料分类

1. 高速钢刀具

高速钢按化学成分可分为普通高速钢及高性能高速钢。普通高速钢可满足一般需求，常见的普通高速钢有两种：钨系高速钢（W系）和钨钼系高速钢（Mo系）。高性能高速钢具有更好的硬度和热硬性，适用于加工高温合金、不锈钢、钛合金、高强度钢等难加工材料的刀具，主要品种为高碳系高速钢、高钒系高速钢、含钴系高速钢和铝高速钢。

2. 硬质合金刀具

硬质合金刀片按国际标准分为三大类：P类（相当于我国的YT类）、M类（相当于我国的YW类）、K类（相当于我国的YG类）。

P类——适于加工钢、长屑可锻铸铁；

M类——适于加工奥氏体不锈钢、铸铁、高锰钢、合金铸铁等；

M-S类——适于加工耐热合金和钛合金；

K类——适于加工铸铁、冷硬铸铁、短屑可锻铸铁、非钛合金；

K-N类——适于加工铝、非铁合金；

K-H类——适于加工淬硬材料。

3. 涂层刀具

涂层刀具是在韧性较好的硬质合金或高速钢基体上，涂覆一薄层耐磨性高的难熔金属化合物而成的。常用的涂层材料有TiC、TiB、ZrO及Al_2O_3等陶瓷材料。涂层可采用单涂层，也可采用双涂层或多涂层，涂层厚一般为0.005~0.015mm。

涂层高速钢刀具主要有钻头、丝锥、滚刀、立铣刀等。

4. 陶瓷（Ceramics）刀具

陶瓷刀具材料，按其主要成分大致可分为三类：氧化铝系陶瓷、氮化硅系陶瓷、复合氮化碳-氧化铝（$Si_3N_4+Al_2O_3$）系陶瓷。陶瓷特耐高温，在2000℃条件下，仍具有高的硬度，非常耐磨，但是，韧性很低，不能承受冲击，适用于精加工和高速切削。

5. 立方氮化硼刀具

立方氮化硼（Cubic boron nitride，CBN），是在高温、高压条件下人工合成的新型刀具材料，其性能与金刚石相似，能高速切削淬火钢和耐热钢，是高速切削的首选刀具材料。

6. 聚晶金刚石刀具

聚晶金刚石（Polymerize crystal diamond，PCD）即人工合成的金刚石，是在高温、高压下合成的新型刀具材料，硬度极高，但是，与铁系材料有很强的亲和力，易使碳元素扩散而磨损，只适用于加工有色金属、非金属（如陶瓷）等极硬的材料。

（三）按切削工艺分类

1. 车削刀具

车削刀具有外圆、外螺纹、内螺纹、切槽、切断、切端面、切端面环槽、成形车刀和孔加工刀具（包括中心孔钻头、镗刀、丝锥等）等类型。

数控车床现在多使用标准的机夹可转位刀具。机夹可转位刀具的刀片和刀体都有标准，刀片材料采用硬质合金、涂层硬质合金以及高速钢；刀体有长条形方刀体和圆柱刀体。机夹可转位刀具夹固不重磨刀片时通常采用螺钉、螺钉压板、杠销或楔块等结构。

2. 钻削刀具

钻削刀具有普通麻花钻、可转位浅孔钻、深孔钻、扩孔钻、攻螺纹丝锥和铰孔铰刀等。钻削刀具可用于数控车床、车削中心，又可用于数控镗铣床和加工中心，因此它的结构和联接形式有直柄、直柄螺钉紧定、锥柄、螺纹联接、模块式联接（圆锥或圆柱联接）等多种。

3. 镗削刀具

镗削刀具按加工工艺要求可分为粗镗刀和精镗刀；按切削刃形式可分为单刃镗刀、多刃镗刀和多刃组合镗刀；按结构可分为整体式镗刀、模块式镗刀和镗头类镗刀。

4. 铣削刀具

铣削刀具有面铣刀、立铣刀、键槽铣刀、模具铣刀、鼓形铣刀、成形铣刀和特型专用铣刀等。详见本章第四节“三、铣削刀具及其选择”。

三、数控刀具的特点

数控机床价格昂贵，为了提高其生产效率，实现数控刀具高效、多能、快换和经济的目的，数控刀具必须具备以下特点：

1）数控刀具必须有很高的切削效率，硬质合金刀具的切削速度可达500～600m/min；陶瓷刀具的切削速度可达800～1000m/min。

2）数控刀具必须具有较高的精度和重复定位精度，一般为3～5μm或者更高，包括刀具的尺寸精度和形状精度、刀片及刀柄对机床主轴的相对位置精度、刀片及刀柄的转位及拆装的重复精度。

3）数控刀具必须具有良好的刚性、耐磨性和断屑、排屑性能，刀柄的强度要高。

4）数控刀具必须具有很高的可靠性和使用寿命，这是选择刀具的关键指标。

5）数控刀具必须具有稳定的尺寸，且能实现快速换刀和刀具尺寸的方便调整，以缩短辅助时间、提高加工效率。

6）数控刀具必须具有完善的模块式工具系统，储存必要的刀具，以适应多品种零件的生产。

7）数控刀具必须建立完备的刀具管理系统，以便可靠、高效、有序地管理刀具系统。

8）数控刀具必须要有在线监控及尺寸补偿系统，监控加工过程中刀具的状态，提高加工可靠度。

第二节 数控刀具材料

一、刀具切削部分必须具备的条件

1. 较高的硬度和耐磨性

刀具切削部分的硬度必须高于工件材料的硬度，一般要求刀具材料常温硬度在62HRC以上。耐磨性是材料抵抗磨损的能力，刀具材料的硬度越高，耐磨性就越好。

2. 足够的强度和韧性

刀具在切削过程中要承受很大的切削力，有时在冲击和振动的条件下工作，要使刀具不产生崩刃和折断，刀具材料就必须具有足够的强度和韧性。

3. 较高的耐热性

耐热性是指刀具材料在高温下保持硬度、耐磨性、强度和韧性的性能，它是衡量刀具材料切削性能的主要标志。

4. 较好的导热性

导热系数越大，由刀具传出热量的速度越快，就越有利于降低切削温度、提高刀具寿命。

5. 良好的工艺性

为便于刀具制造，要求刀具材料具有良好的工艺性能，如锻造、轧制、焊接、切削加工、可磨削性、热处理特性及高温塑性变形性能，对于硬质合金和陶瓷刀具材料，还应具备良好的烧结及压力成形的性能。

二、刀具材料

目前所采用的刀具材料，主要有高速钢、硬质合金、陶瓷、立方氮化硼和聚晶金刚石。

1. 高速钢

高速钢是一种含多量碳（C），加入了较多的钨（W）、钼（Mo）、铬（Cr）、钒（V）等合金元素的高合金工具钢。高速钢具有较高的热稳定性、高的强度（抗弯强度一般为硬质合金的2~3倍，为陶瓷的5~6倍）和韧性（较硬质合金和陶瓷高十几倍）、一定的硬度（63~69HRC）和耐磨性，在600℃仍然能保持较高的硬度。高速钢的材料性能较硬质合金和陶瓷稳定，但延压性较差，热加工性困难，耐热冲击较弱，因此高速钢刀具可以用来加工从有色金属到高温合金的广泛材料。由于高速钢容易磨出锋利切削刃，能锻造，所以在复杂刀具上广泛使用。高速钢制造的刀具，切削速度可达60m/min以上，而得其名。

高速钢按化学成分可分为普通高速钢及高性能高速钢。

普通高速钢广泛用于制造各种复杂刀具，可以切削硬度在250~280HBW以下的结构钢和铸铁材料，这类高速钢碳的质量分数为0.7%~0.9%，其典型牌号有W18Cr4V（简称W18）、W6Mo5Cr4V2（简称M2）、W9Mo3Cr4V（简称W9）。常见的普通高速钢有两种：钨系高速钢（W系）和钨钼系高速钢（Mo系）。

高性能高速钢具有更好的硬度和热硬性，这是通过改变高速钢的化学成分，提高性能而发展起来的新品种。它具有更高的硬度、热硬性，在切削温度达650℃时，硬度仍可保持在60HRC以上，使用寿命为普通高速钢的1.5~3倍，适用于加工高温合金、不锈钢、钛合金、高强度钢等超高强度的材料。其典型牌号W6Mo5CrV2Al（5F-6）是一种含铝的超硬高速钢，具有良好的切削性能。常见的高性能高速钢品种为：高碳系高速钢、高钒系高速钢、含钴系高速钢和铝高速钢。

对比而言，高速钢韧性较硬质合金好，硬度、耐磨性和热硬性较硬质合金差，不适于切削硬度较高的材料，也不适于进行高速切削。高速钢刃磨方便，适于各种特殊需要的非标准刀具。

2. 硬质合金

硬质合金是将碳化钨（WC）、碳化钛（TiC）、碳化钽（TaC）、碳化铌（NbC）等难熔金属碳化物，用金属粘接剂钴（Co）或镍（Ni）等经粉末冶金方法压制、烧结而成。由德国的KRUPP公司1926年发明，其主体是WC-Co系。

硬质合金的硬度（89~93HRA）、耐磨性都很高，其切削性能比高速钢高得多，刀具寿命可提高几倍到几十倍，但硬质合金的抗弯强度为0.9~1.5GPa，比高速钢低得多，冲击韧度也较差，故不能像高速钢刀具那样承受大的切削振动和冲击负荷。

硬质合金由于切削性能优良，因此被广泛用作刀具材料：绝大多数的车刀片和面铣刀片都采用硬质合金制造，深孔钻、铰刀等刃具也广泛采用硬质合金，一些复杂刀具如齿轮滚刀（特别是整体小模数滚刀和加工淬硬齿面的滚刀）也采用硬质合金。

按照ISO标准，可将硬质合金分为三类：P类（相当于我国的YT类）、K类（相当于我国的YG类）和M类（相当于我国的YW类）。

（1）K类硬质合金（我国标准为YG类硬质合金） 这类硬质合金的成分为WC-Co，有粗晶粒、中晶粒、细晶粒和超细晶粒之分。常用牌号有YG3X、YG6X、YG6、YG8等，主要用于加工产生短切屑的黑色金属、有色金属及非金属材料，如铸铁、铝合金、铜合金、塑料、硬胶木等。此类合金的硬度为89～91.5HRA；抗弯强度为1.1～1.5GPa。其中，细晶粒硬质合金用于加工难加工材料。

（2）P类硬质合金（我国标准为YT类硬质合金） 这类硬质合金的成分为WC-TiC-Co，其中除WC外，还含有5%～30%的TiC。常用牌号有YT5、YT14、YT15及YT30，主要用于加工产生长切屑的金属材料，如钢、铸钢、可锻铸铁、不锈钢、耐热钢等。YT类合金的硬度高（89.5～92.5HRA），但抗弯强度（0.9～1.5GPa）和冲击韧度较低，其突出优点是耐热性好，其耐热性随TiC含量的增加而提高。

（3）M类硬质合金（我国标准为YW类硬质合金） 这类硬质合金的成分为WC-TiC-Tac(NC)-Co(YW)，是在P类硬质合金中加入一定数量的TaC（NbC）形成的。常用牌号有YWⅠ和YWⅡ，主要用于加工长切屑或短切屑的黑色金属和有色金属，如钢、铸钢、奥氏体不锈钢、耐热钢、可锻铸铁、合金铸铁等。其抗弯强度、疲劳强度和韧度、高温硬度和高温强度以及抗氧化能力和耐磨性均得到提高。此类硬质合金的性能介于K类和P类之间，既可用于加工铸铁及有色金属，也可用于加工各种黑色金属及其合金。

在ISO标准中，通常又在K、P、M三种代号之后附加01、05、10、20、30、40、50等数字进一步细分，如图3-25所示。一般说来，数字越小，硬度越高、韧性越低；数字越大，韧性提高，但硬度降低。

3. 涂层刀具

涂层刀具是在韧性较好的硬质合金或高速钢基体上，涂覆一薄层耐磨性高的难熔金属化合物而成的。常用的涂层材料有TiC、TiB_2、ZrO_2及Al_2O_3等陶瓷材料。涂层可采用单涂层，也可采用双涂层或多涂层，涂层厚一般为0.005～0.015mm。

涂层刀具使用范围广泛，从非金属、铝合金到铸铁、钢以及高强度钢、高硬度钢和耐热合金、钛合金等难加工材料的切削均可使用。实际加工应用中，涂层硬质合金刀片的使用寿命较普通硬质合金至少可提高1～3倍，其通用性也广。因为涂层刀具有比基体高得多的硬度、抗氧化性能、抗粘接性能以及低的摩擦因数，因而有高的耐磨性和抗月牙洼磨损能力，且可降低切削力及切削温度，所以在加工中可采用比未涂层刀具高得多的切削用量，从而使生产效率大大提高。

4. 陶瓷（Ceramics）刀具材料

陶瓷刀具材料是在陶瓷基体中添加各种碳化物、氮化物、硼化物和氧化物等并按照一定生产工艺制成的。它具有很高的硬度、耐磨性、耐热性和化学稳定性等独特的性能，在高速切削范围以及加工某些难加工材料，特别是在高温切削方面，包括涂层刀具在内的任何高速钢和硬质合金刀具都无法与之相比。陶瓷不仅用于制造各种车刀、镗刀，也开始用于制造成形车刀、铰刀及铣刀等刀具。在数控机床和加工中心加工中，正是由于陶瓷刀具所具备的优异切削性能及高的可靠性，使数控机床的高自动化、高生产率的性能得以充分发挥。

陶瓷刀具材料，按其主要成分大致可分为以下三类：

（1）氧化铝系陶瓷 它是以氧化铝（Al_2O_3）为主体的陶瓷材料，其中包括纯氧化铝陶瓷（白色陶瓷）和氧化铝中添加各种碳化物、氧化物、氮化物与硼化物等的组合陶瓷（黑色陶瓷）。此类陶瓷的突出优点是硬度及耐磨性高，缺点是脆性大、抗弯强度低、抗热冲击性能差。目前多用于铸铁及调质钢的高速精加工。

（2）氮化硅系陶瓷 氮化硅系陶瓷包括氮化硅（Si_3N_4）陶瓷和以氮化硅为基体的添加其他碳化物制成的组合氮化硅陶瓷。这种陶瓷的抗弯强度和断裂韧性比氧化铝系陶瓷有所提高，抗热冲击性能也较好，在加工淬硬钢、冷硬铸铁、石墨制品及玻璃钢等材料时有很好的效果。

（3）复合氮化硅-氧化铝（$Si_3N_4+Al_2O_3$）系陶瓷 其主要成分为硅（Si）、铝（Al）、氧（O）、氮（N），该材料具有极好的耐高温性能、抗热冲击和抗机械冲击性能，是加工铸铁材料的理想刀具。其特点之一是能采用大进给量，加之允许采用很高的切削速度，因此可以极大地提高生产率。

陶瓷刀具的最大优点是与被加工材料的亲和性极低，因此不易产生粘刀和积屑瘤，使得加工表面光洁平滑，在刀具材料中是进行精加工的精品。但是，由于其韧性差，不能承受冲击，而大大限制了它在实际中的应用。

5. 立方氮化硼（CBN）

立方氮化硼（Cubic boron nitride，CBN），是在高温、超高压条件下人工合成的新型刀具材料，其结构与金刚石相似，硬度略逊于金刚石，但热硬性远高于金刚石，且与铁族元素亲和力小，加工中不易产生切屑瘤，因此能高速切削淬火钢和耐热钢，是高速切削的首选刀具材料。

立方氮化硼粒子硬度高达4500HV，在加热温度达到1300℃时仍然保持性能稳定，并且与铁的反应性很低，是迄今为止能够加工铁系金属的最硬的一种刀具材料，硬度达60～70HRC的淬硬钢等高硬材料均可采用立方氮化硼刀具来进行切削加工，使加工效率得到了极大的提高。

切削普通灰铸铁且线速度在300m/min以下时，一般可采用涂层硬质合金；线速度在300～500m/min时，可采用陶瓷刀具；线速度在500m/min以上时，可采用立方氮化硼刀具。可以说，立方氮化硼刀具将是超高速加工的首选刀具材料。

6. 聚晶金刚石（PCD）

聚晶金刚石（Polymerize crystal diamond，PCD）即人工合成的金刚石，是用人造金刚石颗粒，通过添加C、硬质合金、NiCr、Si-SiC以及陶瓷结合剂，在高温（1200℃）、高压下烧结成形的新型刀具材料，硬度极高，但是，与铁系材料有很强的亲和力，易使碳元素扩散而磨损，只适用于高效加工有色金属、非金属（如陶瓷）等极硬的材料，能得到高精度、高光亮度的加工表面。特别是聚晶金刚石刀具消除了金刚石的性能异向性，使得其在高精加工领域中得到了普及。金刚石在大气中温度超过600℃时将被碳化而失去本来面，因此金刚石刀具不适宜用在可能会产生高温的切削中。

上述几类刀具材料，从总体上来说，在材料的硬度、耐磨性方面以金刚石为最高，立方氮化硼、陶瓷、硬质合金到高速钢依次降低；而从材料的韧性来看，则高速钢最高，硬质合金、陶瓷、立方氮化硼、金刚石依次降低。涂层刀具材料具有较好的实用性能，也是将来实现刀具材料硬度和韧性并重的重要手段。在数控机床中，目前采用最为广泛的刀具材料是硬质合金。因为从经济性、适应性、多样性、工艺性等多方面，硬质合金的综合效果都优于陶瓷、立方氮化硼、聚晶金刚石。

第三节 数控刀具的失效形式及可靠性

一、数控刀具的失效形式

在数控加工过程中，当刀具崩刃、卷刃（塑变）、破损或磨损到一定程度时，刀具即丧失了其切削能力而无法保证零件的加工质量，此种现象称为刀具失效。

刀具失效的主要形式及其产生的原因有以下几方面：

1. 后刀面磨损

后刀面磨损是指机械交变应力引起的出现在刀具后面上的摩擦磨损。

如果刀具材料较软、刀具的后角偏小、加工过程中的切削速度偏高、进给量太小，都会造成刀具后刀面的磨损过量，并由此使得加工表面的尺寸和精度降低，增大切削中的摩擦阻力，因此应该选择耐磨性较高的刀具材料，同时降低切削速度、加大进给量、增大刀具后角，这样才能避免或减少刀具后刀面磨损现象的产生。

2. 边界磨损

主切削刃上的边界磨损常发生于与工件的接触面处。

边界磨损的主要原因是工件表面硬化及锯齿状切屑造成的摩擦。解决措施是降低切削速度和进给速度，同时选择耐磨刀具材料，并增大刀具的前角使得切削刃锋利。

3. 前刀面磨损

前刀面磨损是指在刀具的前刀面上由摩擦和扩散导致的磨损。

前刀面磨损主要是由切屑和工件材料的接触以及对发热区域的扩散引起；另外，刀具材料过软、加工过程中切削速度较高、进给量较大，也是前刀面磨损产生的原因。前刀面磨损会使刀具产生变形、干扰排屑、降低切削刃的强度。应该采用降低切削速度和进给速度，同时选择涂层硬质合金刀具来达到减小前刀面磨损的目的。

4. 塑性变形

塑性变形是指切削刃在高温或高应力作用下产生的变形。

切削速度和进给速度太高以及工件材料中硬点的作用、刀具材料太软和切削刃温度较高等现象，都是产生塑性变形的主要原因。塑性变形的产生会影响切屑的形成质量，并导致刀具崩刃。可以通过降低切削速度和进给速度，选择耐磨性高和导热性能好的刀具材料等措施来达到减少塑性变形的目的。

5. 积屑瘤

积屑瘤是指粘附堆积在主切削刃旁的前刀面上的工件材料微粒。

积屑瘤的产生会大大降低工件表面的加工质量，会改变切削刃的形状并最终导致切削刃崩刃。避免产生积屑瘤可以采取提高切削速度，选择涂层硬质合金或金属陶瓷等刀具材料，并在加工过程中使用切削液等对策。

6. 刃口剥落

刃口剥落是指切削刃口上出现的小缺口、非均匀的磨损等。

刃口剥落主要由断续切削、切屑排除不流畅等因素造成。应该在加工时降低进给速度、选择韧性好的刀具材料和切削刃强度高的刀片，来避免刃口剥落现象的产生。

7. 崩刃

崩刃是指切削刃大片崩落。崩刃将损坏刀具和工件。

崩刃产生的主要原因有刀具刃口的过度磨损和较高的加工应力，也可能是由刀具材料过硬、切削刃强度不足以及进给量太大造成。刀具应该选择韧性较好的合金材料，加工时应减小进给量和背吃刀量，另外还可选择高强度或刀尖圆角较大的刀片。

8. 热裂纹

热裂纹是指由于断续切削时的温度变化而产生的垂直于切削刃的裂纹。

热裂纹会降低工件表面的加工质量，并导致刃口剥落。刀具应该选择韧性好的合金材料，同时在加工中减小进给量和背吃刀量，并进行干式切削，或在湿式切削加工时有充足的切削液。

二、数控刀具的可靠性分析

1. 刀具可靠性

刀具可靠性是指在规定的切削条件和时间内完成额定工作的能力。刀具可靠性具有统计特征和随机特征。

2. 刀具寿命

刀具寿命是指在规定的条件和时间内完成额定工作的概率。

3. 可靠使用寿命

可靠使用寿命是指刀具能达到规定的可靠使用时间。多齿刀具可靠度，因一齿损坏则刀具损坏，因此可靠度比单齿低。现行刀具的可靠度评价以长期生产经验为依据。

第四节　数控刀具的选择

一、选择数控刀具时应考虑的因素

选择数控刀具或刀片时，应考虑的因素是多方面的，归纳起来主要有以下几点：

1. 被加工工件的材料类别、性能

常见的材料类别有：有色金属（铜、铝、钛及其合金）、黑色金属（铸铁、碳钢、合金钢、工具钢、不锈钢、耐热钢等）、复合材料、塑料等。

常见材料的性能指标有：硬度、刚度、塑性、韧性、耐磨性及组织状态等。

2. 加工工艺类别与工序

工艺的类别有车削、钻削、铣削、镗削等；工序分粗加工、半精加工、精加工和超精加工等。

3. 工件的几何形状、加工余量、零件的技术经济指标

工件的几何形状将影响刀具是连续切削或间断切削，刀具的切入或退出角度；加工余量选择是否合理将影响加工质量和加工效率；零件精度包括尺寸公差、形位公差和表面粗糙度等。

4. 刀具（刀片）能承受的切削用量

切削用量包括背吃刀量（旧称切削深度）、进给量和切削速度。

5. 工件的生产批量

工件的生产批量将影响到刀具（刀片）的经济寿命。

6. 生产现场的条件

生产现场的条件包括操作间断时间、振动、电力波动或突然中断等辅助因素。

二、车削刀具及其选择

1. 数控车刀的类型

常用的数控车刀有三类：尖形车刀、圆弧形车刀以及成形车刀。

（1）尖形车刀　尖形车刀是以直线形切削刃为特征的车刀。这类车刀的刀尖由直线形的主、副切削刃构成，如90°内外圆车刀、左右端面车刀、切槽（切断）车刀以及刀尖倒棱很小的各种外圆和内孔车刀。

尖形车刀几何参数（主要是几何角度）的选择方法与普通车刀基本相同，但应结合数控加工的特点（如加工路线、刀路干涉等）进行全面的考虑，并应兼顾刀尖本身的强度。

（2）圆弧形车刀　圆弧形车刀是以圆度或线轮廓度误差很小的圆弧形切削刃为特征的车刀。这类车刀圆弧刃上的每一点都是圆弧形车刀的刀尖，因此，刀位点不在圆弧上，而在该圆弧的圆心上。圆弧形车刀可以用于车削内外表面，特别适合于车削各种光滑连接的成形面。

选择圆弧形车刀圆弧半径时应考虑两点：一是车刀切削刃的圆弧半径应小于或等于零件凹形轮廓上的最小曲率半径，以免发生加工干涉；二是该半径不宜选择太小，否则不但制造困难，还会因刀尖强度太弱或刀体散热能力差而导致车刀损坏。

（3）成形车刀　成形车刀也称样板车刀，其加工零件的轮廓形状完全由车刀刀刃的形状和尺寸决定。

数控车削加工中，常见的成形车刀有小半径圆弧车刀、非矩形车槽刀和螺纹刀等，在数控加工中，应尽量少用或不用成形车刀。

2. 可转位车刀

（1）组成　可转位车刀一般由刀片、刀垫、夹紧元件和刀体组成，如图3-1所示，其中各部分的作用为：

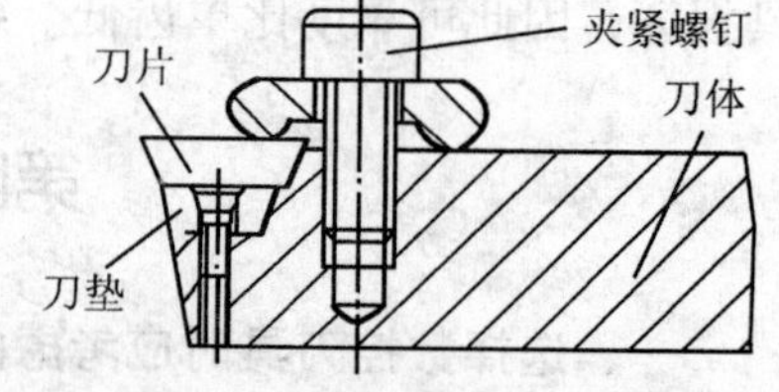

图3-1　可转位车刀的组成

1）刀片：承担切削，形成被加工表面。

2）刀垫：保护刀体，确定切削刃位置。

3）夹紧元件：夹紧刀片和刀垫。

4）刀体：刀片及刀垫的载体，完成刀具与机床的联接。

（2）头部形式与刀片形状　可转位车刀的头部形式，如图3-2a所示；刀片形状，如图3-2b所示。

（3）切削方向　可转位车刀的切削方向，如图3-3所示。

（4）可转位车刀的选择

1）刀体选择。可转位车刀的刀体有长条形方刀体和圆柱刀体，长条形方刀体一般用刀架螺钉紧固方式固定，而圆柱刀体是用套筒螺钉紧固方式固定。

刀体型号要和刀片相配套，一般都是先根据零件轮廓、表面质量、加工部位和刀具用途（精加工还是粗加工）等因素确定刀片，然后再结合机床性能和被加工材料的性能配套选择刀体型号。

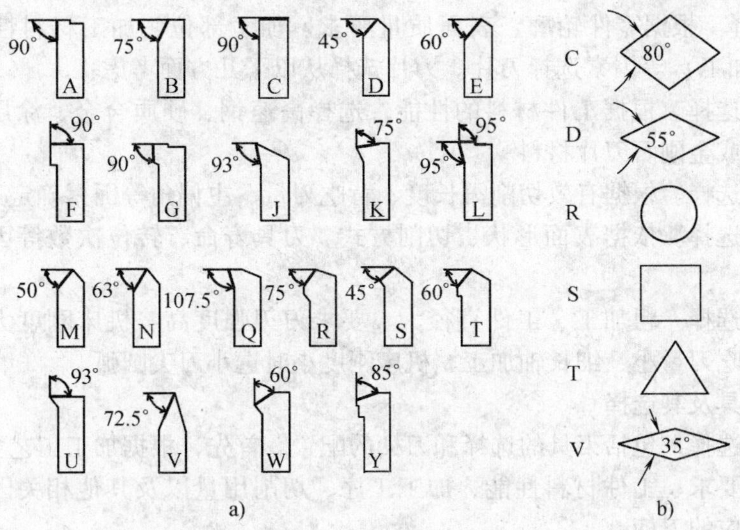

图 3-2　可转位车刀的头部形式与刀片形状

a）可转位车刀的头部形式　b）可转位车刀的刀片形状

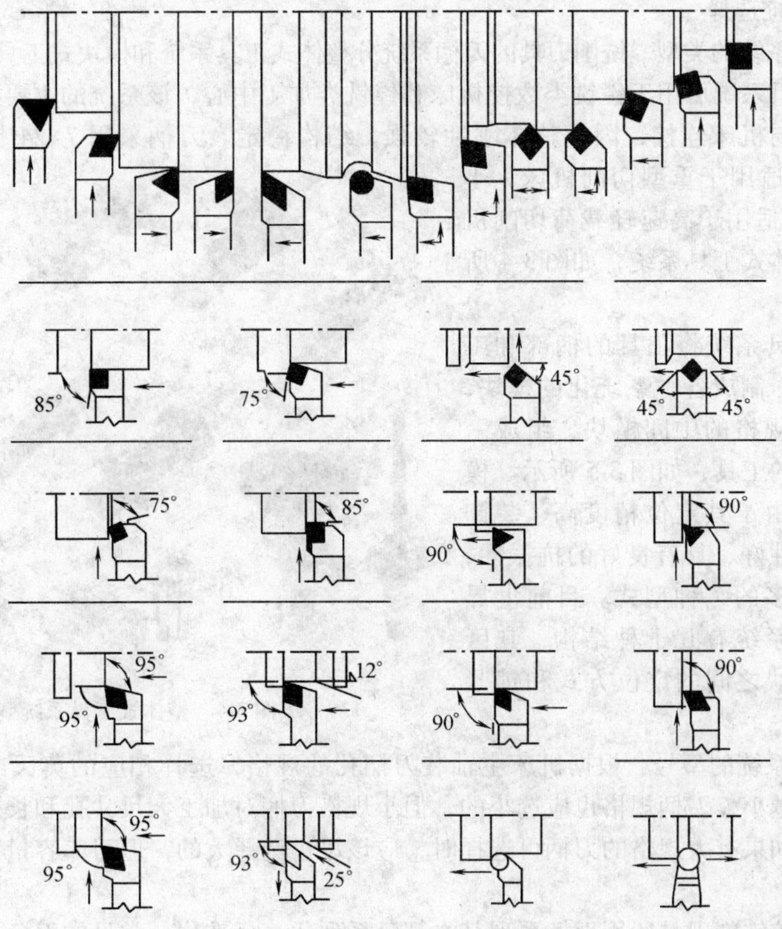

图 3-3　可转位车刀的切削方向

2）刀片选择。根据零件轮廓、表面质量要求、加工部位、加工材料性能和刀具用途（精加工还是粗加工）等因素选择刀片。刀片选择从以下几方面考虑：

①刀片材料选择。根据工件材料的性能，选择高速钢、硬质合金、涂层硬质合金、陶瓷、立方氮化硼或金刚石刀片材料。

②刀片尺寸选择。根据有效切削刃长度、背吃刀量、主偏角等因素确定刀片尺寸。

③刀片形状选择。依据表面形状、切削方式、刀具寿命、转位次数等因素选择刀片形状。

④刀尖半径选择。粗加工、工件直径大、要求刀刃强度高、机床刚度大时选大刀尖圆弧；精加工、背吃刀量小、细长轴加工、机床刚度小时选小刀尖圆弧。

三、铣削刀具及其选择

铣削刀具的选择，包括刃具的选择和刀柄的配置。首先，根据加工工艺要求并综合考虑机床性能、夹具要求、工件材料性能、加工工序、切削用量以及其他相关因素合理选择刃具，然后配置相应的刀柄。

刀具选择总的原则是：刀具的安装和调整方便、刚性好、寿命长和精度高。在保证安全和满足加工要求的前提下，刀具长度应尽可能短，以提高刀具的刚性。

1. 刀柄系统选择

（1）刀柄系统的类型　铣削刀具的刀柄系统分整体式工具系统和模块式工具系统两大类。

整体式工具系统可用于镗铣类数控机床和镗铣类加工中心，该系统的主要特点是刀体采用整体式结构与机床连接，因此整体刚性较强、结构稳定。刀柄采用 7∶24 锥柄，大规格50、60 号锥柄适用于重型切削机床，小规格 30 号锥柄适用于高速轻载荷切削机床。常见的整体式工具系统，如图 3-4 所示。

模块式工具系统将工具的柄部和工作部分割开来，制成各种系统化的模块，然后经过不同规格的中间模块，组成一套套不同用途的工具，如图 3-5 所示。模块式工具系统由于其定位精度高、装卸方便、连接刚性好、具有良好的抗振性，是目前用得较多的一种型式。目前世界上模块式工具系统有几十种结构，其区别主要在于模块之间的定位方式和锁紧方式不同。

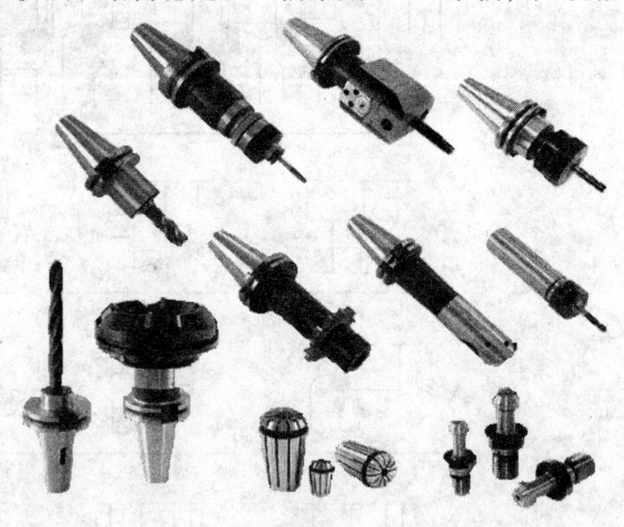

图 3-4　整体式工具系统

（2）刀柄系统的型号　根据机床主轴装刀柄孔的规格，选择相应的莫氏或公制锥柄型号。机床规格越小，刀柄规格也应选小的，但小规格刀柄对加工大尺寸孔和长孔很不利，所以对一台机床如果有大规格的刀柄可选择时，应该尽量选择大的，但刀库容量和换刀时间又要受到影响。

目前，数控铣削刀具所用刀柄系列基本都已系列化、标准化，常见的刀柄标准有：

1）JT（ISO7388）：表示采用国际标准 ISO7388 号，加工中心用的锥柄柄部（带有机械手夹持槽），其后面的数字为相应的 ISO 锥度号，如 50、45 和 40 分别代表大端直径为 69.85mm、57.15mm 和 44.45mm 的 7∶24 锥度。

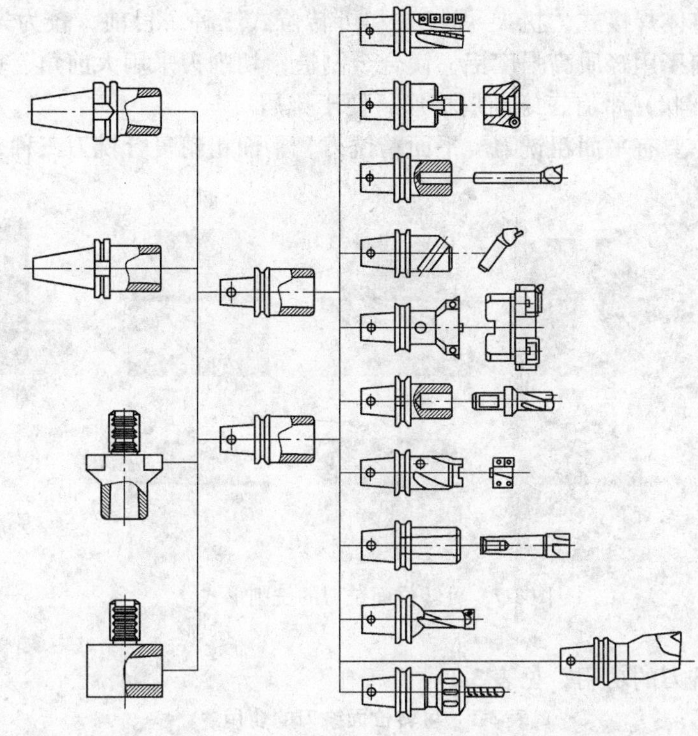

图 3-5　模块式工具系统

2）ST（ISO297）：表示采用国际标准 ISO297 号，一般数控机床用的锥柄柄部（没有机械手夹持槽），数字意义与 JT 类相同。

3）BT（MAS403）：表示采用日本标准 MAS403 号，加工中心用的锥柄柄部（带有机械手夹持槽），数字意义与 JT 类相同。

需注意的是：同一种锥面规格的 JT、BT 等刀柄，所规定的机械手爪夹持尺寸是不一样的，刀柄的拉钉尺寸也是不一样的，选择时必须考虑齐全。

（3）刀柄形式　根据用途，数控铣削刀具所用的刀柄形式可分为钻孔刀具刀柄、镗孔刀具刀柄、铣刀类刀柄、螺纹刀具刀柄和直柄刀具类刀柄（立铣刀刀柄和弹簧夹头刀柄），如图 3-6 所示。

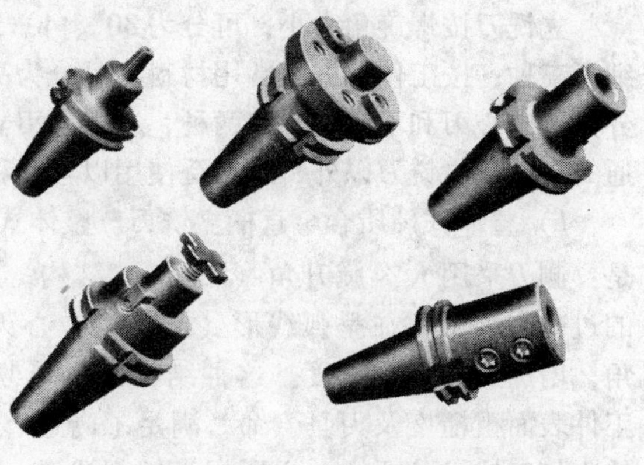

图 3-6　刀柄形式

2. 铣刀类型的选择

（1）面铣刀（旧称端铣刀）的选择　面铣刀的圆周表面和端面上都有切削刃，端部切削刃为副切削刃，主要用于面积较大的平面铣削和较平坦的立体轮廓的多坐标加工。

面铣刀的刀齿材料多为高速钢或硬质合

金，刀体为40Cr。硬质合金面铣刀与高速钢铣刀相比，铣削速度较高、加工效率高、加工表面质量也较好，并可加工带有硬皮和淬硬层的工件。硬质合金面铣刀按刀片和刀齿安装方式的不同，可分为整体焊接式、机夹-焊接式和可转位式三种。目前，较为先进的可转位式面铣刀的刀体已趋向于用轻质高强度铝、镁合金制造；切削刃采用大前角、负刃倾角；可转位刀片（多种几何形状）带有三维断屑槽形，便于排屑。

可转位面铣刀主要有平面粗铣刀、平面精铣刀、平面粗精复合铣刀三种，它们的铣削形式，如图3-7所示。

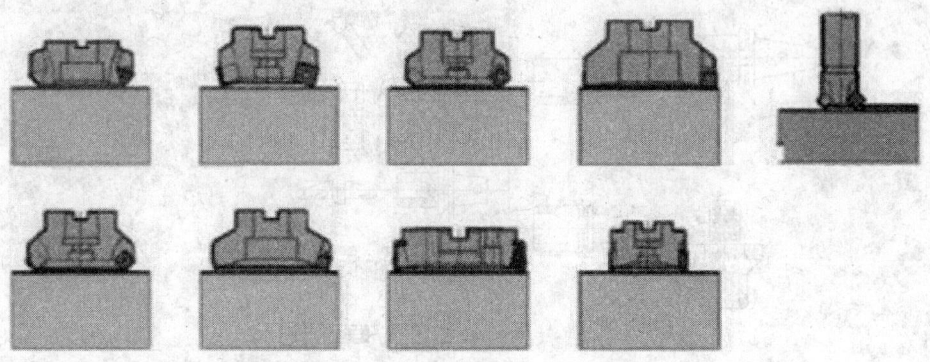

图3-7 可转位面铣刀的铣削形式

常见可转位面铣刀的功用，见表3-1。

表3-1 可转位面铣刀的功用

刀具名称	用途
可转位普通面铣刀	适于铣削大的平面，用于不同深度的粗加工、半精加工
可转位精密面铣刀	适用于表面质量要求高的场合，用于精铣
可转位立装面铣刀	适于钢、铸钢、铸铁的粗加工，能承受较大的切削力，适于重载荷切削
可转位圆刀片面铣刀	适于加工平面或根部有圆角肩台、肋条以及难加工材料，小规格的还可用于加工曲面
可转位密齿面铣刀	适于铣削短切屑材料以及较大平面和较小余量的钢件，切削效率高

（2）立铣刀的选择　立铣刀的圆柱表面和端面上都有切削刃，它们可同时进行切削，也可单独进行切削。因此，立铣刀是数控机床上用得最多的一种铣刀。

立铣刀按螺旋角大小，可分为30°、40°、60°等几种形式；按齿数，可分为粗齿、中齿、细齿三种；按工作部分的常用材料，可分为高速钢、硬质合金等；按端部切削刃的不同，可分为过中心刃和不过中心刃两种，过中心刃立铣刀可直接轴向进刀。数控铣削加工除了用普通的高速钢立铣刀以外，还广泛使用以下几种先进的结构类型：

1）整体式硬质合金直柄立铣刀。整体式硬质合金直柄立铣刀，如图3-8所示，其特点是：侧刃采用大螺旋升角（≤62°）结构；立铣刀头部的过中心端刃往往呈弧线形（或螺旋中心刃）；负刃倾角；增加了切削刃长度。这种结构提高了切削平稳性、工件表面粗糙度及刀具寿命，满足了高速、平稳的三维铣削加工技术的要求，主要用于铣削浅槽、台阶面和不通孔的扩孔加工。

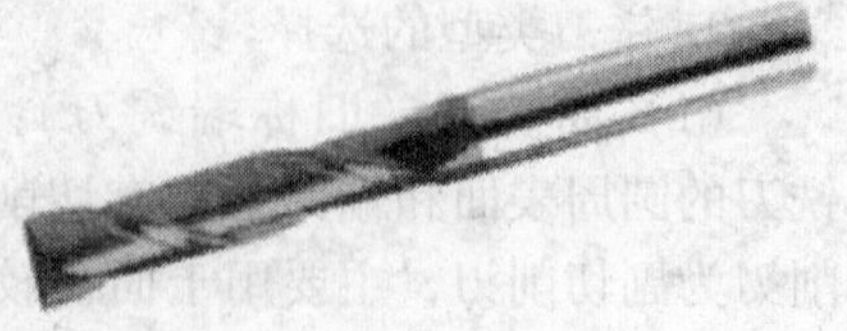

图3-8 整体硬质合金直柄立铣刀

2）波形立铣刀。波形立铣刀，如图 3-9 所示，主要用于直槽、台阶、特殊形状及圆弧插补的重切削，要求机床刚性要好。其特点是：

图 3-9 波形立铣刀

①能将狭长的薄切屑变成厚而短的碎切屑，使排屑变得流畅。

②比普通立铣刀容易切进工件，在相同进给量的条件下，它的切削厚度比普通立铣刀要大些，并且减小了切削刃在工件表面的滑动现象，从而提高了刀具的寿命。

③与工件接触的切削刃长度较短，刀具不易产生振动。

④由于切削刃是波形的，因而使刀刃的长度增大，所以有利于散热。

3）可转位立铣刀。可转位立铣刀，其特点是：由可转位刀片（往往设有三维断屑槽形）组合成侧齿、端齿以及过中心刃端齿（均为短切削刃）。可转位立铣刀主要有立铣刀、孔槽铣刀、球头立铣刀、R 立铣刀、倒角铣刀、螺旋立铣刀、套式螺旋立铣刀等，如图 3-10 所示。常见可转位立铣刀的功用，见表 3-2。

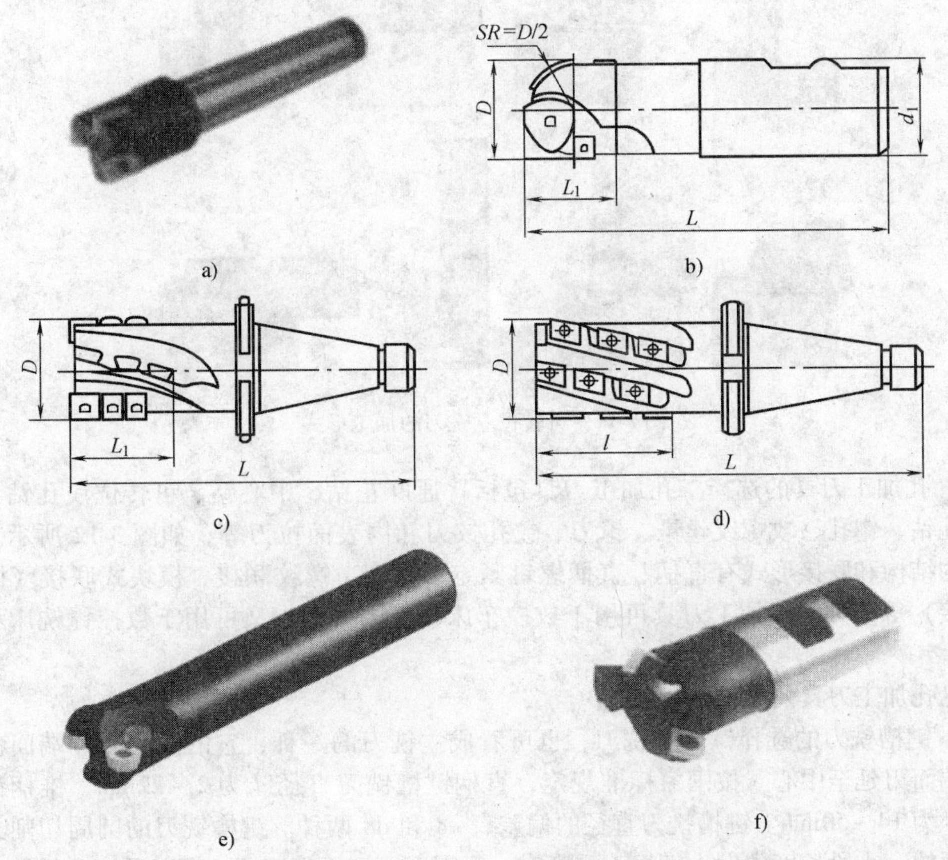

图 3-10 常见的可转位立铣刀

a）可转位立铣刀 b）可转位球头立铣刀 c）刀片平装式可转位螺旋立铣刀 d）刀片立装式可转位螺旋立铣刀 e）可转位 R 角立铣刀（圆鼻刀） f）可转位倒角铣刀

表 3-2 可转位立铣刀及功用

刀具名称	用途
可转位立铣刀	适于铣削浅槽、台阶面和不通孔的镗孔加工
刀片平装式螺旋立铣刀	适于直槽、台阶、特殊形状及圆弧插补的铣削，适于高效率的粗加工或半精加工
刀片立装式螺旋立铣刀	适于重切削，机床刚性要好
可转位球头立铣刀	普通形球头立铣刀适于模腔内腔及过渡 R 的外形面的粗加工、半精加工；曲线刃球头立铣刀适于模具工业、航空工业和汽车工业的仿形加工，用于粗铣、半精铣各种复杂形面，也可以用于精铣
可转位 R 角立铣刀(圆鼻刀)	适于模腔内具有 R 角过渡面的铣削

常见可转位立铣刀的加工形式，如图 3-11 所示。

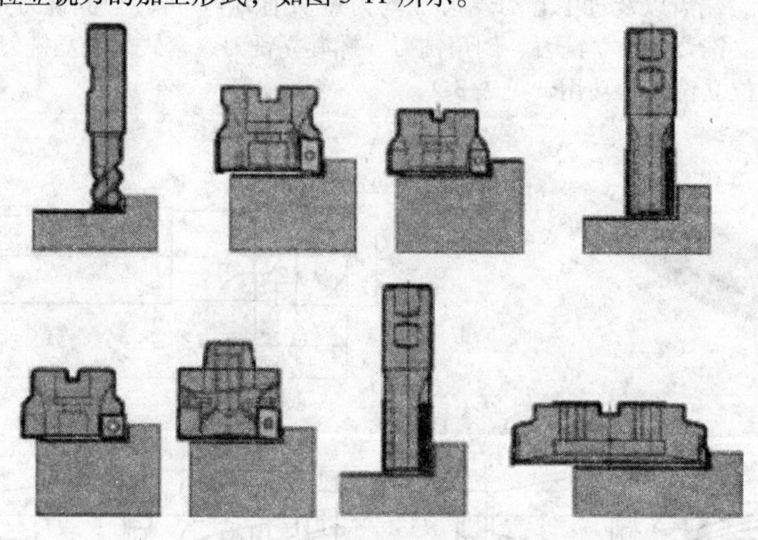

图 3-11 可转位立铣刀的加工形式

(3) 孔加工刀具的选择 孔加工刀具包括普通麻花钻、中心钻、可转位浅孔钻、深孔钻、扩孔钻、锪孔、攻螺纹丝锥、镗刀、铰孔铰刀和内表面拉刀等，如图 3-12 所示。孔加工刀具的结构和联接形式有直柄、直柄螺钉紧定、锥柄、螺纹联接、模块式联接（圆锥或圆柱联接）等多种。孔加工刀具可用于数控车床、车削中心，又可用于数控镗铣床和加工中心。

常见孔加工刀具的功用，见表 3-3。

(4) 键槽铣刀的选择 键槽铣刀，也可看成立铣刀的一种，它的圆柱面和端面都有切削刃，端面刃延至中心。按国家标准规定，直柄键槽铣刀直径 d 为 2 ~ 22mm，锥柄键槽铣刀直径 d 为 14 ~ 50mm。键槽铣刀直径的偏差有 e8 和 d8 两种。键槽铣刀的圆周切削刃仅在靠近端面的一小段长度内发生磨损，重磨时，只需刃磨端面切削刃，因此重磨后铣刀直径不变。用键槽铣刀铣削键槽时，一般先轴向进给达到槽深，然后沿键槽方向铣出键槽全长。由于切削力引起刀具和工件变形，一次走刀铣出的键槽形状误差较大，槽底一般不是直角。为此，通常采用两步法铣削键槽，即先用小号铣刀粗加工出键槽，然后以逆铣方式精加工四周，可得到真正的直角，能获得最佳的精度。常见的键槽铣刀，如图 3-13 所示。

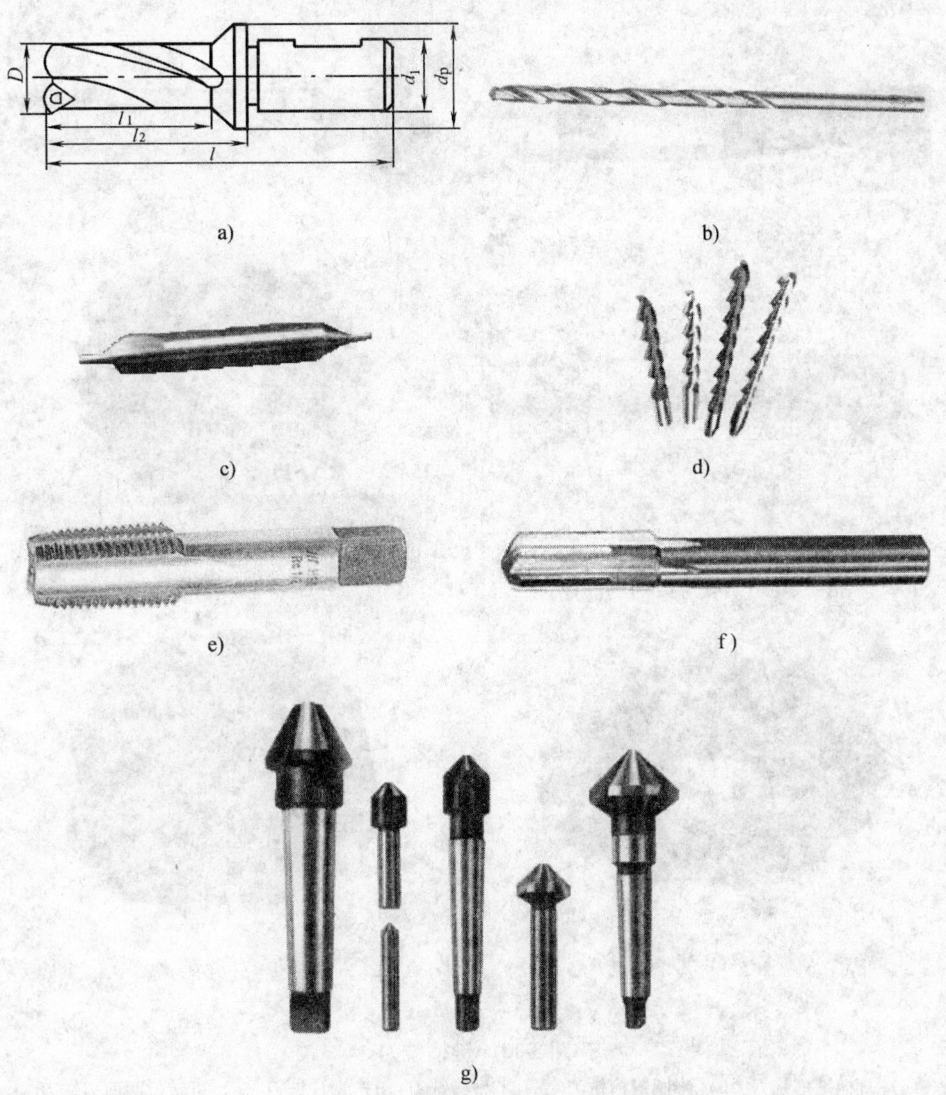

图 3-12　常见的孔加工刀具

a）可转位浅孔钻　b）直柄长钻头　c）中心钻　d）套式扩孔钻　e）圆柱管螺纹丝锥
f）直柄直槽铰刀　g）锥柄锪钻

表 3-3　孔加工刀具及功用

刀具名称	用　途
可转位浅孔钻	适于高效率的加工铸铁、碳钢、合金钢等，可进行钻孔、铣切等
直柄长钻头	适于铸铁、碳钢、合金钢等的深孔加工
中心钻	适于铸铁、碳钢、合金钢等的钻孔定位
套式扩孔钻	适于铸铁、碳钢、合金钢等钻孔后的扩孔
锥柄锪钻	适于铸铁、碳钢、合金钢等的锪孔
圆柱管螺纹丝锥	适于铸铁、碳钢、合金钢等钻孔后的攻螺纹
整体硬质合金直柄直槽铰刀	适于铸铁、碳钢、合金钢等钻孔后的铰孔

图 3-13 键槽铣刀

a）直柄键槽铣刀 b）半圆键槽铣刀 c）T 型槽铣刀 d）锯片铣刀 e）可转位两面刃铣刀 f）可转位三面刃铣刀

常见键槽铣刀的功用，见表 3-4。

表 3-4 键槽铣刀的功用

刀具名称	用途
直柄键槽铣刀	适用于铣削台阶面和沟槽
半圆键槽铣刀	适用于半圆键槽铣削
T 型槽铣刀	适用于 T 型槽铣削
锯片铣刀	适用于细槽铣削
可转位三面刃铣刀	适用于铣削较深和较窄的台阶面和沟槽
可转位两面刃铣刀	适用于铣削深的台阶面和较窄的沟槽，可组合起来用于多组台阶面的铣削

常见键槽铣刀的加工形式，如图 3-14 所示。

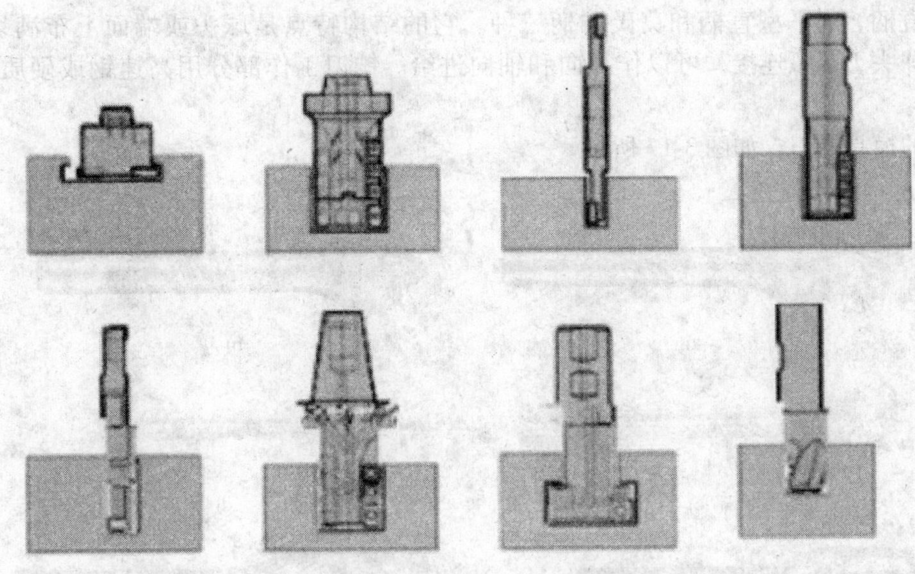

图 3-14 键槽铣刀的加工形式

（5）成形铣刀 成形铣刀一般都是为特定的工件或加工内容专门设计制造的，如角度面、凹槽、特形孔或台等。常见的成形铣刀，如图 3-15 所示。

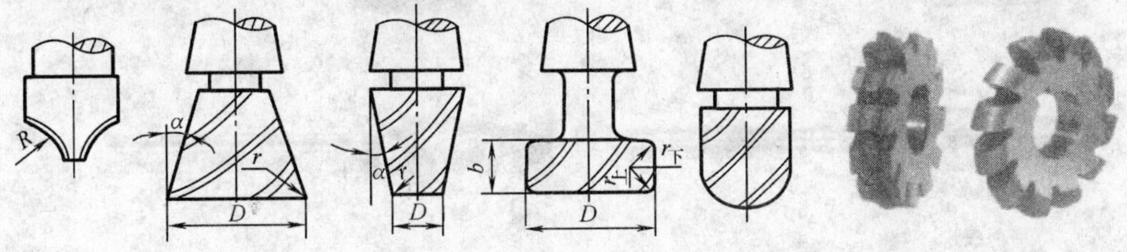

图 3-15 成形铣刀

（6）鼓形铣刀 鼓形铣刀，如图 3-16a 所示，它的切削刃分布在半径为 R 的圆弧面上，端面无切削刃。鼓形铣刀多用来对零件中与安装面倾斜的表面进行三坐标加工，如图 3-16b 所示。这种表面最理想的加工方案是多坐标侧铣，在单件或小批量生产中可用鼓形铣刀加工来取代多坐标加工，加工时控制刀具上下位置，相应改变切削刃的切削部位，可以在工件上切出从负到正的不同斜角。R 越小，鼓形刀所能加工的斜角范围越广，但所获得的表面质量也越差。这种刀具的缺点是刃磨困难，切削条件差，而且不适合加工有底的轮廓表面。

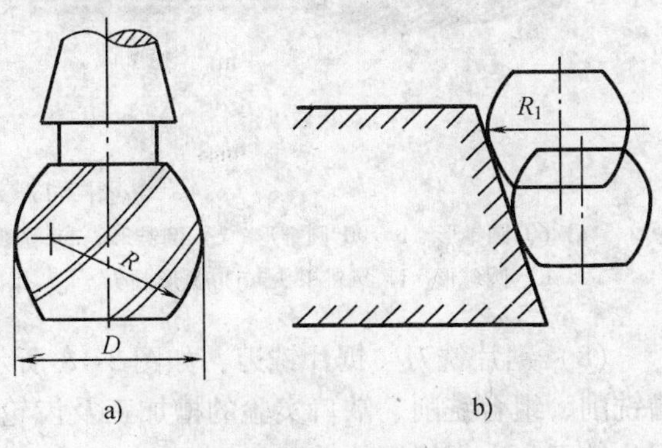

图 3-16 鼓形铣刀
a）鼓形铣刀 b）三坐标鼓形铣刀加工

（7）模具铣刀 模具铣刀由立铣刀发展而成，它是加工金属模具型面的铣刀的通称，其柄部有直柄、削平型直柄和莫氏锥柄三种。它的结构特点是球头或端面上布满切削刃，圆周刃与球头刃圆弧连接，可以作径向和轴向进给。铣刀工作部分用高速钢或硬质合金制造。

常见的模具铣刀，如图 3-17 所示。

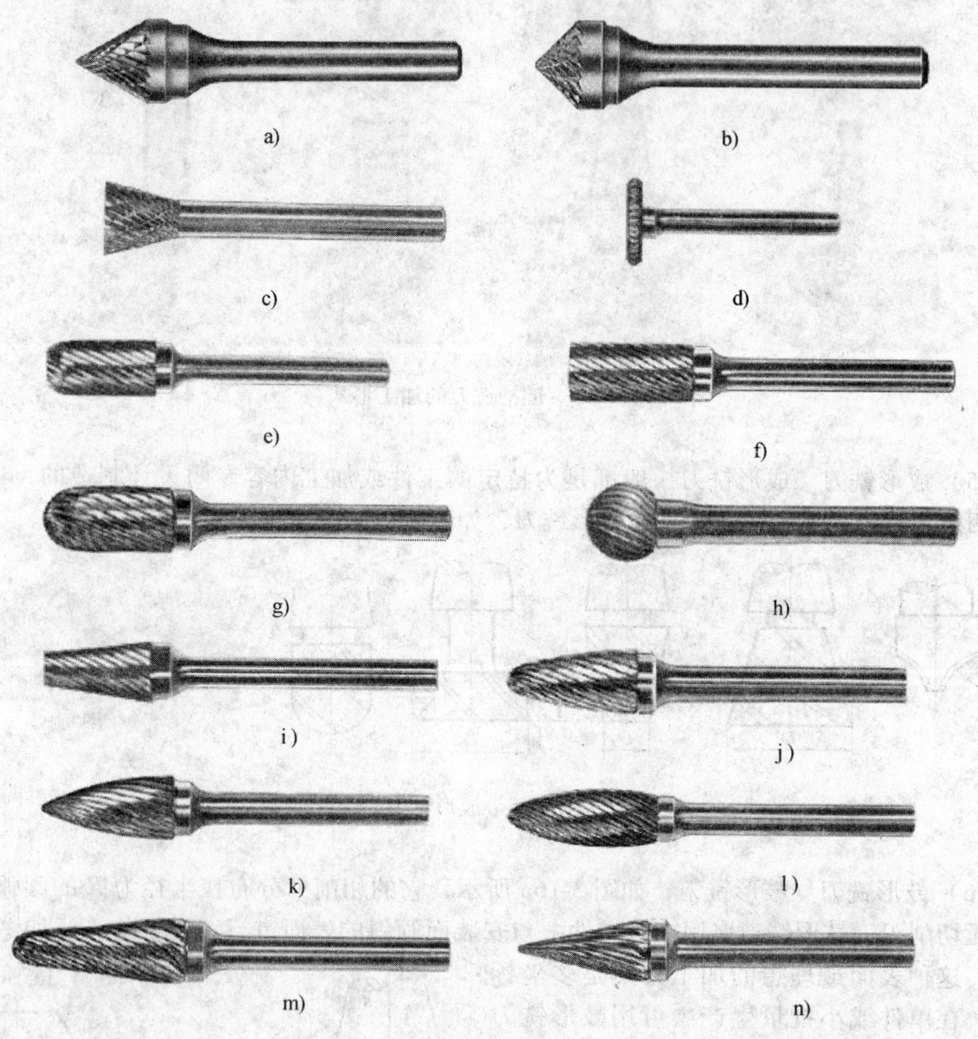

图 3-17 模具铣刀

a）60°圆锥形 b）90°圆锥形 c）倒锥形 d）圆弧盘形 e）圆柱弧半头 f）圆柱形 g）圆柱形球头 h）圆球形 i）圆锥平头 j）弧形圆头 k）弧形尖头 l）火炬形 m）锥形圆顶 n）锥形尖头

（8）锯片铣刀 锯片铣刀，如图 3-18 所示，主要用于大多数材料的切槽、切断、内外槽铣削、组合铣削、缺口实验的槽加工及齿轮毛坯粗齿加工等。锯片铣刀可分为中小规格的锯片铣刀和大规格锯片铣刀（CB6130—85），数控铣床及加工中心主要用中小规格的锯片铣刀。

（9）镗削刀具的选择 镗削刀具按加工工艺要求可分为粗镗刀和精镗刀；按切削刃形

式可分为单刃镗刀、多刃镗刀和多刃组合镗刀；按结构可分为整体式镗刀、模块式镗刀和镗头类镗刀。

镗孔刀具的选择，主要问题是刀杆的刚性，要尽可能的防止或消除振动，其考虑要点如下：

1）尽可能选择大的刀杆直径，接近镗孔直径。

2）尽可能选择短的刀臂（工作长度），当工作长度小于4倍刀杆直径时，可用钢制刀杆，加工要求高的孔时最好采用硬质合金刀杆；当工作长度为4～7倍的刀杆直径时，小孔用硬质合金刀杆，大孔用减振刀杆；当钢制长度为7～10倍的刀杆直径时，要采用减振刀杆。

图3-18　锯片铣刀

3）选择主偏角（切入角κ_r）大于75°，或接近90°。

4）选择无涂层的刀片品种（切削刃圆弧小）和小的刀尖半径（$r_\varepsilon=0.2$）。

5）精加工采用正切削刃（正前角）刀片和刀具，粗加工采用负切削刃（负前角）刀片和刀具。

6）镗深的盲孔时，采用压缩空气（气冷）或切削液（排屑和冷却）。

7）选择正确、快速的镗刀柄夹具。

（10）特殊型专用刀具　特殊型专用刀具主要用于加工某些特定零件，其型号和尺寸取决于所用机床和零件的加工要求。此类铣刀种类较多，如加工电动机转子槽的可转位转子槽铣刀；加工曲轴的可转位曲轴铣刀（外铣刀、内铣刀、车拉刀）；加工路道岔的可转位锰叉道岔铣刀；加工螺杆的可转位螺杆铣刀；加工叶轮的可转位叶轮铣刀；加工火车车轮的可转位轮缘铣刀等。

3. 铣刀结构的选择

铣刀一般由刀片、定位元件、夹紧元件和刀体组成。根据刀片排列方式，铣刀可分为平装结构和立装结构两大类。

（1）平装结构（刀片径向排列）　平装结构铣刀，如图3-19所示，这种铣刀的特点：刀体结构工艺性好、容易加工，并可采用无孔刀片（刀片价格较低，可重磨），但是由于采用了夹紧元件，刀片的一部分被覆盖，容屑空间较小且在切削力方向上的硬质合金截面较小，故平装结构的铣刀一般用于轻型和中量型的铣削加工。

（2）立装结构（刀片切向排列）　立装结构铣刀，如图3-20所示，这种铣刀的特点：刀片只用一个螺钉固定在刀槽上，结构简单、转位方便，刀片采用切削力夹紧，夹紧力随切削力的增大而增大，因此可省去夹紧元件，增大了容屑空间；虽然刀具零件较少，但刀体的加工难度较大，一般需用五坐标加工中

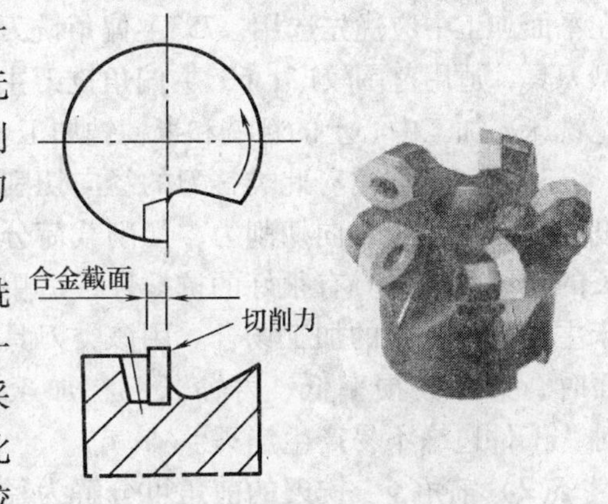

图3-19　平装结构铣刀

心进行加工；由于刀片切向安装，在切削力方向的硬质合金截面较大，因而可进行大背吃刀量、大进给量切削，这种铣刀适用于重型和中量型的铣削加工。

4. 铣刀角度的选择

铣刀有前角、后角、主偏角、副偏角、刃倾角等角度，其中最主要的是主偏角和前角，为满足不同的加工要求，需要恰当选取刀具的主偏角和前角。

（1）主偏角 κ_r

主偏角为切削刃与切削平面的夹角，如图 3-21 所示。主偏角对径向切削力和背吃刀量影响很大，径向切削力的大小直接影响切削功率和刀具的抗振性能。铣刀的主偏角越小，其径向切削力越小，抗振性也越好，但背吃刀量也随之减小。

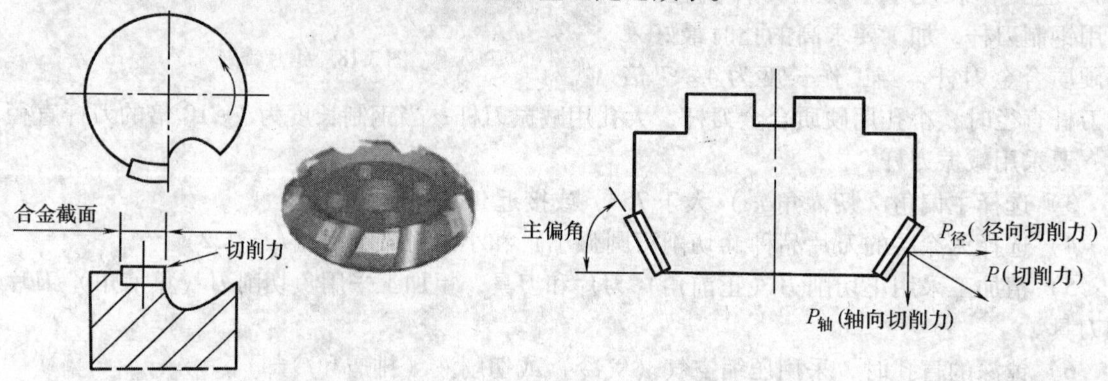

图 3-20 立装结构铣刀

图 3-21 铣刀主偏角 κ_r

铣刀的主偏角有 90°、88°、75°、70°、60°、45°等几种。

1）90°主偏角。此类铣刀通用性好，既可加工台阶面，又可加工平面，一般在单件、小批量加工中选用。由于该类刀具的径向切削力等于切削力，进给抗力大、易振动，因而要求机床具有较大功率和足够的刚性。此类铣刀多用于铣削带凸肩的平面，一般不用于纯平面加工，在加工带凸肩的平面时，为了改善切削性能，也可选用 88°主偏角的铣刀。

2）60°～75°主偏角。此类铣刀适用于平面铣削的粗加工。由于径向切削力明显减小（特别是 60°时），其抗振性有较大改善，切削平稳、轻快，在平面加工中应优先选用。75°主偏角铣刀为通用型刀具，适用范围较广；60°主偏角铣刀主要用于镗铣床、加工中心上的粗铣和半精铣加工。

3）45°主偏角。此类铣刀的径向切削力大幅度减小，约等于轴向切削力，切削载荷分布在较长的切削刃上，具有很好的抗振性，适用于镗铣床主轴悬伸较长的加工场合。用该类刀具加工平面时，刀片破损率低、寿命长；在加工铸铁件时，工件边缘不易产生崩刃。

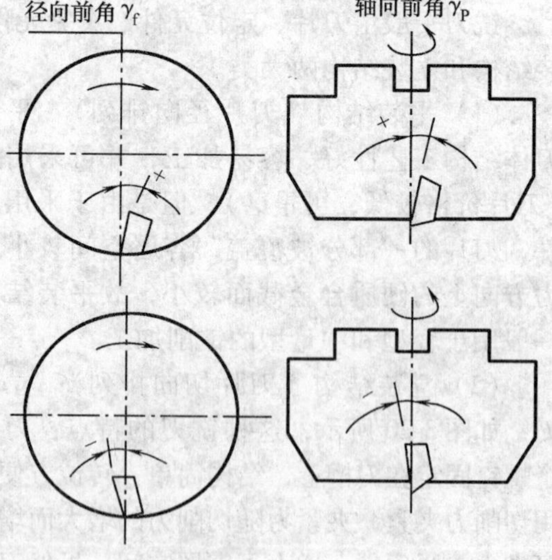

图 3-22 铣刀前角 γ

（2）前角 γ 铣刀的前角可分解为径向前角 γ_f 和轴向前角 γ_p。径向前角 γ_f 主要影响切削功率；轴向前角 γ_p 则影响切屑的形成和轴向力的方向，当 γ_p 为正值时切屑即飞离加工面。径向前角 γ_f 和轴向前角 γ_p 正负的判别，如图 3-22 所示。

常用的径向前角 γ_f 和轴向前角 γ_p 组合形式如下：

1）双负前角。双负前角的铣刀通常均采用方形或长方形无后角的刀片，刀具切削刃多（一般为 8 个），且强度高、抗冲击性好，适用于铸钢、铸铁的粗加工。由于切屑收缩比大，需要较大的切削力，因此要求机床具有较大功率和较高刚性。由于轴向前角为负值，切屑不能自动流出，当切削韧性材料时易出现积屑瘤和刀具振动。

凡能采用双负前角刀具加工时建议优先选用双负前角铣刀，以便充分利用和节省刀片。当采用双正前角铣刀产生崩刃（即冲击载荷大）时，在机床允许的条件下亦应优先选用双负前角铣刀。

2）双正前角。双正前角铣刀采用带有后角的刀片，这种铣刀楔角小，具有锋利的切削刃。由于切屑收缩比小，所耗切削功率较小，切屑成螺旋状排出，不易形成积屑瘤。这种铣刀最宜用于软材料和不锈钢、耐热钢等材料的切削加工。对于刚性差（如主轴悬伸较长的镗铣床）、功率小的机床和加工焊接结构件时，应优先选用双正前角铣刀。

3）正负前角（轴向 γ_p 正前角、径向 γ_f 负前角）。正负前角铣刀综合了双正前角和双负前角铣刀的优点：轴向 γ_p 正前角，有利于切屑的形成和排出；径向 γ_f 负前角，可提高切削刃强度，改善抗冲击性能。正负前角铣刀切削平稳、排屑顺利、金属切除率高，适用于大余量铣削加工。

（3）后角　工件材料硬度不大选大后角，硬度大的选小后角；粗齿铣刀选小后角，细齿铣刀取大后角。

（4）刃倾角　铣刀的刃倾角通常在 $-5° \sim -15°$。

5. 铣刀的齿数（齿距）选择

铣刀齿数多，可提高生产效率，但齿数受容屑空间、刀齿强度、机床功率及刚性等的限制，不同直径的铣刀的齿数均有相应规定。为满足不同加工的需要，同一直径的铣刀又有粗齿、中齿、密齿、不等分齿之分。

（1）粗齿铣刀　粗齿铣刀适用于普通机床的大余量粗加工和软材料或切削宽度较大的铣削加工。当机床功率较小时，为使切削稳定，也常选用粗齿铣刀。

（2）中齿铣刀　中齿铣刀是通用系列，使用范围广泛，具有较高的金属切除率和切削稳定性。

（3）密齿铣刀　密齿铣刀主要用于铸铁、铝合金和有色金属的大进给速度切削加工。在专业化生产（如流水线加工）中，为充分利用设备功率和满足生产节奏要求，也常选用密齿铣刀（此时多为专用非标铣刀）。

（4）不等分齿距铣刀　不等分齿距铣刀可使切削平稳，防止工艺系统出现共振。在铸钢、铸铁件的大余量粗加工中建议优先选用不等分齿距的铣刀。

6. 铣刀直径的选择

铣刀直径的选用主要取决于设备的规格、工件的加工尺寸和生产批量。

（1）平面铣刀　选择平面铣刀直径时，主要需考虑刀具所需功率应在机床功率范围之内，也可将机床主轴直径作为选取的依据。标准可转位平面铣刀直径在 $\phi16 \sim \phi630$ 之间，一般可按 $D=1.5d$（d 为主轴直径）选取；在批量生产时，也可按工件切削宽度的 1.6 倍选择刀具直径；粗铣时铣刀直径选小的，精铣时铣刀直径选大的。

（2）立铣刀 立铣刀直径选择的基本原则如下：

1）应满足工件加工尺寸的要求，并保证刀具所需功率在机床额定功率范围以内。

2）如是小直径立铣刀，则应考虑机床的最高转数能否达到刀具的最低切削速度（60m/min）。

3）粗加工内轮廓面时，立铣刀半径 R 应小于零件内轮廓面的最小曲率半径 R_{min}，如图 3-23a 所示，R 的经验值为 $R=(0.8\sim0.9)R_{min}$；铣刀最大直径 D 可按图 3-23b 所示公式计算。

4）零件的加工高度 $H\leqslant(1/4\sim1/6)R$，以保证刀具有足够的刚度。

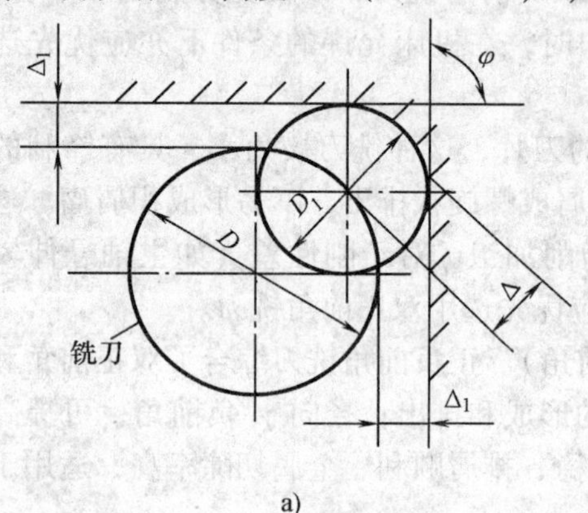

$$D=\frac{2\left(\Delta\sin\frac{\varphi}{2}-\Delta_1\right)}{1-\sin\frac{\varphi}{2}}+D_1$$

D_1：轮廓的最小凹圆角直径；

Δ：圆角邻边夹角等分线上的精加工余量；

Δ_1：精加工余量；

φ：圆角两邻边的最小夹角。

b）

图 3-23 粗加工内轮廓铣刀直径选择

a）粗加工铣刀直径估算图 b）粗加工铣刀直径估算式

5）用平底立铣刀铣削内槽底部时，由于槽底两次走刀需要搭接，而刀具底刃起作用的半径 $R_e=R-r$，如图 3-24 所示，即直径为 $d=2R_e=2(R-r)$，编程时取刀具半径为 $R_e=0.95(R-r)$。

6）加工不通孔或深槽时，选取 $L=H+(5\sim10)$mm；加工外型及通槽时，选取 $L=H+r+(5\sim10)$mm（L 为刀具切削部分长度，H 为零件高度，r 为圆角半径）。

7）加工筋时，刀具直径 $D=(5\sim10)b$（b 为筋的厚度）。

（3）键槽铣刀 键槽铣刀的直径和宽度，应根据加工工件尺寸选择，并保证其切削功率在机床允许的功率范围之内。

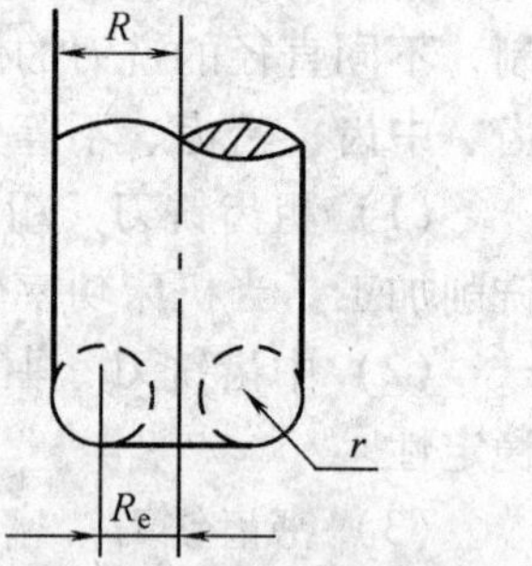

图 3-24 铣内槽铣刀直径选择

7. 铣刀最大背吃刀量的选择

不同系列的铣刀有不同的最大背吃刀量，最大背吃刀量越大的刀具，其本身或所用刀片的尺寸越大，价格也越高，因此从节约费用、降低成本的角度考虑，选择刀具时一般应按加工的最大余量和刀具的最大背吃刀量选择合适的规格。当然，还需要考虑机床的额定功率和刚性应能满足刀具使用最大背吃刀量时的需要。

8. 刀片牌号的选择

合理选择硬质合金刀片牌号的主要依据是被加工材料的性能和硬质合金的性能。一般选用铣刀时，可按刀具制造厂提供的被加工材料及适用的加工条件来配备相应牌号的硬质合金刀片。由于各厂生产的同类用途硬质合金的成份及性能各不相同，硬质合金牌号的表示方法也不同，为方便用户，国际标准化组织规定，切削加工用硬质合金按其排屑类型和被加工材料分为三大类：P 类、M 类和 K 类。根据被加工材料及适用的加工条件，每大类中又分为若干组，用两位阿拉伯数字表示，每类中数字越大，其耐磨性越低、韧性越高，可选用越大的进给量和背吃刀量，而切削速度则应越小，如图 3-25 所示（各厂生产的硬质合金虽然有各自编制的牌号，但都有对应国际标准的分类号，选用十分方便）。

9. 数控铣刀选用时的注意事项

	P01	P05	P10	P15	P20	P25	P30	P40	P50
	M10	M20	M30	M40					
	K01	M10	K20	K30	K40				
进给量	→								
背吃刀量	→								
切削速度	←								

图 3-25　P、M、K 类合金的选择

1）在铣削平面时，应多采用可转位硬质合金刀片铣刀；加工一般采用两次走刀，一次粗铣，一次精铣；当连续铣面时，粗铣刀直径要小些，以减小切削转矩，精铣刀直径要大一些，最好能包容待加工表面的整个宽度；加工余量大且加工表面又不均匀时，刀具直径要选得小一些，否则，会因粗加工接刀刀痕过深而影响加工质量。

2）高速钢立铣刀多用于加工凸台和凹槽，最好不要用于加工毛坯面，因为毛坯面有硬化层和夹砂现象，会加速刀具的磨损。

3）加工余量较小，并且表面粗糙度要求较低时，应采用立方氮化硼刀片端铣刀或陶瓷刀片铣刀。

4）硬质合金立铣刀多用于加工凹槽、凸台面和毛坯表面；镶硬质合金的玉米铣刀多进行强力切削、铣削毛坯表面和用于孔的粗加工。

5）加工精度要求较高的凹槽时，可采用直径比槽宽小一些的立铣刀，先铣槽的中间部分，然后利用刀具半径补偿功能铣削槽的两边，直至达到精度要求为止。

6）在数控铣床上钻孔，一般不采用钻模，当背吃刀量为直径的 5 倍左右的深孔时，容易折断钻头，可采用固定循环程序，多次自动进退，以利于冷却和排屑。钻孔前最好先用中心钻钻一个中心孔或采用一个刚性好的短钻头锪引正，这样除了可以解决毛坯表面钻孔引正问题外，还可以替代孔口倒角。

7）对一些立体平面和变斜角轮廓外型的加工，常用球头铣刀、圆鼻铣刀、鼓形刀、成形刀和盘形刀。

8）曲面加工常采用球头铣刀，但加工曲面较平坦部位时，刀具以球头顶端刃切削，切削条件较差，因此应采用圆鼻刀。

9）在单件或小批量生产中，为取代多坐标联动机床，常采用鼓形刀或锥形刀来加工一些变角零件，如镶齿盘铣刀，适用于在五坐标联动机床上加工一些球面，其效率比用球头铣刀高近 10 倍，并可获得好的加工精度。

第五节　刀具补偿

为了方便编程人员编制零件加工程序，零件程序是以零件轮廓轨迹来编写的，与刀具尺寸无关，而数控机床加工时，控制的是刀具中心（刀位点）轨迹，因此刀具补偿的作用是根据零件的轮廓信息和系统存储的刀具尺寸数据，自动计算出刀具中心（刀位点）轨迹。

刀具的补偿包括刀具偏置补偿（包括刀具磨损补偿）和刀具（刀尖）半径补偿。

一、刀具偏置补偿

我们编程时，假定各刀在工作位时，其刀位点是一致的。实际上，由于刀具的几何形状以及安装的不同，各刀的刀位点是不重合的，各刀的刀位点相对于工件原点的距离也是不同的，因此需要将各刀的位置与基准比较后进行偏置，这种处理称为刀具偏置补偿。刀具偏置补偿可使加工程序不因各刀刀位点的不同而改变。刀具偏置补偿，沿不同的轴向分为 X 轴、Y 轴、Z 轴偏置，其中数控车床常用 X 轴、Z 轴偏置；数控铣床或加工中心常用 Z 轴偏置（长度补偿）。

刀具偏置补偿有两种形式：绝对补偿形式和相对补偿形式。

1. 绝对补偿形式

绝对刀偏，即机床回零时，工件零点相对于各刀在工作位上的刀位点的有向距离。以数控车床为例，如图 3-26 所示，当用 T 代码调用各刀时，各刀即以绝对刀偏值（相对于工件零点的值）建立各自的加工坐标系。可见，刀架在机床零点时，各刀虽由于几何尺寸不一致，各刀刀位点相对工件零点的距离不同，但各自建立的坐标系均与工件坐标系重合。

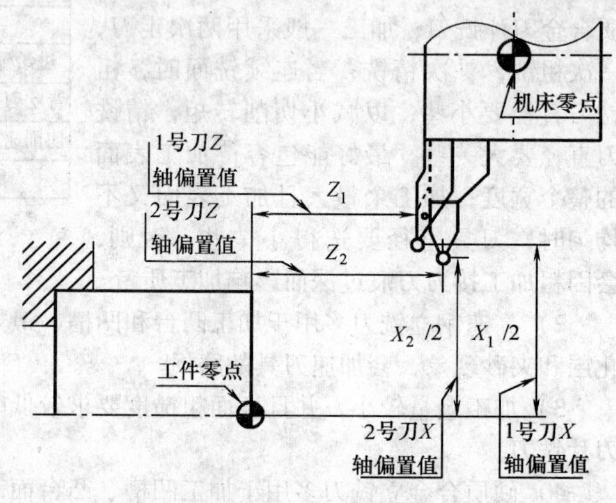

图 3-26 绝对补偿形式

绝对刀偏的特点：机床回零时，机床坐标值显示均为零，若将整个刀具假想为一个点（刀位点），则机床零点与各刀刀位点重合。

2. 相对补偿形式

以数控车床为例，如图 3-27 所示，对刀时，若以标准刀的刀位点 A 为基准建立坐标系，则非标准刀的刀位点 B 是通过标准刀的刀位点 A 再加上两个刀位点的位置偏差 ΔX、ΔZ 而确定的，这种以一把刀（标准刀）的位置确定另一把刀（非标准刀）的方式，称为相对补偿形式。可见，相对刀偏即为机床回零时，工件零点相对于标准刀刀位点的有向距离。

相对刀偏的特点：机床回零时，机床坐标值显示不为零；标准刀的对刀误差会传给非标准刀。

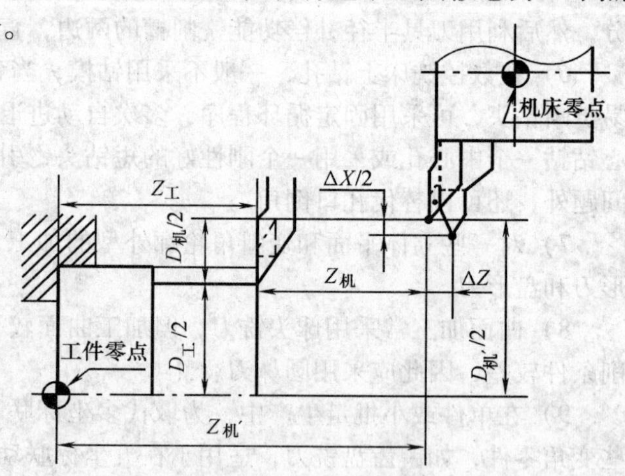

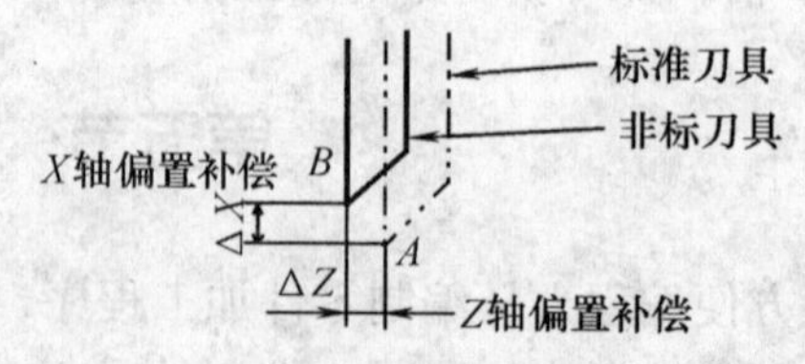

图 3-27 相对补偿形式

二、刀具磨损补偿

刀具使用一段时间后，会因磨损而使其几何尺寸发生变化，因此需要对其进行修补。刀具磨损补偿因着眼于刀具坐标轴向几何尺寸的变化，严格意义上讲，它属于刀具偏置补偿，故刀具磨损补偿与刀具偏置补偿存放在同一个寄存器的地址号中。各刀的磨损补偿只对该刀有效（包括标准刀）。

三、刀具（刀尖）半径补偿

1. 刀具圆弧半径补偿

按工件轮廓编写数控车床程序时，一般将车刀的刀位点假想为理想状态下的刀尖点，但实际车刀，由于制作工艺或其他要求，刀尖往往不是一个理想点，而是一段圆弧。当切削加工时，刀具实际切削点在刀尖圆弧上变动，造成实际切削点与编程刀位点之间的位置偏差，从而产生过切或少切，如图 3-28 所示。这种因刀尖不是一理想点，而是一段圆弧造成的加工误差，可用刀尖圆弧半径补偿功能来消除。

2. 刀具半径补偿

数控铣床或加工中心，在加工外轮廓或内腔时，我们一般将铣刀假想为理想状态下的刀具中心线，按工件轮廓编程，如图 3-29 所示，但实际铣刀是具有半径尺寸的，如果不考虑刀具半径尺寸，那么加工出来的实际轮廓就会与图样所要求的轮廓相差一个刀具半径值。因此，可用刀具半径补偿功能来解决这一问题。

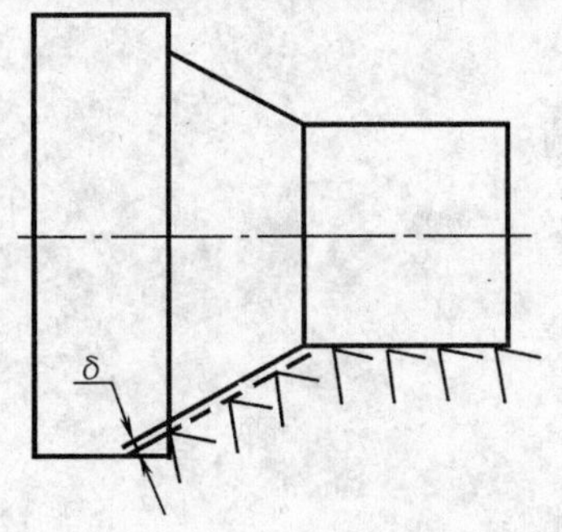

图 3-28 刀尖车削误差

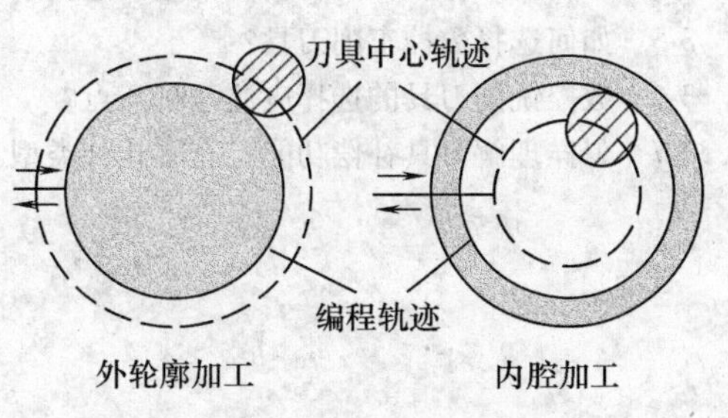

图 3-29 刀具中心轨迹编程

3. 刀具（刀尖）半径补偿的意义

1）简化编程计算，尤其在轮廓加工时，编程只需按工件轮廓线进行，不需计算刀具中心轨迹，系统会自动计算，进行半径补偿。

2）在刀具磨损、重磨、换刀等引起刀尖圆弧半径或刀具半径变化时，不必修改程序，只需在刀具参数设置中改变刀补值即可。

3）同一程序、同一尺寸刀具，恰当利用刀补值，可进行粗、精加工，如图 3-30 所示，粗加工时刀补值为 $R+\Delta$，而精加工时刀补值为 Δ。

4）利用刀补值可控制轮廓尺寸精度。

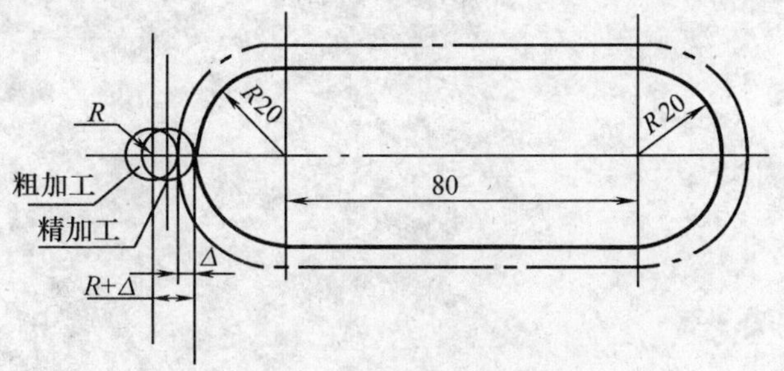

图 3-30 修改刀补值实现粗精加工

四、刀具补偿指令

1. 刀具偏置补偿

对于数控车床，刀具偏置补偿通常由 T 代码指定，格式为“T□□ × ×”，代码后的 4 位数字：“□□”表示选择的刀具号；“× ×”表示对应的刀具补偿号。刀具补偿号是刀具偏置补偿寄存器的地址号，该寄存器存放着刀具 X 轴、Z 轴的偏置补偿值和磨损补偿值。T 加补偿号表示开始补偿功能，如“T0101”表示选择 1 号刀、1 号偏置补偿值执行 T 指令；“T0203”表示选择 2 号刀、3 号偏置补偿值执行 T 指令；补偿号为“00”，表示补偿量为 0，即取消补偿功能，如“T0100”表示取消 1 号刀的偏置补偿值。

对于数控铣床，刀具偏置补偿（刀具长度补偿）通常由专用指令 G43、G44、G49 等指定。关于这些指令的详细用法，参见本教材第八章第三节的“五、刀具补偿指令”。

2. 刀具（刀尖）半径补偿

刀具（刀尖）半径补偿通常是通过执行 G41、G42、G40 代码及 D 代码加入或取消的。关于 G40、G41、G42 指令的详细用法，参见本教材第八章第三节的“五、刀具补偿指令”。

复习思考题

3-1 怎样理解数控刀具？

3-2 数控刀具的材料有哪些？分别按硬度和韧性分析其性能。

3-3 数控刀具按结构可分为哪几类？有何特点？

3-4 刀具的工作条件对材料有哪些性能要求？

3-5 如何选择数控车削刀具？

3-6 数控铣削刀具的选择应注意哪几点？

3-7 怎样理解刀具补偿功能？有哪几种类型？

第四章　夹 具 知 识

学习目的： 掌握工件的定位原理；了解数控机床常用夹具的分类，能够正确使用机床通用夹具；熟悉工件的夹紧过程；明确本章知识内容在数控加工技术中的重要性。

学习重点： 工件定位的基本原理；工件的定位与夹紧在数控加工工艺中的重要性。

第一节　六点定位原理

一、工件定位的基本原理

如图 4-1 所示，一个工件在三维空间具有六个自由度，即沿 X、Y、Z 三个直角坐标轴方向的移动自由度 $\vec{x}$、$\vec{y}$、$\vec{z}$ 和绕 X、Y、Z 三个坐标轴的转动自由度 $\hat{x}$、$\hat{y}$、$\hat{z}$。因此，要完全确定工件的位置，就必须消除这六个自由度，通常用六个支承点（即定位元件）来消除工件的六个自由度，其中每一个支承点限制相应的一个自由度，这就是工件定位的“六点定位原理”。

如图 4-2 所示的长方形工件，底面 A 放置在不在同一直线上的三个支承点上，限制了工件的 $\vec{z}$、$\hat{x}$、$\hat{y}$ 三个自由度，这个平面称为主基准面；工件侧面 B 紧靠在沿长度方向布置的两个支承点上，限制了工件的 $\vec{x}$、$\hat{z}$ 两个自由度，这个平面称为导向平面；工件端面 C 被一个支承点限制了 $\vec{y}$ 一个自由度，这个平面称为止动平面。

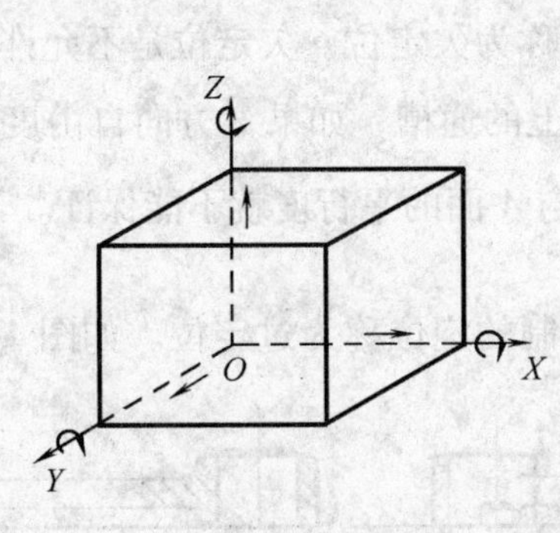

图 4-1　工件在空间的六个自由度

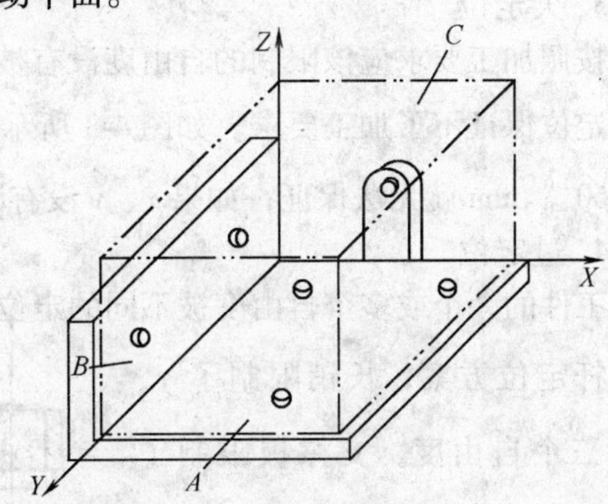

图 4-2　长方形工件的六点定位

综上所述，如果要使工件在夹具中获得唯一确定的位置，就要在夹具上合理设置相当于定位元件的六个支撑点，使工件的定位基准与定位元件紧帖接触，即可消除工件在空间的所有六个自由度。

二、六点定位原理的应用

所有工件的装夹都要遵循六点定位原理，但是在实际生产过程中，为适应不同加工工艺的要求，工件的装夹方法多种多样。用最简单的定位方法使工件在夹具中迅速获得正确的位置，是夹具设计和使用的最基本原则。

1. 完全定位

工件的六个自由度全部被夹具中的定位元件所限制，而且在夹具中占有唯一确定的位置，称为完全定位。

2. 不完全定位

由于工件的形状不同，加工要求不同，当有些自由度对加工要求无影响，用少于六个支承点就可以达到定位的要求，这种定位情况称为不完全定位。不完全定位是允许的，下面举例说明，如图 4-3 所示，铣削零件上的通槽，应该限制 $\widehat{x}$、$\widehat{y}$、$\vec{z}$ 三个自由度以保证槽底面与 A 面的平行度及尺寸 $60_{-0.2}^{\ 0}$mm 两项加工要求；应该限制 $\vec{x}$，$\widehat{z}$ 两个自由度以保证槽侧面与 B 面的平行度及尺寸 30 ± 0.1mm 两项加工要求；$\vec{y}$ 自由度不影响通槽加工，可以不限制。

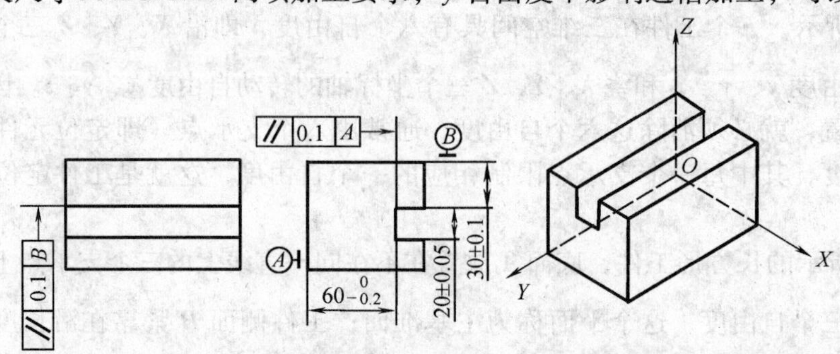

图 4-3 限制自由度与加工要求的关系

3. 欠定位

按照加工要求应该限制的自由度没有被限制的定位称为欠定位。欠定位是不允许的，因为欠定位保证不了加工要求。如图 4-3 所示，铣削零件上的通槽，如果 $\vec{z}$ 方向自由度没有限制，$60_{-0.2}^{\ 0}$mm 就无法保证；如果 $\widehat{x}$、$\widehat{y}$ 没有限制，槽底与 A 面的平行度就不能保证。

4. 过定位

工件的一个或多个自由度被不同的定位元件重复限制的定位称为过定位。如图 4-4 所示的连杆定位方案，长销限制了 $\vec{y}$、$\widehat{x}$、$\widehat{z}$ 三个自由度，支撑板限制了 $\widehat{x}$、$\widehat{y}$、$\vec{z}$ 三个自由度，其中 $\widehat{x}$ 自由度被两个定位元件重复限制，这就产生过定位。当连杆小头孔与端面有较大垂直度误差时，夹紧力 F_J 将使连杆变形或长销弯曲，如图 4-4b、c 所示，造成连杆加工误差。若采用图 4-4d 所示方案，即将长圆柱销改为短圆柱销，就不会产生

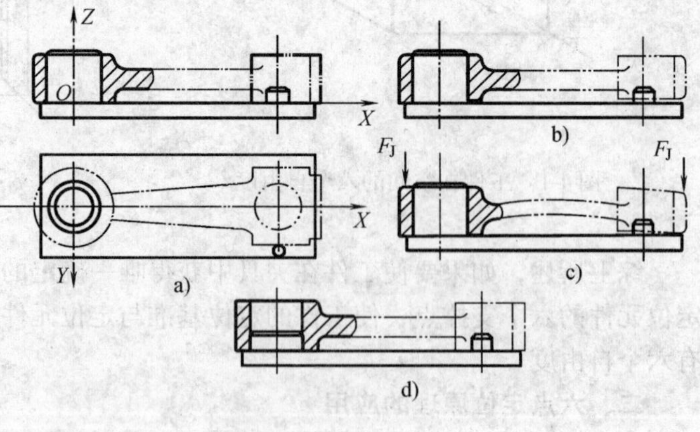

图 4-4 连杆定位方案

过定位。

当过定位导致工件或定位元件变形，影响加工精度时应严禁使用；但是当过定位并不影响加工精度，反而对提高加工精度有利时，也可采用。要根据加工要求，具体情况具体分析。

三、定位与夹紧的关系

1. 夹紧

工件在夹具中定位后必须夹紧才能进行加工。夹紧是靠夹紧装置来完成的。

2. 定位与夹紧的关系

定位与夹紧的任务是不同的，两者不能相互取代。当工件欠定位时，虽然夹紧后工件的位置已确定，但这个位置可能不符合要求。对于定位而言，定位时，必须使工件的定位基准紧帖在夹具的定位元件上，否则不称其为定位，而夹紧则使工件不离开定位元件。

第二节　夹具的分类

一、机床夹具的概念

机床夹具是机床上用以装夹工件的工艺装备，其作用是使工件获得相对于机床和刀具的正确位置，既定位，然后将其夹紧。这种定位与夹紧的过程称为工件的装夹。

二、机床夹具的分类

机床夹具的种类很多，常见的分类方法如下：

1. 按专门化程度分类

机床夹具按专门化程度可分为通用夹具、专用夹具、组合夹具、通用可调夹具和成组夹具等类型。

2. 按使用机床类型分类

机床夹具按使用机床类型可分为车床夹具、铣床夹具、镗床夹具、加工中心夹具和其他夹具等。

3. 按驱动夹具的动力源分类

机床夹具按驱动夹具的动力源可分为手动夹具、气动夹具、液压夹具、电动夹具、磁力夹具、真空夹具和自夹紧夹具等。

以通用夹具为例，通用夹具是指已经标准化，无需调整或稍加调整就可以用来装夹不同工件的夹具，如三爪自定心卡盘、四爪单动卡盘、平口虎钳和万能分度头等。这类夹具主要用于单件小批量生产。

三、机床夹具的组成

机床夹具的种类虽然很多，但其基本组成是相同的。下面以一个数控铣床夹具——机用平口钳为例，如图 4-5 所示，说明机床夹具的组成。

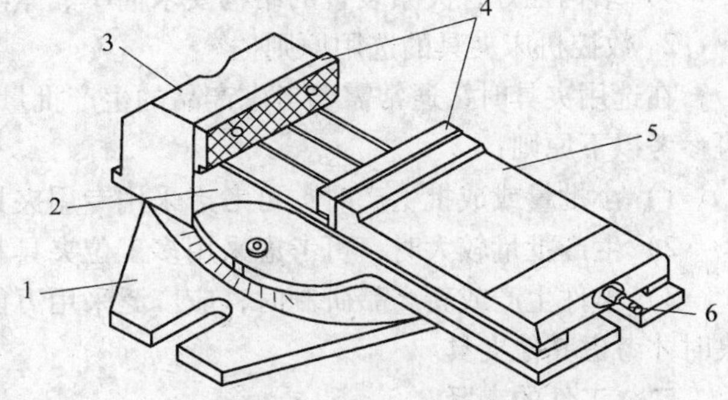

图 4-5　机用平口钳结构

1—底座　2—钳身　3—固定钳口　4—钳口垫　5—活动钳口　6—螺杆

1. 定位装置

定位装置是由定位元件及其组合构成，用于确定工件在夹具中的正确位置，常见的定位方式是以平面、圆孔和外圆定位，如图4-5中的固定钳口3是以平面作定位元件。

2. 夹紧装置

夹紧装置用于保持工件在夹具中的既定位置，保证定位可靠，使其在外力作用下不至产生移动，包括夹紧元件、传动装置及动力装置等，如图4-5中的活动钳口5和螺杆6等元件组成的装置就是夹紧装置。

3. 夹具体

夹具体用于连接夹具各元件及装置，使其成为一个整体的基础件，以保证夹具的精度、强度和刚度，如图4-5中的钳身等。

4. 其他元件及装置

其他元件及装置包括定位键、操作件、分度装置及连接元件等。

第三节 夹具的选择与工件的夹紧

一、夹具的选择

夹具是工件装夹过程中的重要工装设备。工件定位后必须通过一定的机构产生加紧力，把工件压紧在定位元件上，使其保持准确的定位位置，不会由于切削力、工件重力、离心力或惯性力等的作用而产生位置变化和振动，以保证加工精度和安全操作，这种产生夹紧力的机构称为夹紧装置，也就是常说的机床夹具。

1. 夹具应具备的基本要求

1）夹紧过程可靠，不改变工件定位后所占据的正确位置。

2）夹紧力的大小适当，既要保证工件在加工过程中，其位置不变、振动小，又要使工件不会因过大的夹紧力而产生变形。

3）操作简单方便、省力、安全。

4）手动夹紧机构要有可靠的自锁性，机动夹紧装置要统筹考虑夹紧的自锁性和原动力的稳定性。

5）结构性好，夹紧装置的结构要求简单、紧凑，便于制造和维修。

2. 数控机床夹具的选用原则

在选用夹具时，通常需要考虑产品的生产批量、生产效率、质量保证及经济性。选用时可参考以下原则：

1）小批量或成批生产时，可考虑采用专用夹具，但夹具结构应尽量简单。

2）生产批量较大时，可考虑采用多工位夹具和气动、液压夹具。

3）单件生产或新产品研制时，应广泛采用万能组合夹具，一般只有在组合夹具无法解决时才考虑其他夹具。

二、工件的夹紧

夹紧是工件装夹过程中的重要组成部分。工件夹紧时应注意夹紧力的问题，也就是要合理确定夹紧力的三要素：大小、方向和作用点。

1. 夹紧力大小的选择

夹紧力的大小与工件安装的可靠性、工件和夹具的变形、夹紧机构的复杂程度等有很大关系。夹紧力的大小应适中，太大会使工件变形，太小则不能保证工件在加工中的正确位置。

2. 夹紧力方向和作用点的选择

1）夹紧力的方向应尽量垂直于工件的主要定位基准面，并与切向力的方向保持一致。

如图 4-6a 所示，工件加工时以 *A* 面为主要定位基面，夹紧力 F_J 的方向应朝向 *A* 面；如图 4-6b 所示，若夹紧力 F_J 为垂直作用，则容易引起工件变形。

再如图 4-7 所示，钻削 *A* 孔时若夹紧力 F_J 与轴向切削力 F_H、工件重力 *G* 的方向相同，则加工过程所需的夹紧力为最小。

2）夹紧力的作用点应尽量落在主要定位面上，以保证夹紧稳定可靠，且要与支承点相对应，并尽量作用在工件刚性较好的部位，以减小工件变形；夹紧力的作用点应尽量靠近加工表面，防止工件振动变形。

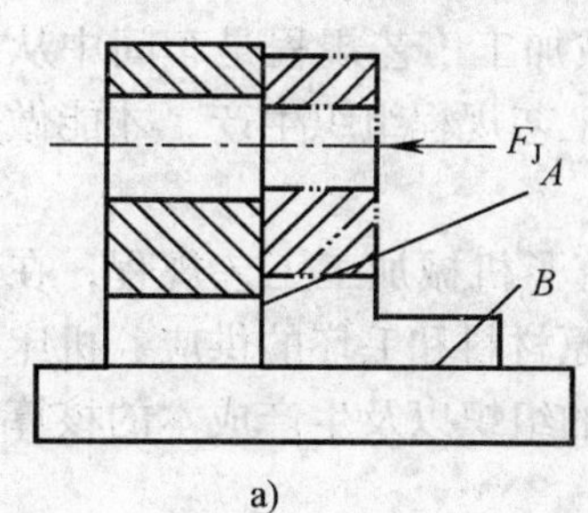

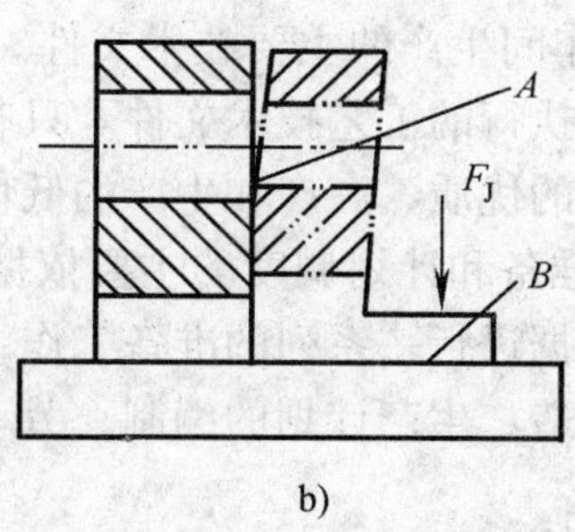

图 4-6　夹紧力方向示意图

a）夹紧力 F_J 朝向 *A* 面　b）夹紧力 F_J 为垂直方向

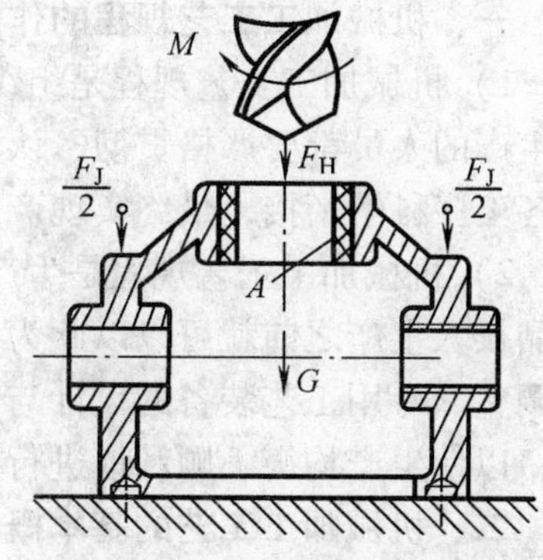

图 4-7　夹紧力与切削力、重力关系

复习思考题

4-1　什么是六点定位？

4-2　什么是欠定位？为什么不能采用欠定位？试举例说明。

4-3　定位装置和夹紧装置的作用是什么？

4-4　夹紧工件时，应注意夹紧力哪些方面的问题？

4-5　为什么说夹紧不等于定位？

第五章 数控加工工艺知识

学习目的： 掌握数控加工工艺过程的概念及组成；掌握数控加工工艺分析方法。通过本章的学习，掌握典型零件的数控加工工艺分析与工序卡片、刀具卡片的编写。

学习重点： 数控加工工艺分析的内容，如定位基准的选择、工序的划分、切削用量的选择。

第一节 数控加工工艺过程的概念与组成

一、机械加工工艺规程的作用

1）机械加工工艺规程是组织车间生产的主要技术文件。机械加工工艺规程是车间中从事生产的人员都要严格贯彻、认真执行的工艺技术文件。只有按工艺规程组织生产，才能做到各工序科学衔接，最终实现产品的优质、高产和生产的低耗。

2）机械加工工艺规程是生产准备和计划调度的主要依据。有了机械加工工艺规程，在产品投入生产之前就可以以此为依据进行一系列的准备工作，如原材料和毛坯的供应、机床的调整、专用工艺装备的设计与制造、生产计划的编制、劳动力的组织以及生产成本的核算等，以使生产均衡、顺利地进行。

二、机械加工工艺的基本概念

1. 生产过程

把原材料转变为成品的全过程，称为生产过程。生产过程一般包括原材料的运输、仓库保管、生产技术准备、毛坯制造、机械加工（含热处理）、装配、检验、喷涂和包装等。

2. 工艺过程

改变生产对象的形状、尺寸、相对位置和性质等，使其成为成品或半成品的过程称为工艺过程。工艺过程又可分为铸造、锻造、冲压、焊接、机械加工、热处理、装配等。

三、机械加工工艺过程的组成

用机械加工方法，改变毛坯的形状、尺寸和表面质量，使其成为零件的过程称为机械加工工艺过程。零件的机械加工工艺过程由许多工序组合而成，每个工序又分为若干个安装、工位、工步、进给。

1. 工序

一个或一组工人，在一个工作地对一个或同时对几个工件所连续完成的那一部分工艺过程就叫做工序。划分工序的依据是工作地是否变化和工作是否连续，如图 5-1 所示的阶梯轴，当加工数量较少时，

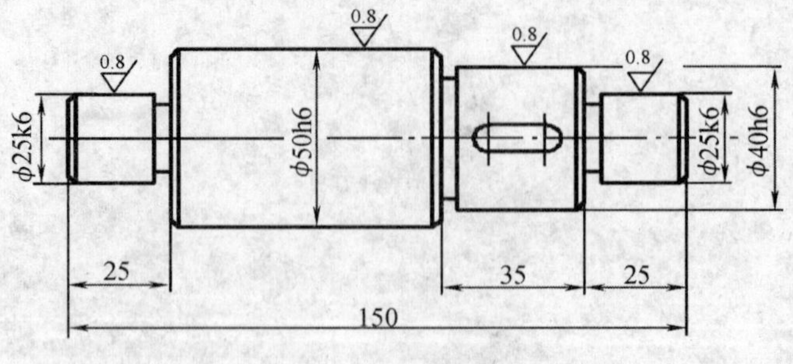

图 5-1 阶梯轴简图

工艺过程和工序的划分，见表5-1，共分四道工序；当加工数量较多时，其工艺过程和工序的划分，见表5-2，可分为六道工序。

在表5-1的工序2中，先车工件的一端，然后调头装夹，再车另一端，是在同一地点，且工艺内容是连续的，因此算作一道工序。但在表5-2的工序2和工序3中，虽然工作地相同，但工艺内容不连续（工序3是在该批工序2的内容都完成后才进行的），因此算作两道工序。

表5-1 单件小批生产的工艺过程

工序号	工序内容	设备
1	车两端面、钻两端中心孔	车床
2	车外圆、车槽和倒角	车床
3	铣键槽、去毛刺	铣床
4	磨外圆	磨床

表5-2 大批生产的工艺过程

工序号	工序内容	设备
1	车两端面、钻两端中心孔	车床
2	车一端外圆、车槽和倒角	车床
3	车另一端外圆、车槽和倒角	车床
4	铣键槽	铣床
5	去毛刺	手工
6	磨外圆	磨床

上述工序的定义和划分是常规加工工艺中采用的方法。在数控加工中，根据数控加工的特点，工序的划分是比较灵活的。

2. 工步

在加工表面、加工工具和切削用量不变的情况下，所连续完成的那一部分工序内容，称为工步。划分工步的依据是加工表面、刀具和切削用量是否变化，见表5-1中的工序1有四个工步；表5-2中的工序4只有一个工步。

3. 进给

在一个工步内，若被加工表面需要切除的余量较大，可分几次切削，每次切削称为一次进给，也可称为走刀或工作行程。

4. 安装

工件经一次装夹后所完成的那一部工序，称为安装。在一道工序中，工件可能只需安装一次，也可能需要安装几次。在表5-2的工序4中，只需一次安装，即可铣出键槽；而在表5-1的工序2中，至少要两次安装，才能完成全部工艺内容。

5. 工位

为了完成一定的工序内容，一次装夹工件后，工件（或装配单元）与夹具或设备的可动部分一起相对刀具或设备的固定部分所占据的每一个位置，称为工位。常用各种回转工作台、移动工作台、回转夹具或移动夹具，使工件在一次安装中先后处于几个不同的位置进行加工。

整个工艺过程由若干个工序组成，每一个工序可包括一个工步或几个工步，每一个工步通常包括一个工作行程，也可包括几个工作行程。

第二节 毛坯的种类及选择

毛坯的选择包括毛坯的种类和制造方法两个方面。

一、毛坯的种类

（1）铸造毛坯　铸造毛坯适合作形状比较复杂的零件的毛坯。

（2）锻造毛坯　锻造毛坯适合作形状简单的零件的毛坯。

（3）型材　型材适合做轴、平板类零件的毛坯。

（4）焊接毛坯　焊接毛坯适合板料、框架类零件的毛坯。

二、选择毛坯的原则

（一）选择原则

毛坯的形状和尺寸应尽量接近零件的形状和尺寸，以减少机械加工。

（二）选择毛坯应考虑的因素

1. 生产类型

不同的生产类型决定了不同的毛坯制造方法。对于大批量生产，应选择高精度的毛坯制造方法，以减少机械加工、节省材料，如铸件应采用金属模机器造型，锻件应采用模锻；并应当充分考虑采用新工艺、新技术和新材料的可能性，如精铸、精锻、冷挤压、冷轧、粉末冶金和工程塑料等。单件小批生产,则一般采用手工造型或自由锻等比较简单的毛坯制造方法。

2. 零件的材料及其力学性能

一般来说，零件的材料大致确定了毛坯的种类，而其力学性能的高低，也在一定程度上影响毛坯的种类，如力学性能要求较高的钢件，其毛坯最好选用锻件而不用型材。

3. 零件的结构形状和外形尺寸

在充分考虑以上因素后，有时零件的结构形状和外形也会影响毛坯的种类和制造方法，如常见的一般用途的钢质阶梯轴，当各台阶直径相差不大时可用型材，若各台阶直径相差很大时，宜用锻件；成批生产中，中小型零件可选用模锻，而大尺寸的钢轴受到设备和模具的限制，一般选用自由锻等。

一般说来，当设计人员设计零件并选好材料后，也就大致确定了毛坯的种类，如铸铁材料毛坯均为铸件；钢材料毛坯一般为锻件或型材等。各种毛坯的制造方法很多，毛坯的制造方法越先进，毛坯的精度越高，其形状和尺寸越接近于成品零件，这就使机械加工的劳动量大为减少，材料的消耗也低，使机械加工成本降低；但毛坯的制造费用却因采用了先进的设备而提高。因此，在选择毛坯时，应从具体的生产条件出发，如现场毛坯制造的实际水平、能力及设备等，综合考虑各方面的因素，以求得最佳效果。

第三节　定位基准的选择

一、基准的概念

基准就是零件上用来确定其他点、线、面的位置的那些点、线、面。根据基准的功用的不同，又可分为设计基准和工艺基准。

1. 设计基准

设计基准是指在零件图上用来确定其他点、线、面的位置的基准，如图 5-2 所示的衬套零件，轴心线是各外圆表面和内孔的设计基准；端面 A 是端面 B、C 的设计基准。

2. 工艺基准

工艺基准是指在加工及装配过程中使用的基准。按用途的不同，工艺基准又可分为定位基准、测量基准和装配基准。

（1）定位基准 定位基准是在加工中使工件在机床或夹具上占有正确位置所采用的基准，如图 5-3b 所示各基准之间的关系。

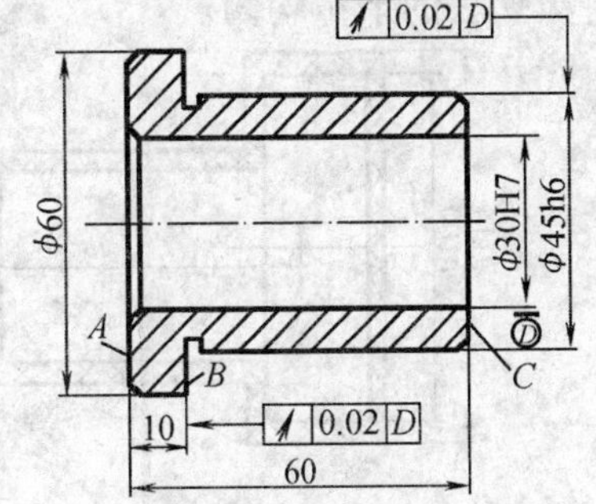

图 5-2 衬套零件

作为基准的点、线、面有时在工件上并不一定实际存在（如孔和轴的轴心线，两平面之间的对称中心面等），在定位时是通过有关具体表面体现的，这些表面称为定位基面。工件上以回转表面（如孔、外圆）定位时，回转表面的轴心线是定位基准，而回转表面就是定位基面。

（2）测量基准 测量基准是在检验（测量）时所使用的基准，如图 5-3c 所示。

（3）装配基准 装配基准是在装配时用来确定零件或部件在产品中的位置所采用的基准。

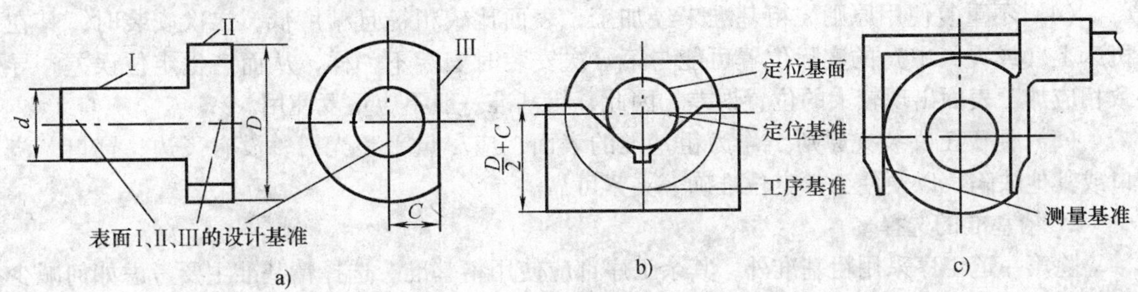

图 5-3 各基准之间的关系

二、定位基准的选择

定位基准有粗基准和精基准两种。用未加工过的毛坯表面作为定位基准的，称为粗基准；用已加工过的表面作为定位基准的，称为精基准。

1. 粗基准的选择

（1）相互位置要求原则 选取与加工表面相互位置精度要求较高的不加工表面作为粗基准，以保证不加工表面与加工表面的位置要求，如图 5-4 所示的套筒毛坯，以不加工的外圆作粗基准，不仅可以保证内孔加工后壁厚均匀，而且还可以在一次安装中加工出大部分要加工的表面。

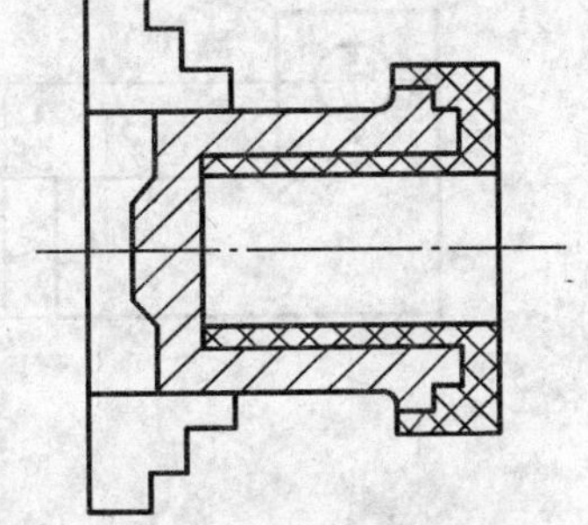
图 5-4 套筒的粗基准选择

（2）加工余量合理分配原则 以余量最小的表面作为粗基准，以保证各加工表面有足够的加工余量，如图 5-5 所示的阶梯轴，毛坯大小端外圆有 5mm 的偏心，应以余量较小的 ϕ58 外圆表面作粗基准；如果选 ϕ114 外圆作粗基准加工 ϕ58 外圆，则无法加工出 ϕ50 的外圆，因一侧余量不足而使工件报废。

（3）重要表面原则 为保证重要表面的加工余量均匀，应选择重要加工面为粗基准，如图 5-6 所示床身导轨加工，为了保证导轨面有均匀一致的金相组织和较高的耐磨性，应使其加工余量小而均匀，因此，应先选择导轨面为粗基准，加工与床腿的连接面，如图 5-6a 所示，然后再以连接面为精基准，加工导轨面，如图 5-6b 所示，这样才能保证导轨面加工时被切去的余量均匀。

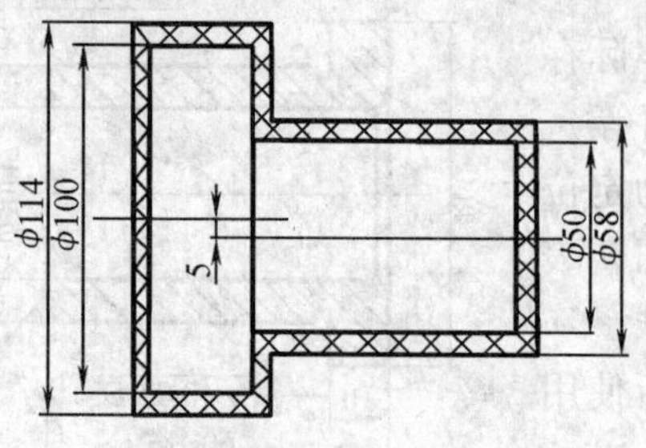

图 5-5 阶梯轴的粗基准选择

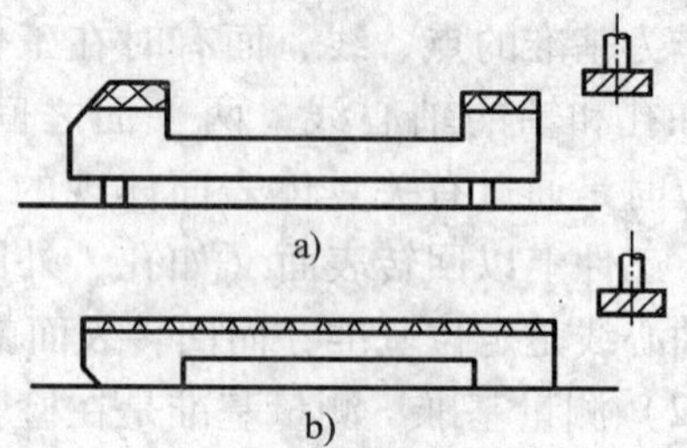

图 5-6 车床床身导轨加工粗基准选择

（4）不重复使用原则 粗基准未经加工，表面比较粗糙且精度低，二次安装时，其在机床上（或夹具中）的实际位置可能与第一次安装时安装不一样，从而产生定位误差，导致相应加工表面出现较大的位置误差，因此，粗基准一般不应重复使用。

（5）便于工件装夹原则 作为粗基准的表面，应尽量平整光滑，没有飞边、冒口、浇口或其他缺陷，以便使工件定位准确、夹紧可靠。

2. 精基准的选择

除第一道工序采用粗基准外，其余工序都应使用精基准。选择精基准主要考虑如何减少加工误差、保证加工精度、使工件装夹方便，并使零件的制造较为经济、容易。

（1）基准重合原则 选择加工表面的设计基准为定位基准，称为基准重合原则。采用基准重合原则可以避免由定位基准与设计基准不重合而引起的定位误差。如图 5-7a 所示零件，欲加工孔 3，其设计基准是面 2，要求保证尺寸 A。在用调整法（先调整好刀具和工件在机床上的相对位置，并在一批零件的加工过程中保持这个位置不变，以保证工件被加工尺寸的方法）加工时，若以面 1 为定位基准，如图 5-7b 所示，则直接保证的尺寸是 C，尺寸 A 是通过控制尺寸 B 和 C 来间接保证的，因此，尺寸 A 的公差为 $T_A = A_{max} - A_{min} = C_{max} - B_{min} - (C_{min} - B_{max}) = T_B - T_C$。

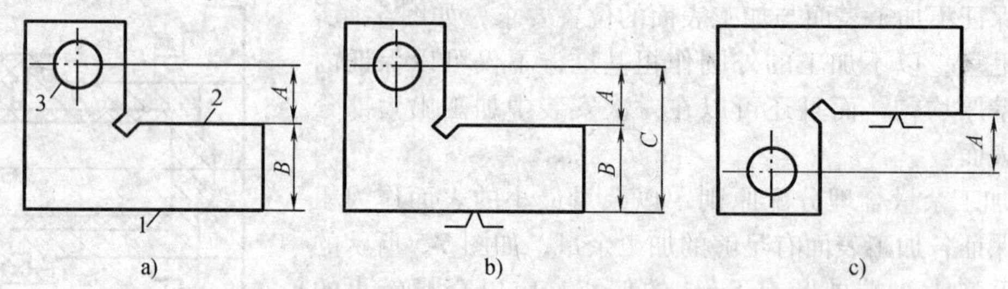

图 5-7 设计基准与定位基准不重合

由此可以看出，尺寸 A 的加工误差中增加了一个从定位基准（面 1）到设计基准（面 2）之间尺寸 B 的误差，这个误差就是基准不重合误差。由于基准不重合误差的存在，只有提高本道工序尺寸 C 的加工精度，才能保证尺寸 A 的精度；当本道工序 C 的加工精度不能满足要求时，还需提高前道工序尺寸 B 的加工精度。若按图 5-7c 所示用面 2 定位，则符合基准重合原则，可以直接保证尺寸 A 的精度。

应用基准重合原则时，要具体情况具体分析。定位过程中产生的基准不重合误差，是在用夹具装夹、调整法加工一批工件时产生的。若用试切法（通过试切—测量—调整—再试切，反复进行到被加工尺寸达到要求为止的加工方法）加工，设计要求的尺寸一般可直接测算、修正坐标值，消除基准不重合误差，因此，可不必遵循基准重合原则。

（2）基准统一原则　同一零件的多道工序尽可能选择同一个定位基准，称为基准统一原则。这样既可以保证各加工表面间的相互位置精度，避免或减少因基准变换而引起的误差，而且简化了夹具的设计与制造工作，降低了成本，缩短了生产准备周期。例如轴类零件加工，采用两端中心孔作统一定位基准，加工各阶梯外圆表面，可保证阶梯外圆表面的同轴度误差。

基准重合和基准统一原则是选择精基准的两个重要原则，但生产实际中有时会遇到两者相互矛盾的情况，此时，若采用统一定位基准，能够保证加工表面的尺寸精度，则应遵循基准统一原则；若不能保证尺寸精度，则应遵循基准重合原则，以免使工序尺寸的实际公差值减小，增加加工难度。

（3）自为基准原则　精加工或光整加工工序要求余量小而均匀，选择加工表面本身作为定位基准，称为自为基准原则。如图 5-8 所示的床身导轨面磨削，在磨床上用百分表找正导轨面相对于机床运动方向的正确位置，然后磨去薄而均匀的一层磨削余量，以满足对床身导轨面的质量要求。采用自为基准原则时，只能提高加工表面本身的尺寸精度、形状精度，而不能提高加工表面的位置精度，加工表面的位置精度应由前道工序保证。此外，研磨、铰孔都是自为基准的例子。

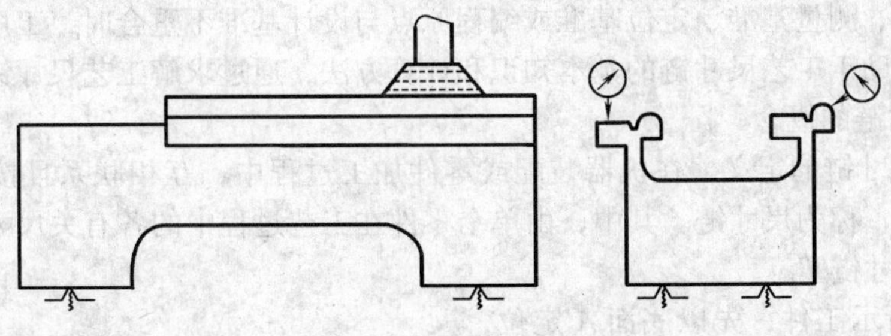

图 5-8　自为基准实例

（4）互为基准原则　为使各加工表面之间具有较高的位置精度，或为使加工表面具有均匀的加工余量，可采取两个加工表面互为基准反复加工的方法，称为互为基准原则。

（5）便于装夹原则　所选精基准应能保证工件定位准确稳定、装夹方便可靠、夹具结构简单适用、操作方便灵活。同时，定位基准应有足够大的接触面积，以承受较大的切削力。

3. 辅助基准的选择

辅助基准的原则是为了便于装夹或易于实现基准统一而人为确定的一种定位基准。作为辅助基准的表面不是零件的工作表面，在零件的工作中不起任何作用，只是由于工艺上的需要才做出的，如轴类零件加工所用的两个中心孔，在加工完毕后，若能去除，应将其从零件上切除。

第四节　工序尺寸及其公差的确定

零件的设计尺寸一般要经过几道工序的加工才能得到，每道工序所应保证的尺寸叫做工序尺寸，与其相应的公差即工序尺寸公差。工序尺寸及其公差的确定，不仅取决于设计尺寸、加工余量及各工序所能达到的经济精度，而且还与定位基准、工序基准、测量基准、编程坐标系原点的确定及基准的转换有关，所以计算工序尺寸及公差时，应根据不同的情况，采用不同的方法。

一、基准重合时工序尺寸及其公差的确定

当工序基准、尺寸基准、定位基准或编程原点与设计基准重合时，工序尺寸及其公差直接由各工序的加工余量和所能达到的经济精度确定，其计算方法是由最后一道工序开始向前推算，具体步骤如下：

1）确定毛坯总余量和工序余量。

2）确定工序公差。最终工序尺寸公差等于零件图样上设计的尺寸公差，其余尺寸公差按经济精度确定。

3）计算工序基本尺寸。从零件图上的设计尺寸开始向前推算，直至毛坯尺寸。最终工序基本尺寸等于图样上的基本尺寸，其余工序基本尺寸等于后道工序的基本尺寸加上或减去后道工序的余量。

4）标注工序尺寸公差。最后一道工序的公差按零件图上设计尺寸标注，中间工序尺寸公差按“入体原则”标注，毛坯尺寸公差按双向标注。

二、基准不重合时工序尺寸及其公差的计算

当工序基准、测量基准、定位基准或编程原点与设计基准不重合时，工序尺寸及其公差的确定，需要借助于工艺尺寸链的基本知识和计算方法，通过求解工艺尺寸链才能获得。

1. 工艺尺寸链的概念

（1）工艺尺寸链的定义　在机器装配或零件加工过程中，互相联系且按一定顺序排列的封闭尺寸组合，称为尺寸链。其中，由单个零件在工艺过程中的各有关尺寸所形成的尺寸链，称为工艺尺寸链 T_A。

如图 5-9a 所示工件，先以底面 A 定位，加工上表面 C，得到尺寸 A_1（工序尺寸，直接保证）；然后再以底面 A 定位，用调整法加工台阶面 B，得尺寸 A_2（即该工序的工序尺寸，直接保证），要求保证 B 面与 C 面之间的尺寸 A_0（间接保证）。在该工件加工过程中，如按以上工序安排，A_1、A_2 和 A_0 这三个尺寸构成了一个封闭尺寸组，即组成了一个尺寸链，如图 5-9b 所示。

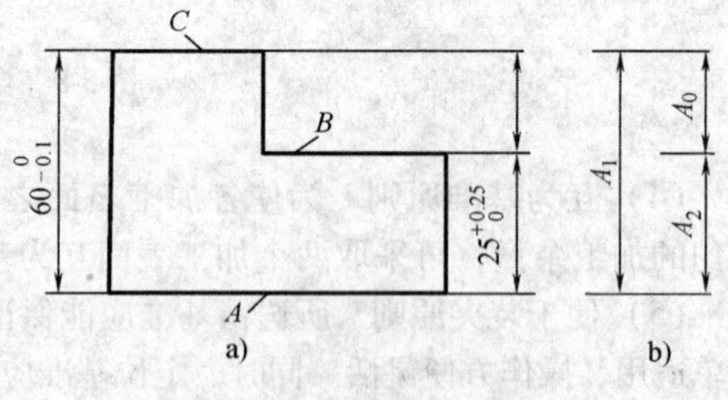

图 5-9　尺寸链示例

（2）工艺尺寸链的特征　通过如图 5-9 所示工件的分析可知：由于定位基准和设计基准不重合，就往往必须同时提高尺寸 A_2 和 A_1 的加工精度，以间接保证尺寸 A_0 的加工精度。因此，必须特别注意：此处尺寸 A_2 和 A_1 是在加工过程中直接获得的，尺寸 A_0 是间接保证的。由此可见，工艺尺寸链的主要特征是：

1）封闭性。尺寸链必须是一组有关尺寸首尾相接构成封闭形式的尺寸，如图 5-9b 所示，其中，应包含一个间接保证的尺寸和若干个对此有影响的直接获得的尺寸。

2）关联性。任何一个直接保证的尺寸及其精度的变化，必将影响间接保证的尺寸及其精度，如图 5-9b 所示尺寸链中，尺寸 A_1 和 A_2 的变化都将引起尺寸 A_0 的变化，并且间接保证的尺寸精度必然低于直接获得的尺寸精度。

（3）工艺尺寸链的组成　我们把组成工艺尺寸链的各个尺寸称为环，如图 5-9b 所示尺寸链中，尺寸 A_1、A_2 和 A_0 都是尺寸链的环。这些环又分为两种：

1）封闭环。工艺尺寸链中，间接得到的尺寸，称为封闭环。它的基本属性是派性，随着别的环的变化而变化。如图 5-9b 所示尺寸链中的尺寸 A_0 为封闭环。加工工艺尺寸链的封闭环是由零件的加工顺序得到。一个工艺尺寸链中只有一个封闭环。

2）组成环。工艺尺寸链中除封闭环以外的其他环，称为组成环。如图 5-9b 所示尺寸链中的尺寸 A_2 和 A_1 就是组成环。根据其对封闭环的影响不同，组成环又可分成两类：

①增环。增环是当其他组成环不变，该环增大（或减小），使封闭环随之增大（或减小）的组成环，如图 5-9b 所示尺寸链中的尺寸 A_1，可加标一个右箭头，如 $\vec{A}_1$。

②减环。减环是当其他组成环不变，该环增大（或减小），使封闭环减小（或增大）的组成环，如图 5-9b 所示尺寸链中的尺寸 A_2，为明确起见，可加标一个左箭头，如 $\overleftarrow{A}_2$。

3）组成环的判别。为了迅速判别增、减环，可采用下述方法：在工艺尺寸链图上，先给封闭环任定一方向并画出箭头，然后沿此方向环绕尺寸链回路，依次给每一组成环画出箭头，凡箭头方向和封闭环相反的则为增环，相同的则为减环。

2. 工艺尺寸链的基本计算公式

工艺尺寸链的计算，关键是正确地确定封闭环，否则计算是错的。封闭环的确定取决于加工方法和测量方法。工艺尺寸链的计算方法有两种：极大极小法和概率法。生产中一般多采用极大极小法，其基本计算公式如下：

（1）封闭环的基本尺寸　封闭环的基本尺寸等于组成环基本尺寸的代数和，即

$$A_0 = \sum_{i=1}^{m} \vec{A}_i - \sum_{i=m+1}^{n} \overleftarrow{A}_i \tag{5-1}$$

式中　A_0——封闭环的基本尺寸；

$\vec{A}_i$——增环的基本尺寸；

$\overleftarrow{A}_i$——减环的基本尺寸；

m——增环的环数；

n——包括封闭环在内的总环数。

（2）封闭环的极限尺寸　若组成环中的增环都是最大极限尺寸，减环都是最小极限尺寸，则封闭环的尺寸必然是最大极限尺寸（故称极大极小法或极值法），即

$$A_{0\max} = \sum_{i=1}^{m} \vec{A}_{i\max} - \sum_{i=m+1}^{n-1} \overleftarrow{A}_{i\min} \tag{5-2}$$

同理

$$A_{0\min} = \sum_{i=1}^{m} \vec{A}_{i\min} - \sum_{i=m+1}^{n-1} \overleftarrow{A}_{i\max} \tag{5-3}$$

（3）封闭环的上偏差与下偏差　封闭环上偏差 = 所有增环上偏差之和减去所有减环下偏

差之和，即

$$ES_0 = \sum_{i=1}^{m} E\vec{S}_i - \sum_{i=m+1}^{n} E\overleftarrow{I}_i \tag{5-4}$$

封闭环下偏差＝所有增环下偏差之和减去所有减环上偏差之和，即

$$EI_0 = \sum_{i=1}^{m} E\vec{I}_i - \sum_{i=m+1}^{n} E\overleftarrow{S}_i \tag{5-5}$$

（4）封闭环的公差　封闭环的公差等于各组成环的公差之和，即

$$T_0 = \sum_{i=1}^{m} \vec{T}_i + \sum_{i=m+1}^{n} \overleftarrow{T}_i = \sum_{i=1}^{n} T_i \tag{5-6}$$

3. 工序尺寸及公差的计算

（1）定位基准与设计基准不重合时尺寸的计算

【例 5-1】 如图 5-10 所示零件，镗削零件上的孔，孔的设计基准是 C 面，为装夹方便，以 A 面定位镗孔，A、B、C 面已加工，求工序尺寸 A_3 及公差。（本例中长度单位均为 mm）

解：①画尺寸链简图，如图 5-10b 所示。

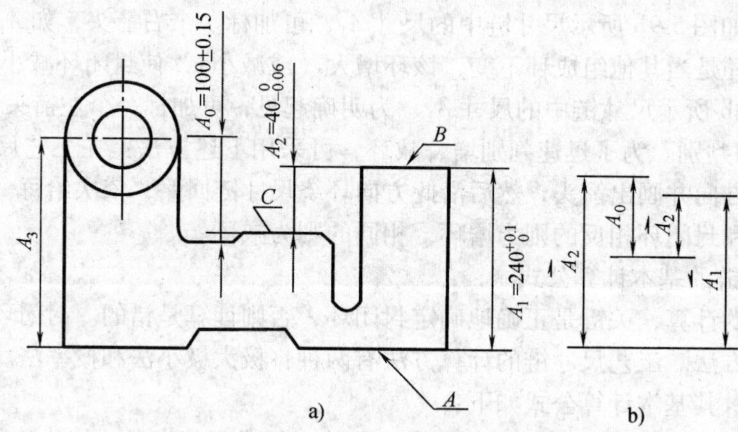

图 5-10　定位基准与设计基准不重合时的工序尺寸换算

②根据工艺方案和具体的加工方法，确定封闭环为 A_0，即

封闭环 $A_0 = 100 \pm 0.15$

增环 $A_2 = 40^{\ 0}_{-0.06}$，A_3 未知

减环 $A_1 = 240^{+0.1}_{\ 0}$

③应用计算公式，求解未知量。

封闭环基本尺寸：　$100 = 40 + A_3 - 240$，　　所以　$A_3 = 300$

封闭环上偏差：　$0.15 = 0 + ES_3 - 0$，　　所以　$ES_3 = 0.15$

封闭环下偏差：　$-0.15 = -0.06 + EI_3 - 0.1$，　　所以　$EI_3 = 0.01$

$$A_3 = 300^{+0.15}_{+0.01} = 300.08 \pm 0.07$$

④验算封闭环公差　$T_0 = 0.3$，$T_1 + T_2 + T_3 = 0.10 + 0.06 + 0.14 = 0.30$　计算正确。

（2）测量基准与设计基准不重合时工序尺寸的计算

【例 5-2】 如图 5-11 所示零件，加工零件内孔，而孔 $10^{\ 0}_{-0.36}$ 的轴向设计基准为 1 面，尺

寸$10_{-0.36}^{0}$不便测量，改测量孔深A_2，通过$50_{-0.17}^{0}$（A_1），间接保证尺寸$10_{-0.36}^{0}$（A_0），求工序尺寸A_2及公差。（本例中长度单位均为mm）

解：①画尺寸链简图如图5-11b所示。

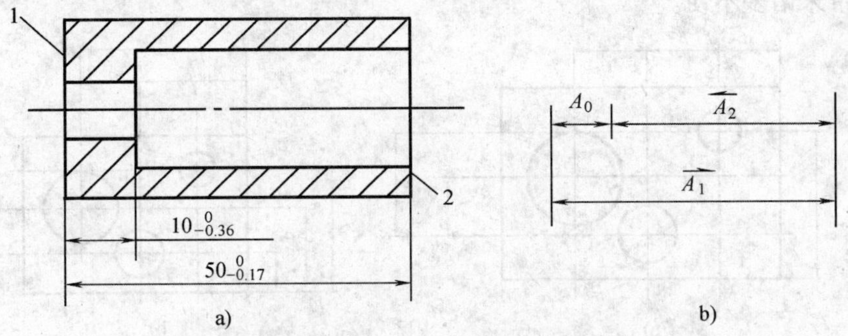

图5-11　测量基准和设计基准不重合时的工序尺寸换算

②根据工艺方案和具体的加工方法，确定封闭环为A_0，即

封闭环$A_0=10_{-0.36}^{0}$　　增环$A_1=50_{-0.17}^{0}$　　减环A_2未知

③应用计算公式，求解未知量。

封闭环基本尺寸：　$10=50-A_2$　　所以　$A_2=40$

封闭环上偏差：　$0=0-EI_2$　　所以　$EI_2=0$

封闭环下偏差：　$0.36=-0.17-ES_2$　　所以　$ES_2=0.19$

$$A_2=40_{0}^{+0.19}$$

④验算封闭环公差$T_0=0.36$，$T_1+T_2=0.17+0.19=0.36$计算正确。

由上面两例可以看出，工艺尺寸链的计算要注意以下几点：

1）工艺尺寸链的构成，取决于工艺方案和具体的加工方法。

2）确定哪一个尺寸是封闭环，是解尺寸链的决定性一步，封闭环定错，必然全错。

3）一个尺寸链只能有一个封闭环。

第五节　数控加工工艺路线的拟定

制定零件的数控加工工艺是数控加工的一项十分重要工作，其目的是以最合理或较合理的工艺过程和操作方法，指导编程和操作人员完成程序编制和加工任务。其主要内容包括：零件的工艺性分析、加工方案的确定和加工方法的选择、装夹方式的确定、工序与工步的划分、刀具及切削用量的选择、进给路线的确定等。

一、零件图的工艺性分析

拟定零件的数控加工工艺时，首先要对零件图进行工艺分析，其主要内容包括零件图分析和结构工艺性分析两部分内容。

（一）零件图分析

1. 零件图样尺寸标注方法分析

零件图上尺寸标注方法应适应数控加工的特点，如图5-12b所示，在数控加工零件图上，应以同一基准标注尺寸或直接给出坐标尺寸，这种方法既便于编程，又有利于设计基准、工艺基准、测量基准和编程原点的统一；由于设计人员一般在尺寸标注中较多地考虑装配等使用方面特性，而不得不采用如图 5-12a 所示的分散基准标注方法，这样就给工序安排和数控加工带来诸多不便。

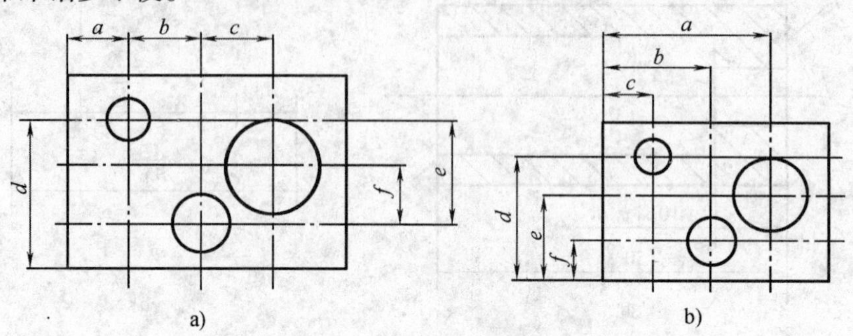

图 5-12 零件图样尺寸标注方法

a）分散基准标注方法 b）统一基准标注方法

2. 零件技术要求分析

零件的技术要求主要是指尺寸精度、形状精度、位置精度、表面粗糙度及热处理等。只有在分析这些要求的基础上，才能正确合理地选择加工方法、装夹方式、刀具及切削用量等。

3. 零件图的完整性和正确性分析

构成零件轮廓的几何元素的条件是数控编程的重要依据。

4. 零件材料及毛坯工艺性分析

在满足零件功能的前提下，应选用廉价、切削性能好的材料。另外，零件在进行数控加工时，由于加工过程的自动化，使余量的大小、如何装夹等问题在设计毛坯时就要考虑全面。

（二）零件图的结构工艺性分析

零件的结构工艺性是指所设计的零件在满足使用要求的前提下制造的可行性和经济性。零件各加工部位的结构工艺性应符合数控加工特点。

1）零件的内腔和外形最好采用统一的几何类型和尺寸，这样可以减少刀具规格和换刀次数，提高生产效率。

2）内槽圆角的大小决定着刀具直径的大小，所以内槽圆角半径不应太小。

3）铣零件槽底平面时，槽底圆角半径 r 不要过大。

4）应采用统一的基准定位。

但对于简单的粗加工表面、需长时间占机、人工调整的粗加工表面（如以毛坯粗基准定位划线找正）、毛坯上的加工余量不太充分或不太稳定的部位及必须用细长铣刀加工的部位等不宜选用数控加工内容。

二、加工方法的选择

机械零件的结构形状是多种多样的，但它们都是由平面、外圆柱面、内圆柱面或曲面、成形面等表面组成的。每一种表面都有多种加工方法，具体选择时应根据零件的加工精度、表面粗糙度、材料、结构形状、尺寸及生产类型等因素，选用相应的加工方法和加工方案。另外，表面加工方法的选择，除了考虑以上因素外，还要考虑加工的经济性。

任何一种加工方法获得的精度只在一定范围内才是经济的，这种一定范围内的加工精度，即为该加工方法的经济精度，它是指在正常加工条件下所能达到的加工精度；相应的表面粗糙度称为经济表面粗糙度。常用加工方法的经济精度及表面粗糙度，可查阅有关的工艺手册。

三、工序的划分

1. 工序划分的原则

工序的划分可采用两种不同的原则，即工序集中原则和工序分散原则。

(1) 工序集中原则　工序的集中原则是指每道工序包括尽可能多的加工内容，从而使工序的总数减少。采用工序集中原则的优点是：有利于采用高效的专用设备和数控机床，提高生产效率；减少工序数目，缩短工艺路线，简化生产计划和生产组织工作；减少机床数量，操作工人数和占地面积；减少工件的装夹次数，不仅保证了各加工表面间的相互位置精度，而且减少了夹具的数量和装夹工件的辅助时间。但专用设备和工艺设备的投资大，调整维修比较麻烦，生产准备的周期较长，不利于转产。

(2) 工序分散原则　工序分散原则是将工件的加工分散在较多的工序内进行，每道工序的加工内容很少。采用工序分散加工原则的优点是：加工设备和工艺装备结构简单、调整和维修方便、操作简单、转产容易；有利于选择合理的切削用量，减少机动的时间。但工艺路线较长，所需设备的数量和工人人数较多，占地面积大。

2. 工序划分方法

工序划分主要考虑生产纲领、所需设备和零件本身的结构和技术要求等。大批量生产时，若使用多轴、多刀的高效加工中心，可按工序集中原则进行生产；若在由组合机床组成的自动线上加工，工序一般按分散原则划分。单件小批量生产，通常采用工序集中原则。成批生产时，可按工序集中原则划分，也可按工序分散原则划分，应视具体情况而定。对于结构尺寸和重量都很大的重型零件，应采用工序集中原则，以减少装夹次数和运输量。对于刚性差、精度高的零件，应按工序分散原则划分工序。

随着现代数控技术的发展，在数控机床上加工零件，特别是加工中心，工艺路线的安排更多地趋向于工序集中，划分方法如下：

(1) 按所用刀具划分　以同一把刀具完成的那一部分工艺过程为一道工序，这种方法适用于工件的待加工表面较多，机床连续工作时间较长，加工程序的编制和检查难度较大的情况下。

(2) 按安装次数划分　以一次安装完成的那一部分工艺过程为一道工序，这种方法适用于工件的加工内容不多的工件，加工完成后就能达到待检状态。

(3) 按粗、精加工划分　即以粗加工中完成的那一部分工艺过程为一道工序，精加工中完成的那一部分工艺过程为另一道工序，这种划分方法适用于加工后变形较大，需粗、精加工分开的零件，如毛坯为铸件、焊接件或锻件。

(4) 按加工部位划分　即以完成相同型面的那一部分工艺过程为一道工序，对于加工表面多而复杂的零件，可按其结构特点（如内形、外形、曲面和平面等）划分成多道工序。

四、定位与夹紧方式的确定

正确合理地选择工件的定位与夹紧方式，是保证加工精度的必要条件。工件定位基准的选择与夹紧方案的确定，详见本章有关“工件安装和数控机床装夹的选择”。此外，还应该注意下列三点：

1）力求设计基准、工艺基准和编程原点统一，以减少基准不重合误差带来的数控编程中的计算工作量。

2）设法减少装夹次数，尽可能做到一次定位装夹后能加工出工件上全部或大部分待加工表面，以减少装夹误差，提高加工表面的位置精度，充分发挥数控机床的效率。

3）避免采用占机人工调整方案，以免占机时间太多，影响加工效率。

五、加工顺序的安排

在选定加工方法，划分工序后，接下来要做的主要内容就是合理安排这些加工方法和加工工序。零件的加工工序通常包括切削加工工序、热处理工序和辅助工序（包括表面处理、清洗和检验等），这些工序的顺序直接影响到零件的加工质量、生产效率和加工成本。这里重点介绍切削加工工序的安排。

（1）基面先行原则　用作精基准的表面应优先加工出来，因为定位基准的表面越精确，装夹误差就越小。

（2）先粗后精原则　各个表面的加工顺序按照粗加工→半精加工→精加工→光整加工的顺序依次进行，逐步提高表面的精度和减小表面粗糙度。

（3）先主后次原则　零件的主要工作表面、装配基面应先加工，从而能及早发现毛坯中主要表面可能出现的缺陷，次要表面可穿插进行，放在主要加工表面加工到一定程度后，最终精加工之前进行。

（4）先面后孔原则　对箱体、支架类零件，平面轮廓尺寸较大，一般先加工平面，再加工孔和其他尺寸，这样安排加工顺序，一方面用加工过的平面定位，稳定可靠；另一方面在加工过的平面上加工孔，比较容易并能提高孔的加工精度，特别是钻孔，孔的轴线不易偏斜。

（5）先近后远原则　在一般情况下，离对刀点近的部位先加工，离对刀点远的部位后加工，以便缩短刀具移动距离，减少空行时间。

六、确定进给路线和工步顺序

进给路线也可称为走刀路线，它是刀具在整个加工工序中相对于工件的运动轨迹，它不但包含了工步的内容，而且也反映了工步的顺序。走刀路线是编写程序的依据之一。

工步顺序是指同一道工序中，各个表面加工的先后次序。它对零件的加工质量、加工效率和数控加工中的走刀路线有直接影响，应根据零件的结构特点和工序的加工要求等合理安排。工序的划分与安排一般可随走刀路线来进行，在确定走刀路线时，主要遵循以下原则：

1）应能保证零件的加工精度和表面粗糙度要求。当铣削平面零件外轮廓时，一般采用立铣刀侧刃切削。刀具切入工件时，应避免沿外轮廓的法向切入，而应沿外轮廓曲线延长线的切向切入，如图5-13所示。

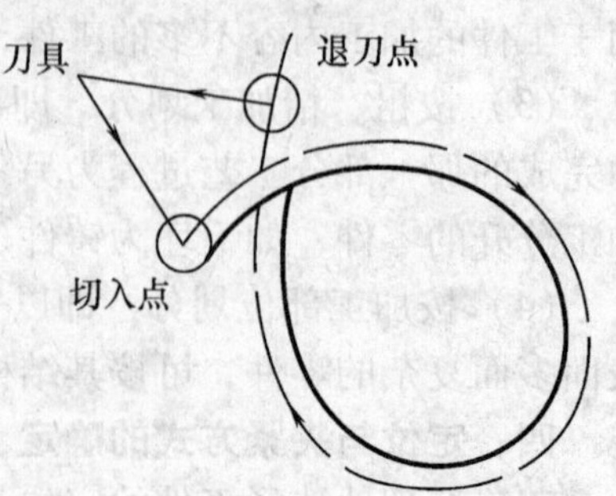

图5-13　外轮廓加工

当铣削封闭的内轮廓表面时，刀具也要沿轮廓线的切线方向进刀与退刀，如图5-14所示，$A \to B \to C$ 为刀具切向切入轮廓轨迹路线，$C \to D \to C$ 为刀具切削工件封闭内轮廓轨迹，$C \to E \to A$ 为刀具切向切出轮廓轨迹路线。

加工孔位置要求较高的零件时，要注意各孔定位方向的一致性，即采用单向趋近定位方法，如图5-15所示。

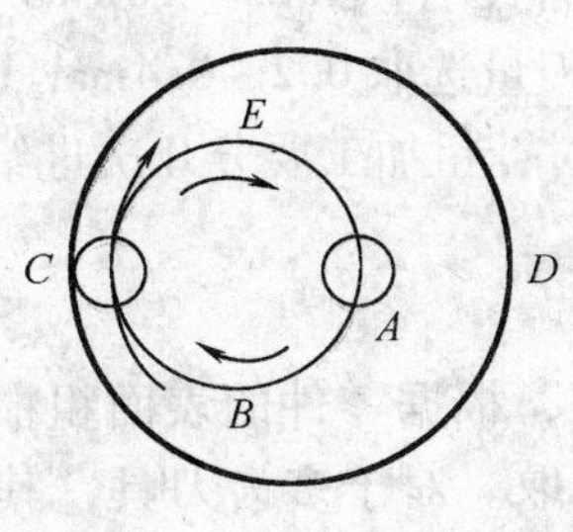

图 5-14　内轮廓铣削

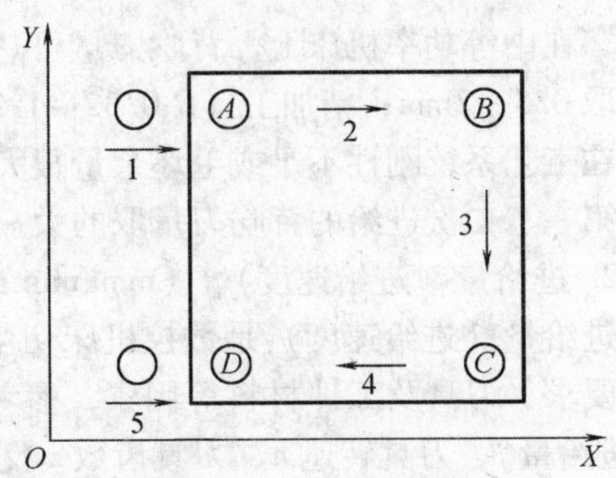

图 5-15　孔系加工路线

这样的定位方法避免了因传动系统反向间隙而产生的定位误差，提高了孔的位置精度。

2）应使走刀路线最短，减少刀具的空行程时间或切削进给时间，提高加工效率。

七、合理选择刀具及切削用量

应根据被加工工件材料的热处理状态、切削性能及加工余量，选择刚性好、使用寿命高的刀具，这是充分发挥数控机床的生产效率和获得满意加工质量的前提。

切削用量的大小对切削力、切削功率、刀具的磨损、加工质量和加工成本等均有显著影响。选择切削用量时，就是在保证加工质量和刀具使用寿命的前提下，充分发挥机床性能和刀具切削性能，使切削效率最高，加工成本最低。确定切削用量时还需遵循本教材第五章第六节所述的原则和方法。

八、编写数控加工工艺文件

编写数控加工专用技术文件是数控加工工艺设计的内容之一。这些技术文件既是数控加工的依据，产品验收的依据，也是操作人员遵守、执行的规程；有的则是加工程序的具体说明或附加说明，目的是让操作者更加明确程序的内容，安装与定位方式，各个加工部位选用的刀具及其他内容等。数控加工工序卡片及刀具卡片的编写，见本教材第五章第七节。

第六节　切削用量的选择

切削用量包括切削速度（主轴转速）、背吃刀量、进给量。

一、切削用量的选择原则

1. 粗加工时切削用量的选择原则

首先选择尽可能大的背吃刀量；其次要根据机床动力和刚性的限制条件等，选择尽可能大的进给量；最后根据刀具的使用寿命确定最佳的切削速度。

2. 精加工时切削用量的选择原则

首先根据粗加工的余量确定背吃刀量；其次根据待加工表面的粗糙度要求，选取较小的进给量；最后在保证刀具使用寿命的前提下，尽可能选取较高的切削速度。

二、切削用量的选择方法

1. 背吃刀量 a_p（mm）的选择

背吃刀量根据加工余量确定。粗加工（$R_a 10 \sim 80\mu m$）时，一次进给应尽可能切除全部余量，在中等功率机床上，背吃刀量可达 8～10mm；半精加工（R_a1. 25～10μm）时，背吃刀量取 0. 5～2mm；精加工（R_a0. 32～1. 25μm）时，背吃刀量选取 0. 2～0. 4mm。

在工艺系统刚性不足或毛坯余量很大，或余量不均匀时，粗加工要分几次进给，并且应当把第一、二次进给的背吃刀量取的大一些。

2. 进给量（进给速度）f（mm/min 或 mm/r）的选择

进给量（进给速度）是数控机床切削用量的重要参数，根据零件的表面粗糙度、加工精度要求、刀具及工件材料等因素，参考切削用量手册选取。对于多齿刀具，其进给速度 v_f、进给量 f、刀具转速 n、刀具齿数 z 及每齿进给量 f_z 的关系为

$$v_f = fn = f_z zn \tag{5-7}$$

每齿进给量 f_z 的选取主要取决于工件材料的力学性能、刀具材料、工件表面粗糙度等因素。工件材料的强度和硬度越高，f_z 越小；反之越大。对铣削而言，硬质合金铣刀的每齿进给量高于同类高速钢铣刀。工件表面粗糙度要求越高，f_z 越小。

粗加工时，由于对工件表面没有太高的要求，这时主要考虑机床进给机构的强度和刚性及刀杆的强度和刚性等限制因素，可根据加工材料、刀杆尺寸、工件直径及确定的背吃刀量来选择进给量。

在半精加工和精加工时，则按表面粗糙度的要求，根据工件材料、刀具（刀尖圆弧）半径、切削速度来选择进给量，如精铣时可选取 20～25mm/min；精车可选取 0. 10～0. 20mm/r。

最大进给量受机床刚度和进给系统的性能限制。在选择进给量时，还应注意零件加工中的某些特殊因素，比如在轮廓加工中选择进给量时，应考虑零件拐角处的超程问题。特别是在拐角较大、进给量速度较高时，应在拐角处降低进给速度，在拐角后逐渐升速，以保证加工精度。

3. 切削速度 v_c（mm/min）的选择

根据已经选择好的背吃刀量、进给量，并结合刀具耐磨度，选择切削速度。可用经验公式计算，也可根据生产实践经验，在机床说明书的切削速度范围查表选取或参考有关切削用量手册选用。

切削速度 v_c 确定后，用式（5-9）计算机床主轴转速 n（r/min），对有级变速的机床，需按机床说明书选择与所算转速 n 接近的转速，并填入程序单中。

$$v_c = \pi Dn/1000 \tag{5-8}$$

即

$$n = 1000v_c/\pi D \tag{5-9}$$

式（5-8）、(5-9) 中 D——切削刃选定点处所对应的工件或刀具回转直径，单位为 mm；

n——工件或刀具的转速，单位为 r/min。

在选择切削速度时，还应考虑以下几点：

1）尽量避开积屑瘤产生的区域。

2）在易发生振动的情况下，切削速度应避开自激振动的临界速度。

3）在断续切削时，为减小冲击和热应力，要适当降低切削速度。

4）加工大件、细长件和薄壁工件时，应选用较低的切削速度。

5）加工带硬皮的工件时，应适当降低切削速度。

4. 机床功率的校核

切削功率 P_c 可用式（5-10）计算，机床有效功率 P_e'，按式（5-11）计算，有

$$P_c = F_c v_c \times 10^{-3}/60 \tag{5-10}$$

式中　F_c——主切削力，单位为 N；

v_c——切削速度，单位为 mm/min。

$$P_e' = P_e \eta \tag{5-11}$$

式中　P_e——机床电动机功率；

η——机床传动效率。

如果 $P_c < P_e'$，则选择的切削用量可在指定的机床上使用；如果 $P_c << P_e'$，则机床功率没有得到充分发挥，这时可以规定较低的刀具使用寿命（如采用机夹可转位刀片的合理使用寿命可选为 15～30min），或采用切削性能更好的刀具材料，以提高切削速度的办法使切削功率增大，以期充分利用机床功率，达到提高生产率的目的。

如果 $P_c > P_e'$，则选择的切削用量不能在指定的机床上使用，这时可调换功率较大的机床，或根据所限定的机床功率降低切削用量（主要是降低切削速度），这时虽然机床功率得到充分利用，但是刀具的性能却未能充分发挥。

需要强调的是：切削用量的选择虽然可以查阅切削用量手册或参考有关资料确定，但是就某一个具体零件而言，通过这种方法选择切削用量未必就是非常理想，有时需要进行试切，才能确定比较理想的切削用量，因此需要在实践中进行不断总结和完善。

第七节　编写数控加工技术文件

数控加工工艺文件主要包括数控加工工序卡、数控刀具卡、机床调整单、数控加工调整单等，这些文件目前没标准化，各企业可根据本单位的特点制定上述工艺文件。

一、数控加工工序卡

数控加工工序卡是编制加工程序的主要依据和操作人员进行数控加工的指导性文件，它与普通加工工序卡有许多相似之处，但不同的是该卡中应反映使用的夹具、刀具切削参数、切削液等。数控加工工序卡应按已确定的工步顺序填写，该卡内容，见表5-3。

表 5-3　数控加工工序卡

<table>
<tr><td colspan="2" rowspan="2">单位名称</td><td colspan="3" rowspan="2"></td><td colspan="2">产品名称或代号</td><td colspan="2">零件名称</td><td colspan="2">零件图号</td></tr>
<tr><td colspan="2"></td><td colspan="2"></td><td colspan="2"></td></tr>
<tr><td colspan="2">工序号</td><td colspan="3">程序编号</td><td colspan="2">夹具名称</td><td colspan="2">使用设备</td><td colspan="2">车间</td></tr>
<tr><td colspan="2">001</td><td colspan="3"></td><td colspan="2"></td><td colspan="2"></td><td colspan="2"></td></tr>
<tr><td>工步号</td><td colspan="4">工步内容</td><td>刀具号</td><td>刀具规格</td><td>主轴转速
n/(r/min)</td><td>进给量
f/(mm/r)</td><td>背吃刀量
a_p/mm</td><td>备注</td></tr>
<tr><td></td><td colspan="4"></td><td></td><td></td><td></td><td></td><td></td><td></td></tr>
<tr><td></td><td colspan="4"></td><td></td><td></td><td></td><td></td><td></td><td></td></tr>
<tr><td></td><td colspan="4"></td><td></td><td></td><td></td><td></td><td></td><td></td></tr>
<tr><td></td><td colspan="4"></td><td></td><td></td><td></td><td></td><td></td><td></td></tr>
<tr><td>编制</td><td colspan="2"></td><td>审核</td><td></td><td>批准</td><td></td><td>日期</td><td></td><td colspan="2">共1页第1页</td></tr>
</table>

二、数控刀具卡片

数控加工对刀具的要求十分严格，一般要在机外对刀仪上调整好刀具直径和长度。数控刀具明细表是调刀人员调整刀具输入的主要依据，该卡内容，见表5-4和表5-5。

表5-4 数控刀具卡片（车床）

产品名称或代号			零件名称		零件图号		
序 号	刀具号	刀具名称	数 量	加工表面	刀尖半径 R/mm	刀尖方位 T	备 注
编制		审核	批准			共1页第1页	

表5-5 数控刀具卡片（铣床、加工中心）

产品名称或代号			零件名称		零件图号		
序 号	刀具号	刀具名称	数 量	加工表面	刀具半径 D/mm	刀具长度 H/mm	备 注
编制		审核	批准			共1页第1页	

三、机床调整单

机床调整单是机床操作人员在加工前调整机床的依据，它主要包括机床控制面板开关调整单和数控加工零件安装、零点设定卡两部分。数控机床的功能不同，机床调整单的形式也不同。

四、数控加工程序单

数控加工程序单是编程员根据工艺文件，经过数值计算，按照机床指令代码编制的，它是记录数控加工工艺过程、工艺参数、位移数据的清单，也是手动数据输入（MDI）和准备控制介质、实现数控加工的主要依据。不同的数控系统，程序清单的格式是不一样的。

复习思考题

5-1 什么叫工序和工步？构成工序和工步的要素各有哪些？

5-2 制定零件数控铣削加工工艺的目的是什么？其主要内容有哪些？

5-3 在数控机床上，按“工序集中”原则组织加工有何优点？

5-4 试举例分析零件加工工艺过程中如何体现“基准统一”、“基准重合”、“自为基准”的原则？它们在保证零件的精度要求中起什么重要作用？

5-5 如何理解每齿进给量f_z？

5-6 数控铣削加工工艺实训内容及要求

（一）实训内容

如图5-16所示零件，材料为HT200，小批量生产，毛坯尺寸为ϕ150mm，本工序的任务是在铣床上加工凸轮和其上的孔。试分析其数控铣削加工工艺过程。

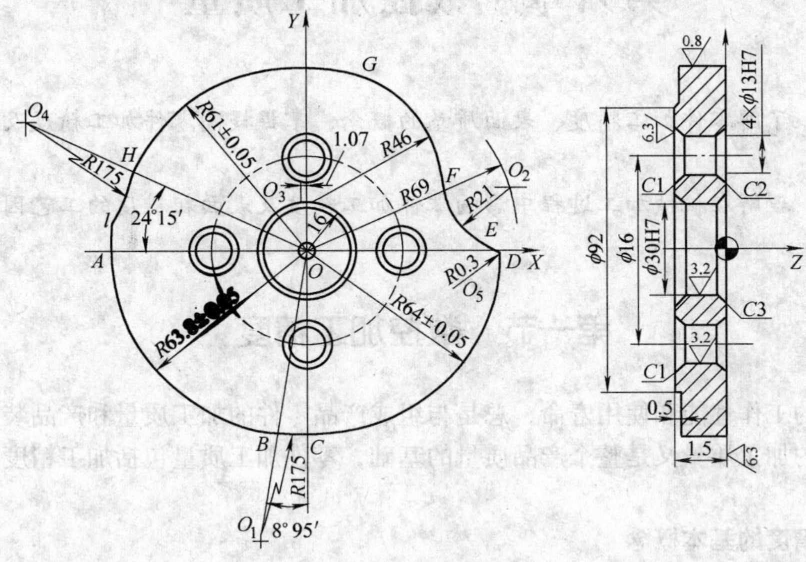

图5-16 凸轮铣削

（二）实训要求

1）零件图工艺分析，包括零件尺寸标注的正确性、轮廓描述的完整性及必要的工艺措施等。

2）确定装夹方案。

3）确定加工顺序及走刀路线。

4）选择刀具与切削用量。

5）拟订数控加工工序卡片和数控加工刀具卡片。

第六章　数控加工质量

学习目的： 了解零件加工精度、表面质量的概念；掌握提高零件加工精度及表面粗糙度的工艺措施。

学习重点： 理解在机械加工过程中影响零件加工精度及表面粗糙度的工艺因素及改善措施。

第一节　数控加工精度

机械产品的工作性能和使用寿命，总是与组成产品零件的加工质量和产品装配精度直接有关，而零件的加工质量又是整个产品质量的基础，零件加工质量包括加工精度和表面质量两方面内容。

一、加工精度的基本概念

所谓加工精度是指零件加工后的几何参数（尺寸、几何形状和相互位置）与理想零件几何参数相符合的程度，它们之间的偏离程度则为加工误差。加工误差的大小反映了加工精度的高低。加工精度包括如下三方面：

1. 尺寸精度

尺寸精度限制加工表面与其基准间的尺寸误差不超过一定的范围。

2. 几何形状精度

几何形状精度限制加工表面的宏观几何误差，如圆柱度、圆度、平面度、直线度等。

3. 相互位置精度

相互位置精度限制加工表面与其基准间的相互位置误差，如对称度、垂直度、同轴度、位置度等。

二、影响加工精度的因素及提高加工精度的主要措施

在机械加工过程中，零件的尺寸、几何形状和表面间相互位置的形成，取决于工件和刀具在切削过程中的相互位置关系，而工件和刀具分别又安装在夹具和机床上面，并受到夹具和机床的约束，因此，在机械加工时，机床、夹具、工件和刀具所组成的一个完整的系统称为工艺系统。工艺系统中的各种误差将会不同程度地反映到工件上，成为加工误差。因此，加工精度的问题也就涉及到整个工艺系统的精度问题。工艺系统的种种误差，在加工过程中会在不同情况下，以不同的方式和程度反映为加工误差。工艺系统的误差是“因”，是根源；加工误差是“果”，是表现。因此，也可把工艺系统误差称为原始误差。根据工艺系统误差的性质可将其归纳为：工艺系统的几何误差、工艺系统受力变形引起的误差、工艺系统受热变形引起的误差及工件内应力引起的误差。

（一）工艺系统的几何误差及改善措施

工艺系统的几何误差，包括加工方法的原理误差、机床的几何误差、调整误差、刀具和夹具的制造误差、工件的装夹误差以及工艺系统磨损所引起的误差。本节仅就机床几何误差

中的主轴误差和导轨误差对加工精度的影响进行简略分析。

1. 主轴误差

机床主轴是装夹刀具或工件的位置基准，它的误差也将直接影响工件的加工质量。

机床的回转精度是机床主要精度指标之一，其在很大程度上决定着工件加工表面的形状精度。主轴的回转误差主要包括主轴的径向圆跳动、窜动和摆动。

造成主轴径向圆跳动的主要原因有：轴径与轴孔圆度不高、轴承滚道的形状误差 、轴与孔安装后不同心以及滚动体误差等。使用该主轴装夹工件将造成形状误差。

造成主轴轴向窜动的主要原因有：推力轴承端面滚道的跳动以及轴承间隙等。以车床为例，造成的加工误差主要表现为车削端面与轴心线的垂直度误差。

由于前后轴承、前后轴承孔或前后轴径的不同心造成主轴在转动过程中出现摆动现象。摆动不仅给工件造成工件尺寸误差、而且还造成了形状误差。

提高主轴旋转精度的方法主要有通过提高主轴组件的设计、制造和安装精度，采用高精度的轴承等方法，这无疑将加大制造成本；再有就是通过定位基准或被加工面本身与夹具定位元件之间组成的回转副来实现工件相对于刀具的转动，如外圆磨床头架上的死顶尖，这样机床主轴组件的误差就不会对工件的加工质量构成影响。

2. 导轨误差

导轨是机床的重要基准，它的各项误差将直接影响被加工零件的精度。以数控车床为例，当床身导轨在水平面内出现弯曲（前凸）时，工件上会产生腰鼓形，如图 6-1a 所示；当床身导轨与主轴轴心在水平面内不平行时，工件上会产生锥形，如图 6-1b 所示；当床身导轨与主轴轴心在垂直面内不平行时，工件上会产生鞍形，如图 6-1c 所示。

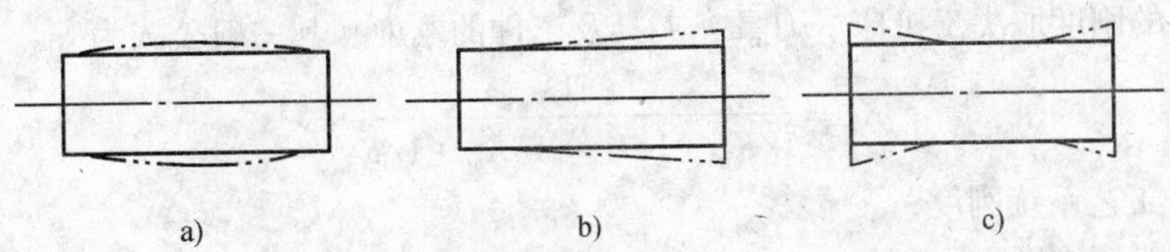

图 6-1　机床导轨误差对工件精度的影响

事实上，数控车床导轨在水平面和垂直面内的几何误差对加工精度的影响程度是不一样的，影响最大的是导轨在水平面内的弯曲或与主轴轴心线的平行度，而导轨在垂直面内的弯曲或与主轴轴心线的平行度对加工精度的影响则小到可以忽略的程度。数控车床导轨的水平方向为误差敏感方向，对称垂直方向为误差非敏感方向。推广来看，原始误差所引起的刀具与工件间的相对位移，如果该误差产生在加工表面的法线方向，则对加工精度构成直接影响，即为误差敏感方向；若位移产生在加工表面的切线方向，则不会对加工精度构成直接影响，即为误差非敏感方向。

因此，减小导轨误差对加工精度的影响，一方面可以通过提高导轨的制造、安装和调整精度来实现；另一方面也可以利用误差非敏感方向来设计安排定位加工，如转塔车床的转塔刀架设计就充分注意到了这一点，其转塔定位选在了误差非敏感方向上，既没有把制造精度定得很高，又保证了实际加工的精度。

（二）工艺系统受力变形引起的误差及改善措施

工艺系统在切削力、传动力、惯性力、加紧力以及重力等作用下，会产生相应的变形，从而破坏已调好的刀具与工件之间的正确位置，使工件产生几何形状误差和尺寸误差。例如车削细长轴时，在切削力的作用下，工件因弹性变形而出现“让刀”现象使工件产生腰鼓形的圆柱度误差，如图 6-2a 所示。再如，在内圆磨床上用横向切入法磨孔时，由于内圆磨头主轴的弯曲变形，磨出的孔会出现带有锥度的圆柱度误差，如图 6-2b 所示。

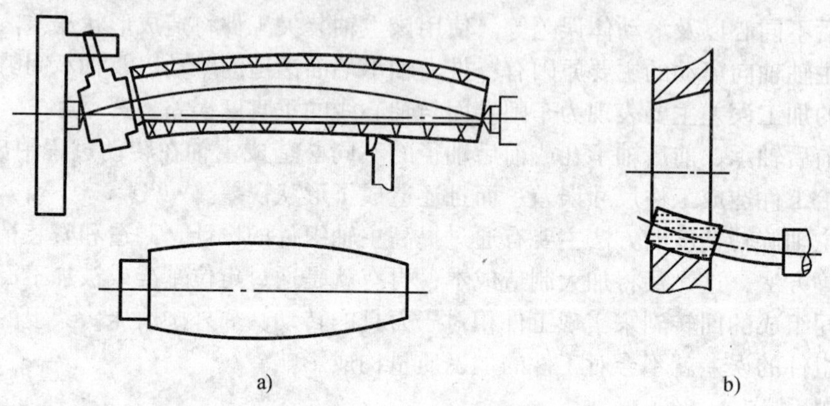

图 6-2 工艺系统受力变形引起的加工误差

a）车削细长轴的加工误差 b）内圆磨头的加工误差

工艺系统受力变形通常是弹性变形，一般来说，工艺系统变形的能力越大，加工误差就越小，也就是说，工艺系统的刚度越好，加工精度越高。

工艺系统的刚度取决于机床、刀具、夹具及工件的刚度，其一般公式为

$$K_{xt}=\frac{1}{1/K_{jc}+1/K_{jj}+1/K_{aj}+1/K_{gj}} \tag{6-1}$$

式中 K_{xt}——工艺系统刚度；

K_{jc}——机床刚度；

K_{jj}——夹具刚度；

K_{aj}——刀架刚度；

K_{gj}——工件刚度。

由式（6-1）可知，提高工艺系统各组成部分的刚度可以提高工艺系统整体的刚度。生产实际中，常采取的有效措施有：减小接触面间的粗糙度，增大接触面积，适当预紧，减小接触变形，提高接触刚度；合理地布置肋板，提高局部刚度；减少受力变形，提高工件刚度，（如车削细长轴时，利用中心架或跟刀架）；合理装夹工件，减少夹紧变形（如加工薄壁套时，采用开口过渡环或专用卡爪夹紧）等。

（三）工艺系统热变形产生的误差及改善措施

切削加工时，整个工艺系统由于受到切削热、摩擦热及外界辐射热等因素的影响，常发生复杂的变形，导致工件与切削刃之间原先调整好的相对位置、运动及传动的准确性都发生变化，从而产生加工误差。由于这种原因而引起的工艺系统的变形现象称为工艺系统的热变形。

实践证明，影响工艺系统热变形的因素主要有机床、刀具、工件，另外环境温度的影响在某些情况下也是不容忽视的。

1. 机床的热变形

对机床的热变形构成影响的因素主要有电动机、电气和机械动力源的能量损耗转化出的热；传动部件、运动部件在运动过程中发生的摩擦热；切屑或切削液落在机床上所传递的切削热；外界的辐射热等。这些热都将或多或少地使机床床身、工作台和主轴等部件发生变形。

为了减小机床热变形对加工精度的影响，通常在机床大件的结构设计上采取对称结构，或采用主动控制方式，均衡关键件的温度，以减小其因受热而出现的弯曲或扭曲变形对加工的影响；在结构联接设计上，其布局应使关键部件的热变形方向对加工精度影响较小；对发热量较大的部件，应采取足够的冷却措施或采取隔离热源的方法。在工艺措施方面，可让机床空运转一段时间之后，当其达到或接近热平衡时再调整机床，对零件进行加工；或将高精密机床安装在恒温室中使用。

2. 工件的热变形

由于切削热的作用，工件在加工过程中产生热变形，因其热膨胀影响了尺寸精度和形状精度。为了减小热变形对加工精度的影响，常常采用切削液冷却切削区的方法；也可通过选择合适的刀具或改变切削参数的方法来减少传入工件的热量；对大型或较长的工件，在夹紧状态下应使其末端能自由伸缩。

（四）工件内应力引起的误差及改善措施

所谓内应力，就是当外界载荷去掉后，仍留在工件内部的应力。内应力是工件在加工过程中其内部宏观或微观组织因发生了不均匀的体积变化而产生的。

具有内应力的零件处于一种不稳定的相对平衡状态，可以保持形状精度的暂时稳定，但它的内部组织有强烈的倾向要恢复到一种稳定的没有内应力的状态，一旦外界条件产生变化，如环境温度的改变、继续进行切削加工、受到撞击等，内应力的暂时平衡就会被打破而进行重新分布，零件将产生相应的变形，从而破坏原有的精度。

为减小或消除内应力对零件加工精度的影响，在零件的结构设计中，应尽量简化结构，考虑壁厚均匀，以减小在铸、锻毛坯制造中产生的应力；在毛坯制造之后，或粗加工后，精加工前，安排时效处理以清除内应力，切削加工时，应将粗、精加工分开在不同的工序进行，使粗加工后有一定的间隔时间让内应力重新分布，以减少对加工的影响。

第二节　数控加工表面质量

机械零件的加工质量，除了加工精度之外，表面质量也是极其重要而不容忽视的一个方面。产品的工作性能，尤其是它的可靠性、耐久性，在很大程度上取决于其主要零件的表面质量。

一、表面质量的基本概念

机械加工表面质量包括如下两方面内容：

1. 表面层的几何形状偏差

（1）表面粗糙度　表面粗糙度是指零件加工表面的微观几何形状特性。

（2）表面波纹度 表面波纹度是指零件表面周期性的几何形状特性，它主要是加工过程中工艺系统的振动所引起的。

2. 表面层的物理、力学性能的变化

主要有以下三个方面：

1）表面层因塑性变形引起的冷作硬化。

2）表面层因切削热引起的金相组织的变化。

3）表面层中产生的残余应力。

二、表面质量对零件使用性能的影响

1. 对零件耐磨性的影响

零件的耐磨性不仅和材料及热处理有关，而且还与零件接触表面粗糙度有关。当两个零件相互接触时，实质上只是两个零件接触表面上的一些凸峰相互接触，因此实际接触面积比理论接触面积要小得多，从而使单位面积上的压力很大。当其超过材料的屈服点时，就会使凸峰部分产生塑性变形甚至被折断或因接触表面的滑移而迅速磨损。以后随着接触面积的增大，单位面积上的压力减小，磨损减慢。零件表面粗糙度越大，磨损越快，但这不等于说零件表面粗糙度越小越好。如果零件表面粗糙度小于合理值，则由于摩擦面之间润滑油被挤出而形成干摩擦，从而使磨损加快。实验表明，最佳表面粗糙度 R_a 值大致为0.3～1.2μm。另外，零件表面有冷作硬化层或经淬硬，也可能提高零件的耐磨性。

2. 对零件疲劳强度的影响

零件表面层的残余应力性质对疲劳强度的影响很大。当残余应力为拉应力时，在拉应力作用力下，会使表面的裂纹扩大，而降低零件的疲劳强度，减小了产品的使用寿命。相反，残余压应力可以延缓疲劳裂纹的扩展，可提高零件的疲劳强度。同时表面冷作硬化层的存在以及加工纹路方向与载荷方向的一致，可以提高零件的疲劳强度。

3. 对零件配合性质的影响

在间隙配合中，如果配合表面粗糙，磨损后会使配合间隙增大，改变了原配合性质。在过盈配合中，如果配合表面粗糙，则装配时表面的凸峰将被挤平，而使有效过盈量减小，降低了配合的可靠性。所以，对有配合要求的表面，也应标注有对应的表面粗糙度。

三、影响表面粗糙度的工艺因素及改善措施

零件在切削加工过程中，由刀具几何形状和切削运动引起的残余面积、粘结在刀具刃口上的积屑瘤划出的沟纹、工件与刀具之间的振动引起的振动波纹以及刀具后刀面的磨损造成的挤压与摩擦痕迹等原因，使零件上表面形成了粗糙度。影响表面粗糙度的工艺因素主要有工件材料、切削用量、刀具几何参数及切削液等。

1. 工件材料

一般韧性较大的塑性材料，加工后表面粗糙度较大，而韧性较小的塑性材料加工后易得到较小的表面粗糙度。对于同种材料，晶粒组织越大，加工表面粗糙度越大。因此，为了减小加工表面粗糙度，常在切削加工前对材料进行调质或正火处理，以获得均匀细密的晶粒组织和较大的硬度。

2. 切削用量

如图6-3所示，可以看出进给量 f 越大，残留面积高度 R_y 越高，零件表面越粗糙。因此，减小进给量可有效地减小表面粗糙度。

切削速度对表面粗糙度的影响也很大。在中速切削塑性材料时，由于容易产生积屑瘤，且塑性变形较大，因此加工后零件表面粗糙度较大。通常采用低速或高速切削塑性材料，可有效地避免积屑瘤的产生，这对减小表面粗糙度有积极作用。

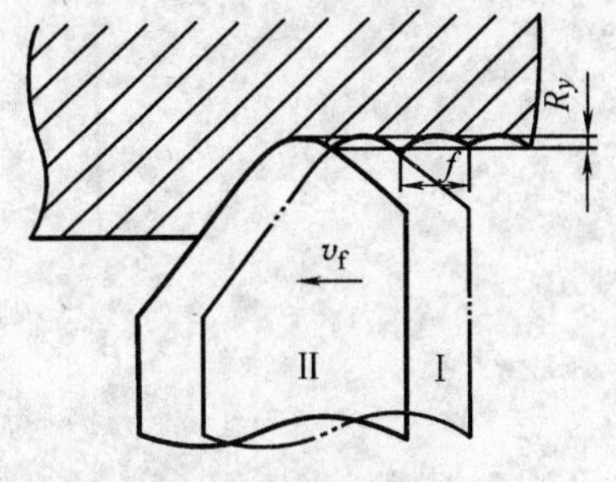

图 6-3　残留面积

3. 刀具几何参数

刀具主偏角 k_r、副偏角 k_r'及刀尖圆弧半径 R_e 对零件表面粗糙度有直接影响。在进给量一定的情况下，减小主偏角 k_r 和副偏角 k_r'或增大刀尖圆弧半径 R_e，则刀头强度高，散热条件好，可减小表面粗糙度。另外，适当增大前角、后角，可以减小切削变形和前后刀面之间的摩擦，抑制积屑瘤的产生，也可减小表面粗糙度。

4. 切削液

切削液的冷却和润滑作用能减小切削过程中的界面摩擦，降低切削区温度，使切削层金属表面的塑性变形程度下降，抑制积屑瘤的产生，因此可大大减小表面粗糙度。

复习思考题

6-1　试举例说明加工精度、加工误差、公差的概念及它们之间的区别？

6-2　加工精度包括哪些方面内容？

6-3　试述影响表面粗糙度的工艺因素有哪些？

6-4　表面质量包括哪些主要内容？为什么机械零件的表面质量与加工精度具有同等重要的意义？

编　程　篇

数控编程的思想与指令体系

第七章 编 程 基 础

学习目的： 了解数控编程的概念、内容、方法和基础知识；掌握数控机床坐标系统的作用与建立；掌握数控程序的格式与结构。

学习重点： 理解数控坐标系统及坐标系的建立。

第一节 数控编程的内容和方法

一、数控编程的概念

用普通机床加工零件时，一般先由工艺人员按照零件图制定好加工工艺规程，再由操作者按照工艺规程手动操作机床完成零件加工。而用数控机床加工零件时，是按事先编制好的加工程序自动地对被加工零件进行加工的。所谓加工程序，就是把零件的加工工艺路线、工艺参数、刀具的运动轨迹、位移量、切削参数以及辅助功能等，按照数控机床规定的指令代码及程序格式编写成加工程序单，再把程序单的内容通过控制介质或直接输入到数控装置中，控制机床运动，从而实现零件加工。这种从零件图的分析到生成程序单的全过程叫数控程序的编制。

二、数控编程的内容

数控编程的内容及操作步骤，如图 7-1 所示。

1. 分析零件图样和制定工艺方案

这项工作的内容包括：对零件图样进行分析，明确加工的内容和要求；确定加工方案；选择适合的数控机床；选择或设计刀具和夹具；确定合理的走刀路线及选择合理的切削用量等。这一工作要求编程人员能够对零件图样的技术特性、几何形状、尺寸及工艺要求进行分析，并结合数控机床使用的基础知识，如数控机床的规格、性能、数控系统的功能等，确定加工方法和加工路线。

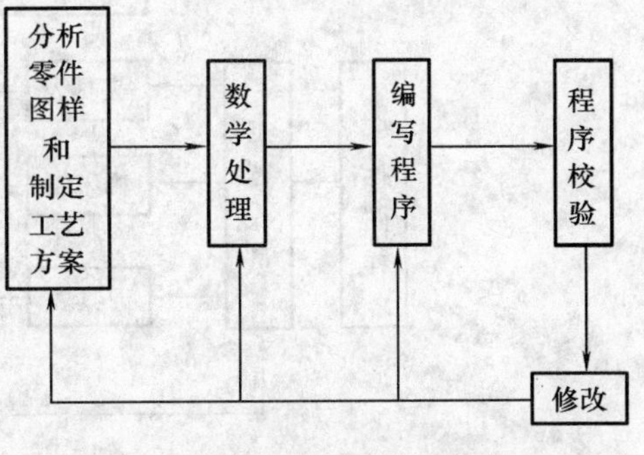

图 7-1 数控程序编制的内容及步骤

2. 数学处理

在确定了工艺方案后，就需要根据零件的几何尺寸、加工路线等，计算刀具中心运动轨迹，以获得刀位数据。数控系统一般均具有直线插补与圆弧插补功能，对于加工由圆弧和直线组成的较简单的平面零件，只需要计算出零件轮廓上相邻几何元素交点或切点的坐标值，得出各几何元素的起点、终点、圆弧的圆心坐标值等，就能满足编程要求。当零件的几何形状与控制系统的插补功能不一致时，就需要进行较复杂的数值计算，一般需要使用计算机辅助计算，否则难以完成。

3. 编写零件加工程序

在完成上述工艺处理及数值计算工作后，即可编写零件加工程序。程序编制人员使用数控系统的程序指令，按照规定的程序格式，逐段编写加工程序。程序编制人员应对数控机床的功能、程序指令及代码十分熟悉，才能编写出正确的加工程序。

4. 程序校验

将编写好的加工程序输入数控系统，就可控制数控机床的加工动作。在正式加工之前，一般要对程序进行校验。通常可采用机床空运转的方式，来检查机床动作和运动轨迹的正确性，以校验程序。在具有图形模拟显示功能的数控机床上，可通过显示走刀轨迹或模拟刀具对工件的切削过程，对程序进行检查。对于形状复杂和要求高的零件，也可采用铝件、塑料或石蜡等易切材料进行试切来校验程序。通过检查试件，不仅可确认程序是否正确，还可知道加工精度是否符合要求。若能采用与被加工零件材料相同的材料进行试切，则更能反映实际加工效果，当发现加工的零件不符合加工技术要求时，可修改程序或采取尺寸补偿等措施。

三、数控程序编制的方法

数控加工程序的编制方法主要有两种：手工编制程序和自动编制程序。

1. 手工编程

手工编程指主要由人工来完成数控编程中各个阶段的工作，如图 7-2 所示。一般对几何形状不太复杂的零件，所需的加工程序不长，计算比较简单，用手工编程比较合适。

手工编程的特点：耗费时间较长，容易出现错误，无法胜任复杂形状零件的编程。据国外资料统计，当采用手工编程时，一段程序的编写时间与其在机床上运行加工的实际时间之比，平均约为 30∶1，而数控机床不能开动的原因中有 20% ~30% 是由于加工程序编制困难，编程时间较长。

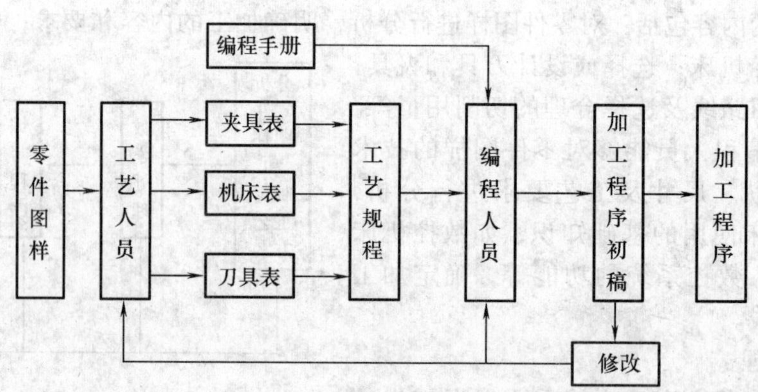

图 7-2 手工编程示意图

2. 计算机自动编程

自动编程是指在编程过程中，除了分析零件图样和制定工艺方案由人工进行外，其余工作均由计算机辅助完成。

采用计算机自动编程时，数学处理、编写程序、检验程序等工作是在计算机上完成的，由于计算机可绘制出刀具中心运动轨迹或模拟实体加工，使编程人员可及时检查程序是否正确，需要时可及时修改，以获得正确的程序。又由于计算机自动编程代替程序编制人员完成了繁琐的数值计算，可提高编程效率几十倍乃至上百倍，因此解决了手工编程无法解决的许多复杂零件的编程难题。因而，自动编程的特点就在于编程工作效率高，可解决复杂形状零件的编程难题。

根据输入方式的不同，可将自动编程分为图形数控自动编程、语言数控自动编程和语音数控自动编程等。图形数控自动编程是指将零件的图形信息直接输入计算机，通过自动编程软件的处理，得到数控加工程序。目前，图形数控自动编程是使用最为广泛的自动编程方式。语言数控自动编程指将加工零件的几何尺寸、工艺要求、切削参数及辅助信息等用数控语言编写成源程序后，输入到计算机中，再由计算机进一步处理得到零件加工程序。语音数控自动编程是采用语音识别器，将编程人员发出的加工指令声音转变为加工程序。

第二节 数控机床的坐标系统

一、机床坐标系

数控系统依据加工程序控制机床进行自动加工的过程，实质就是控制刀具和工件的相对运动，那么就需要在机床上建立描述刀具和工件相对位置关系的坐标系统，以便控制系统向机床坐标轴发出控制信号，完成规定的运动。

（一）数控机床的标准坐标系

数控机床的坐标系已标准化，按右手笛卡儿直角坐标系确定各轴，如图 7-3 所示，规定了 *X*、*Y*、*Z* 三个直线坐标轴和 *A*、*B*、*C* 三个回转坐标轴以及它们之间的关系。

说明如下：

1）伸出右手的大拇指、食指和中指，并互为90°，则大拇指代表 *X* 轴，食指代表 *Y* 轴，中指代表 *Z* 轴；大拇指的指向为 *X* 轴的正方向，食指的指向为 *Y* 轴的正方向，中指的指向为 *Z* 轴的正方向。

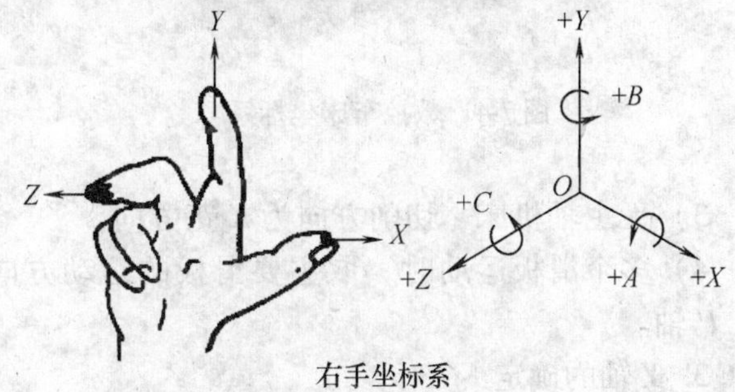

图 7-3 标准右手坐标系

2）围绕 *X*、*Y*、*Z* 直线轴的旋转轴分别用 *A*、*B*、*C* 表示，根据右手螺旋定则，若大拇指的指向分别为 *X*、*Y*、*Z* 轴，则对应的四指旋转方向即为旋转轴 *A*、*B*、*C* 的正向。

（二）机床坐标轴运动方向的规定

在数控标准坐标系的基础上，编程时，不论实际加工中是刀具移动，还是工件移动，都一律规定：工件静止不动，刀具移动，并且刀具运离工件的方向作为坐标轴的正方向，刀具切入工件的方向为负方向。

（三）机床坐标轴的规定

1. *Z* 轴

规定：产生切削力的轴线方向作为 *Z* 轴方向。

（1）有主轴的机床　以机床主轴线为 Z 轴方向，如车床、铣床、加工中心等。

（2）无主轴的机床 选与工作台面相垂直的直线方向为 Z 轴方向，如牛头刨床。

（3）多主轴的机床 选与工作台面相垂直的常用主轴轴线为 Z 轴方向，如另有一轴平行于 Z 轴方向，则可指定为 W 轴，如有第三轴平行于 Z 轴，则可指定为 R 轴。

2. X 轴

规定：X 轴为水平方向，且垂直于 Z 轴，并平行于工件的装夹面。

1）主轴带动工件旋转切削的机床（如车床），在水平面内，选垂直于工件轴线的方向为 X 轴方向，如图 7-4 所示。

2）主轴带动刀具旋转切削的机床（如铣床），主轴水平时，左侧为正；主轴垂直时，右侧为正，如图 7-5 所示。

图 7-4 数控车床坐标系

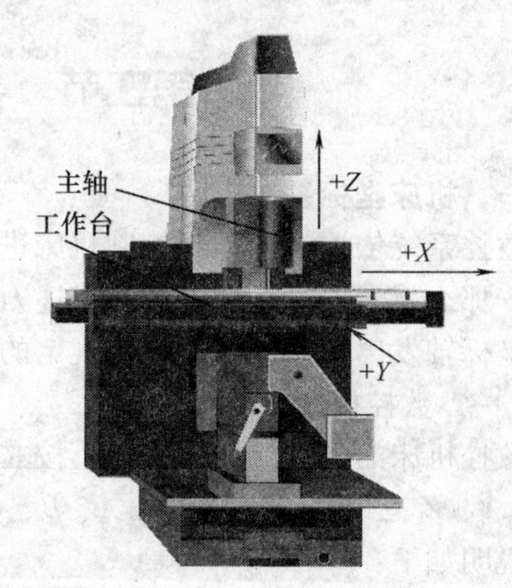

图 7-5 数控铣床坐标系

3）无主轴机床 切削方向为 X 正方向。

4）多个滑板运动时 取主要滑板的运动方向为 X 轴方向，其余，第二、第三分别为 U、P 轴。

3. Y 轴的确定

确定 X、Z 坐标轴的正方向后，按照右手直角坐标系确定 Y 坐标轴的方向。

4. A、B、C 轴

确定了 X、Y、Z 直线坐标轴后，按照机床标准坐标系（右手直角坐标系）的规定，依次确定 A、B、C 三个回转坐标轴。

5. 附加坐标

为了编程和加工的方便，有时还要设置附加坐标系。对于直线运动，通常建立的附加坐标系有：第二组 U、V、W 坐标轴；第三组 P、Q、R 坐标轴。

（四）机床坐标系原点

机床坐标系原点也叫机床零点或机床原点，是由机床厂家在设计机床时确定的，它不但是机床坐标系的原点，同时也是其他坐标系（如工件坐标系）的基准点。由于数控机床各坐标轴的正方向是定义好的，所以机床零点一旦确定，机床坐标系也就确定了。

1. 数控车床坐标系原点

数控车床坐标系原点一般取在卡盘端面与主轴中心线的交点处，如图 7-6 所示。另外，通过设置参数的方法，也可将机床原点设在 X、Z 坐标轴的正方向极限位置上。

2. 数控铣床坐标系原点

数控铣床坐标系原点一般取在 X、Y、Z 坐标轴的正方向极限位置上，如图 7-7 所示。

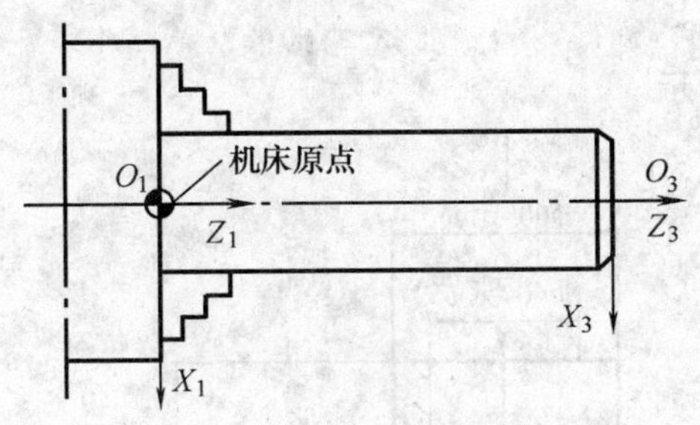

图 7-6　数控车床坐标系原点

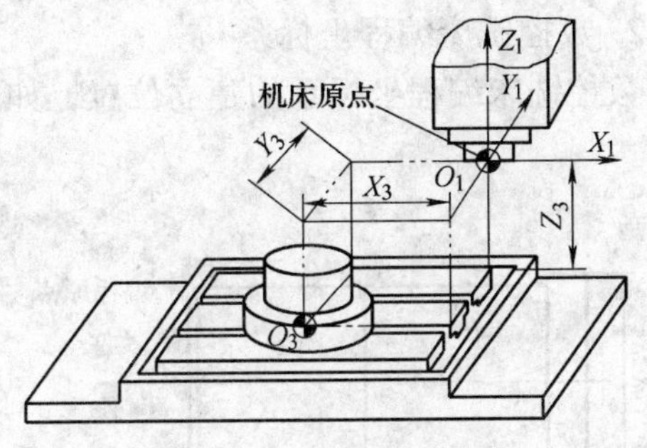

图 7-7　数控铣床坐标系原点

（五）机床参考点

机床参考点是相对机床零点的一个可通过参数设置的固定位置点，主要用于对机床运动进行检测和控制，它由机床制造厂家在每个进给轴上用限位开关精确调整设定，调整所得坐标值输入到数控系统中，用户不得随意改动。因此机床参考点相对于机床原点的坐标值是一个特定值，该值一般小于机床的行程极限。

1. 数控车床参考点

数控车床的参考点一般设在离机床原点最远的极限点处，如图 7-8 所示。

2. 数控铣床参考点

数控铣床参考点通常是与机床原点重合的，如图 7-7 所示。

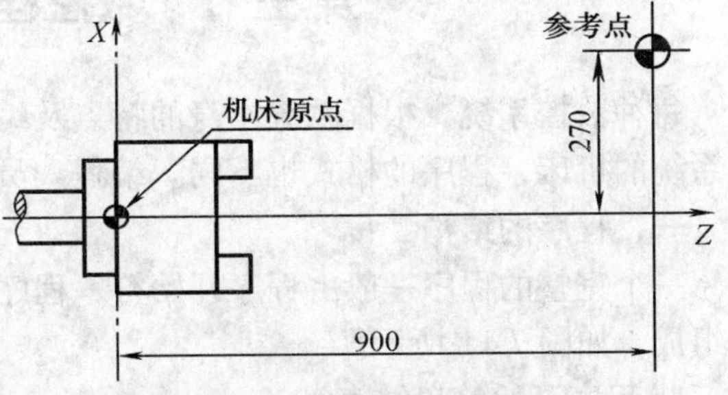

图 7-8　数控车床参考点

（六）机床坐标系的建立

机床原点虽然已由数控厂家确定了，但这仅仅是机械意义上的确定，计算机并不能识别这个标准坐标系，即数控系统并不知道应以哪一个点作为基准对数控机床的工作台位置进行跟踪、显示等，为了让计算机数控系统能识别机床坐标系，就必须执行“回参考点（回零）”操作。因此，数控机床开机时，必须先确定机床原点，即必须先进行“回参考点“操作。只有机床参考点被确认后，刀具（或工作台）移动才有基准。可见，设立机床参考点的主要意义在于建立机床坐标系；“回参考点”操作的实质是将电气坐标系与机械坐标系统一起来。

二、工件坐标系（编程坐标系）

工件坐标系是指编程时对工件所设置的坐标系，工件坐标系的原点也叫工件零点或工件原点（编程原点），是由编程人员根据零件图样及加工工艺要求设定的。工件坐标系原点的选择要尽量满足编程简单、尺寸换算少、引起的加工误差小等条件，一般情况下，编程原点应选在零件的设计基准或工艺基准上，编程坐标系的各轴方向与机床坐标系的各轴方向一致。编程坐标系仅供编程使用，确定编程坐标系时不必考虑工件毛坯在机床上的实际装夹位置。

1. 数控车床编程坐标系

数控车床编程坐标系的建立位置，如图 7-9 所示。

2. 数控铣床编程坐标系

数控铣床编程坐标系的建立位置，如图 7-10 所示。

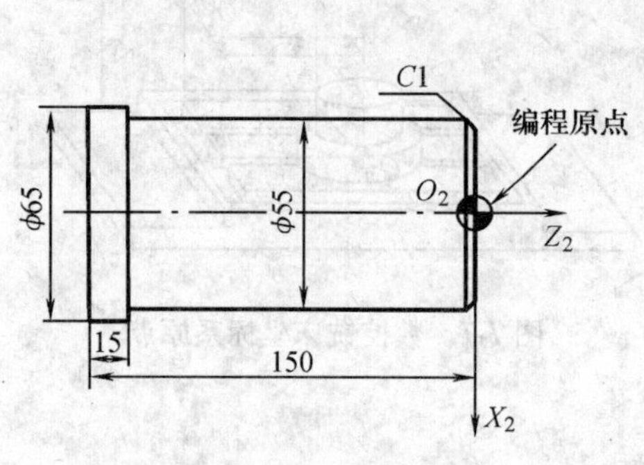

图 7-9 数控车床编程坐标系

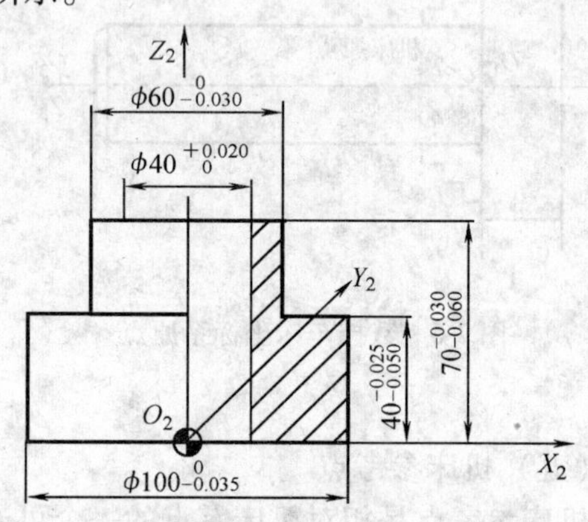

图 7-10 数控铣床编程坐标系

第三节 数控程序的结构和格式

每种数控系统，根据系统本身的特点及编程的需要，都有一定的程序格式。对于不同数控系统的机床，程序的格式也不同。编程人员必须按照机床说明书的规定格式进行编程。

一、程序的结构

一个完整的程序一般由程序开始符、程序名、程序体、程序结束指令和程序结束符等部分组成，如图 7-11 所示。

1. 程序开始符、结束符

程序开始符、结束符通常是同一个字符，ISO 代码中是“%”；EIA 代码中是“ER”。程序开始符和结束符一般要求单行书写。

2. 程序名

程序名有两种形式：一种是英文字母 O 和 1 ~ 4 位正整数组成；另一种是由英文字母开头，字母数字混合组成的。程序名一般要求单行书写。

```
%                                          //开始符
O1234                                      //程序名
N10  G54                                   ┐
N20  G00  X50  Y30                         │
N30  M03  S1000                            │
N40  G01  X88.258  Y30.249  F500  T02  M08 ├ 程序主体
N50  X90                                   │
......                                     ┘
N300  M30                                  //程序结束指令
%                                          //结束符
```

图 7-11 程序的结构

3. 程序主体

程序主体是由遵循一定结构、句法和格式规则的若干个程序段组成的，而每个程序段又是由若干个程序字组成的。每个程序段一般要求占一行。

4. 程序结束指令

程序结束指令多用 M02 或 M30。可单程序段书写，也可放在其他程序段中，一般为了使程序结构清晰，常单程序段书写。

二、程序段格式

1. 程序段的组成

程序段是由程序段号和若干个程序字（功能字、尺寸字等）等信息代码按一定的结构、句法和格式规则组合而成的实现特定功能的编程语句。

2. 程序段格式

程序段格式是指程序段中的字、字符和数据的安排形式。现在一般使用字地址可变程序段格式，即每个字长不固定，各个程序段的长度和其中功能字的个数都是可变的。常见的程序段格式如下：

N……G……X……Y……Z……F……M……S……

3. 程序字功能

组成程序段的每一个字都有其特定的功能含义，实际工作时，要遵照机床数控系统说明书来使用各个功能字。常见的程序字功能说明如下：

（1）顺序号字 N　顺序号字又称程序段号或程序段序号。顺序号位于程序段之首，由顺序号字 N 和后续数字组成。顺序号字 N 是地址符，后续数字一般 1 ~4 位正整数。数控加工中的顺序号实际上是程序段的名称，与程序执行的先后次序无关。数控系统不是按顺序号的次序来执行程序，而是按照程序段编写时的排列顺序逐段执行。

顺序号字的一般使用方法：编程时将第一程序段取为 N10，以后以间隔 10 递增的方法设置顺序号，这样，在调试程序时如果需要在 N10 和 N20 之间插入程序段时，就可以使用 N11、N12 等。

（2）准备功能字 G　准备功能字的地址符是 G，又称为 G 功能或 G 指令，是用于建立机床或控制系统工作方式的一种指令。后续数字一般为 1 ~3 位正整数。

（3）尺寸字　尺寸字用于确定机床上刀具运动终点的坐标位置。常见的尺寸字有：

第一组 X、Y、Z、U、V、W、P、Q、R，用于确定终点的直线坐标尺寸。

第二组 A、B、C、D、E，用于确定终点的角度坐标尺寸。

第三组 I、J、K，用于确定圆弧轮廓的圆心坐标尺寸。

（4）进给功能字 F　进给功能字的地址符是 F，又称为 F 功能或 F 指令，用于指定切削的进给速度。

（5）主轴转速功能字 S　主轴转速功能字的地址符是 S，又称为 S 功能或 S 指令，用于指定主轴转速。

（6）刀具功能字 T　刀具功能字的地址符是 T，又称为 T 功能或 T 指令，用于指定加工时所用刀具的编号。

（7）辅助功能字 M　辅助功能字的地址符是 M，后续数字一般为 1 ~3 位正整数，又称为 M 功能或 M 指令，用于指定数控机床辅助装置的开关动作。

复习思考题

一、填空题

1. 一个完整的加工程序有若干个________组成，程序的开头是________，中间是________，最后是________。

2. 一个程序段是由若干个____组成，它通常是由________表示的________和后面的________和________组成。

3. 机床标准坐标系采用________坐标系，也称________坐标系。

4. 数控机床坐标系分为________坐标系和________坐标系。

5. 机床零点也称为机床________，机床零点为机床上的________。

6. 程序的输入可以通过________直接将程序输入数控系统，也可以先制作________，再将________上的程序输入数控系统。

7. 数控机床的图形模拟显示及空运转，只能检验________的正确性，不能查出被加工零件的________。

8. 当需要用多刀加工时，就要考虑________。当设定________时应考虑在换刀时，刀具________。

9. 一般数控机床具有________和________插补功能。对于由直线和圆弧组成的平面轮廓，除了计算出轮廓几何元素的________、________、________坐标，还要计算几何元素之间的________坐标。

二、判断题

1. 程序的输入只有通过键盘才能输入数控系统。(　　)

2. 图形模拟不但能检查刀具运动轨迹是否正确，还能检查出被加工零件的精度。(　　)

3. 工件坐标系中 *X*、*Y*、*Z* 轴的关系，不用符合右手笛卡儿直角坐标系。(　　)

4. 机床坐标系以刀具靠近工件表面为负方向，刀具远离工件表面为正方向。(　　)

5. 数控机床上机床参考点与机床零点不可能重合。(　　)

6. 数控机床上机床参考点与工件坐标系的原点可以重合。(　　)

7. 机床参考点为数控机床上不固定的点。(　　)

8. 数控机床上工件坐标系的零点可以随意设定。(　　)

9. 对于所有的数控系统，其 G、M 功能的含义与格式完全相同。(　　)

三、单项选择题

1. 不同的数控系统，各个地址字及编程规则应______

A、完全相同　　　　B、不能有任何相同之处

C、可以相同，也可以不相同　　　　D、除准备功能外，其余不相同

2. 对于机床原点、工件原点和机床参考点应满足______。

A、机床原点与机床参考点重合　　　　B、机床原点与工件原点重合

C、工件原点与机床参考点重合　　　　D、三者均没要求重合

3. 对于机床原点、工件原点和机床参考点应不满足______。

A、机床原点位置固定　　　　B、机床参考点位置固定

C、工件原点位置固定　　　　D、三者均不固定

4. 数控车床有 *X*、*Z* 两轴联动，先设定的工件坐标系应______。

A、*X* 轴与机床坐标系相反　　　　B、*Z* 轴与机床坐标系相反

C、*X*、*Z* 轴与机床坐标系都相反　　　　D、*X*、*Z* 轴与机床坐标系都相同

5. 编程的一般步骤的第一步是______。

A、制定加工工艺　　　　B、计算轨迹点

C、编写零件程序　　　　D、输入程序

6. 程序检验中图形显示功能可以______。

A、检验编程轨迹的正确性　　B、检验工件原点位置

C、检验零件精度　　D、检验对刀误差

7. ______是标准坐标系规定的原则。

A、工件相对刀具运动　　B、刀具相对工件运动

C、工件与刀具均为运动　　D、刀具与工件均不运动

8. 对于立式数控铣床来说，工作台朝接近刀具往左移动的方向，为坐标轴的______。

A、负向　　B、正向　　C、不能确定　　D、编程者自定

四、简答题

1. 编程的基本概念是什么？
2. 数控机床上运动正方向的确定原则是什么？
3. 对刀点选择原则是什么？
4. 什么是机床坐标系？
5. 什么是工件坐标系？

第八章　编 程 指 令

学习目的：掌握华中 HNC—21T/M、Siemens 802D、Fanuc 0i 系统常用指令的格式和应用范围；掌握数控程序的编制方法。

学习重点：常用数控系统各种数控指令的格式和应用范围。

第一节　辅助功能 M 代码

辅助功能代码是控制机床辅助动作的指令代码，常用地址码 M 和后面两位数字表示，即 M00 ~ M99。不同的数控系统，M 代码的含义是不同的，华中 HNC—21T/M、Siemens 802D、Fanuc 0i 系统常用的 M 功能代码，见表 8-1。

表 8-1　常用的 M 功能代码

华中 HNC—21T/M	Siemens 802D	Fanuc 0i 系统	指令功能
M00	M0	M00	暂停程序运行，按“启动”键继续执行
M01	M1	M01	选择性停止
M02	M2	M02	主程序结束运行
M03	M3	M03	主轴顺时针旋转（正转）
M04	M4	M04	主轴逆时针旋转（反转）
M05	M5	M05	主轴停止转动
M06	M6	M06	执行换刀动作，换刀指令 M06 T_ _
M07（铣）			切削液开启
M08（车）	M8	M08	切削液开启
M09	M9	M09	切削液关闭
M30		M30	主程序结束运行，光标返回程序开头
M98	子程序名 Pxx （Pxx 调用次数）	M98	子程序调用 M98 Pxxnnnn 调用程序号为 Onnnn 的程序 xx 次
M99	RET	M99	子程序结束

一、CNC 内定的辅助功能

1. 程序暂停

指令：M00

功能：M00 为程序无条件暂停指令；M00 使程序暂停在其所在程序段或前一程序段执行完的状态，即在此以前的模态信息全部被保存下来；按下“循环启动”键后，将继续执行下一段程序。

应用：该指令用于以“块”的形式调试程序，或自动加工过程中停车进行某些特定的手动操作，如手动变速、换刀、测量工件、排屑等。

2. 程序结束

指令：M02

功能：程序结束指令，它使主轴、进给轴、切削液都停止，执行该指令后程序光标停在程序末尾。

应用：写在程序末尾段，结束程序的执行。

3. 程序结束（纸带结束）

指令：M30

功能：同 M02，不同之处：执行该指令后光标返回到程序头位置。

应用：写在程序末尾段，结束程序的执行。

4. 子程序调用 M98、子程序结束 M99

（1）子程序调用 M98　该指令的应用说明，见表 8-2。

表 8-2　子程序调用指令

	华中 HNC—21T/M	Fanuc 0i 系统
格式	M98 P _ L _	M98 Pxxnnnn
说明	其中，P 为被调用的子程序号； L 为重复调用次数	调用程序号为 Onnnn 的程序 xx 次

（2）子程序结束 M99

指令：M99

应用：子程序结束必须用 M99，以控制执行完子程序后返回到主程序的相应位置。

（3）子程序应用举例　当一个工件有相同的加工内容时，为简化编程，常用调子程序的方法进行编程，即将程序中那些重复出现的内容作为子程序存入存储器，一个子程序还可以调用另一个子程序。

【例 8-1】　如图 8-1 所示，毛坯直径 ϕ82mm，长 L = 172mm，一号刀为外圆刀，三号刀为宽 3mm 的切槽刀，要求：外圆加工至 ϕ80mm，槽深为 10mm，试编写加工程序。

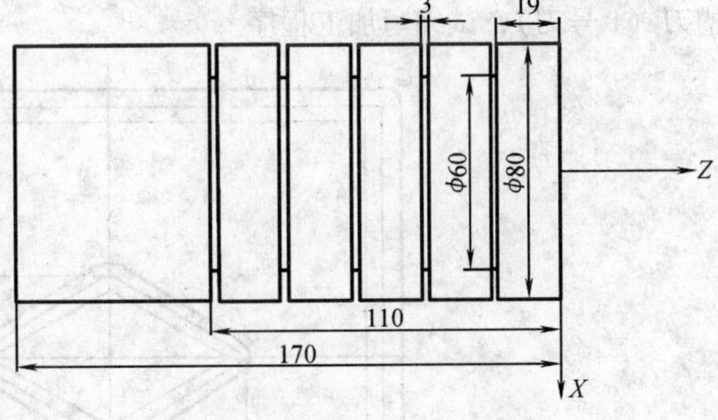

图 8-1　调用子程序——车床例子

用 Fanuc 0i—TB 系统编写的加工程序，见表 8-3。

表 8-3　多槽切削程序

主 程 序		子 程 序	
O0801		O0802	
T0101	调用外圆刀	S300　M08	
M03　S800		G01　X76　F0. 06	第一刀切槽
G95	每转进给	X76. 5	退刀

（续）

主程序		子程序	
G00 X85 Z0		X74	第二刀切槽
G01 X0 F0.03	切端面	X74.5	退刀
G00 Z2		X72	
X80	定位至外圆尺寸	X72.5	
G01 Z-110 F0.15	车外圆	X70	
G00 X85 Z15		X70.5	
T0100	取消外圆刀	X68	
T0303	调用切槽刀	X68.5	
G00 X82 Z-22	定位至第一槽位	X66	
M98 P0802	调用子程序	X66.5	
G00 X82 Z-44	定位至第二槽位	X64	
M98 P0802		X64.5	
G00 X82 Z-66	定位至第三槽位	X62	
M98 P0802		X62.5	
……		X60	
G00 X85 Z12	返回起刀点	G04 X1.0	孔底暂停
T0300		X82	
M05		M99	子程序结束
M30	主程序结束		

【例 8-2】 如图 8-2 所示，在 140mm × 140mm 的正方形坯料上加工内外槽，内槽深 4mm，外槽深 6mm，内、外槽宽皆为 8mm，要求每次背吃刀量 2mm，铣刀采用 ϕ8mm 的键槽刀（1 号刀），试编写加工程序。

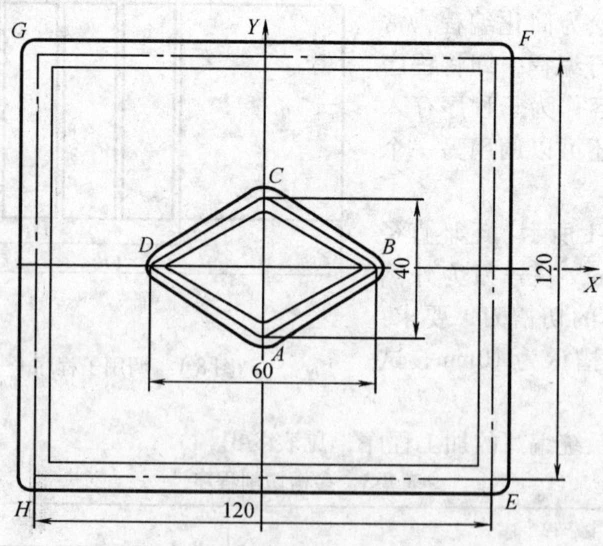

图 8-2 调用子程序——内外槽铣削

用华中 HNC—21M 系统编写的加工程序，见表 8-4。

表 8-4　内外槽铣削程序

主程序		子程序	
O0803		O0804	内槽铣削子程序
G54		G91　G01　Z-2　F30	
G00　X30　Y0	定位于 *B* 点	G90　X0　Y20　F150	铣削至 *C* 点
G43　Z5　H01		X-30　Y0	铣削至 *D* 点
M03　S1500		X0　Y-20	铣削至 *A* 点
G01　Z0　F150		X30　Y0	铣削至 *B* 点
M98　P0804　L2	调用内槽铣削子程序	M99	子程序结束
G00　Z2		O0805	外槽铣削子程序
X60　Y60	定位于 *F* 点	G91　G01　Z-2　F30	
G01　Z0　F150		G90　X-60　Y60　F150	铣削至 *G* 点
M98　P0805　L3	调用外槽铣削子程序	Y-60	铣削至 *H* 点
G28　Z10		X60	铣削至 *E* 点
M05		Y60	铣削至 *F* 点
M30	主程序结束	M99	子程序结束

【例 8-3】　一次装夹，加工多个相同零件或加工同一零件的不同部位的相同几何图形，皆可使用子程序编程，如图 8-3 所示为两个相同工件，要求：*Z* 轴开始点为工件上方 100mm 处，背吃刀量为 5mm，每刀背吃刀量为 1mm，铣刀采用 ϕ6mm 的立铣刀（2 号刀），试编写加工程序。

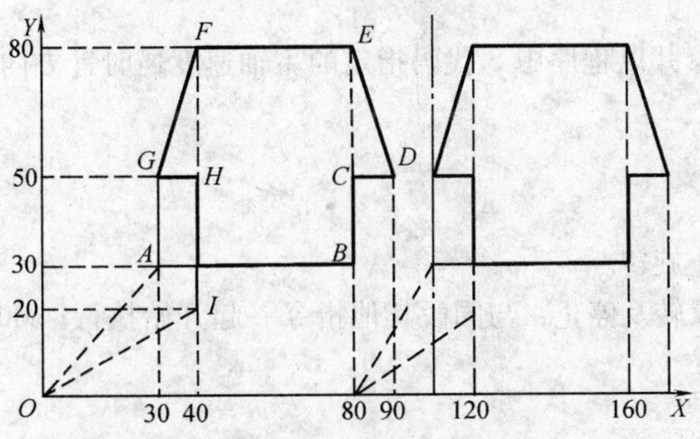

图 8-3　调用子程序——多个相同零件铣削

用 Siemens 802D 系统编写的加工程序，见表 8-5。

表 8-5　多个相同零件铣削程序

主程序（DJIAN. MPF）		子程序（SUBDJIAN. SPF）	
G54		G91　G41　G0　X40　Y20　D2	定位于 *I* 点
G40　G90		G1　Z-1　F30	下刀
T2		Y30　F100	铣削至 *H* 点
G0　X0　Y0		X-10	铣削至 *G* 点
Z100		X10　Y30	铣削至 *F* 点

（续）

主程序(DJIAN. MPF)		子程序(SUBDJIAN. SPF)	
M3 S1000 G1 Z0 F200 SUBDJIAN P5 G0 Z5 X80 Y0 SUBDJIAN P5 G0 Z100 M5 M2	 5 次调用子程序 铣削第二个零件 主程序结束	X40 X10 Y-30 X-10 Y-20 X-50 X10 Y-10 G90 RET	铣削至 *E* 点 铣削至 *D* 点 铣削至 *C* 点 铣削至 *B* 点 铣削至 *A* 点 铣削至 *I* 点 子程序结束

二、PLC 设定的辅助功能

1. 主轴控制指令

（1）主轴正转指令

指令：M03

功能：起动主轴，并以程序中 S 代码指定的主轴速度顺时针方向（从 *Z* 轴正向朝 *Z* 轴负向看）旋转。

（2）主轴反转指令

指令：M04

功能：起动主轴，并以程序中 S 代码指定的主轴速度逆时针方向（从 *Z* 轴正向朝 *Z* 轴负向看）旋转。

（3）主轴停止指令

指令：M05

功能：使主轴停止旋转。

说明：主轴正、反转及停止，与同段其他指令一起开始执行；M03、M04、M05 为模态指令，可相互注销。

2. 换刀指令 M06

指令：M06 T× ×

功能：用于加工中心调用一个欲安装在主轴上的刀具，执行后刀具将被自动地安装在主轴上。

3. 切削液控制指令

（1）切削液打开指令

指令：M07 或 M08

功能：起动切削液电动机，输送切削液。

（2）切削液关闭指令

指令：M09

功能：关闭切削液电动机，停止切削液输送。

第二节 主轴功能 S、进给功能 F 和刀具功能 T

一、主轴功能 S

主轴功能 S，又称为 S 功能或 S 指令，用于控制主轴转速，其后的数值一般表示主轴速度，单位为转/每分钟（r/min），例如 S800。

对于具有恒线速度功能的数控车床，S 指令的数值也可用来指定车削加工的线速度值，单位为米/每分钟（m/min），例如 G96 S80。

S 是模态指令，S 功能只有在主轴速度可调节时有效。

二、进给功能 F

进给功能 F，又称为 F 功能或 F 指令，用于指定工件被加工时刀具相对于工件的合成进给速度，F 的单位取决于各数控系统的相应指令代码，见表 8-7。

F 指令在螺纹切削程序段中常用来指令螺纹的导程，如 F1.5、F2 等。

在 G01、G02 或 G03 指令模式下，编程的 F 一直有效，直到被新的 F 值所取代；而在 G00、G60 指令模式下，快速定位的速度是各轴的最高速度，由 CNC 参数设定，与程序中的 F 无关。

在自动或手动方式下，可借助操作面板上的倍率按键或旋钮，一定范围内对 F 进行倍率修调。

三、刀具功能 T

刀具功能 T，又称为 T 功能或 T 指令，用于选取加工时所用刀具。对于数控铣床或加工中心，其后数字表示选择的刀具号，如 T02，表示采用 2 号刀具；对于数控车床，其后数字除了表示选择的刀具号外，还兼作指定刀具偏置补偿和刀尖半径补偿用，如 T0101，表示采用 1 号刀具、1 号补偿值。

在加工中心上执行 T 指令，刀库转动，选择所需的刀具，然后等待，直到 M06 指令作用时才完成换刀。

T 指令为非模态指令，仅在指令的当前程序段有效。

第三节 准备功能 G 代码

准备功能 G，又称为 G 功能或 G 指令，用来规定刀具和工件的相对运动轨迹、机床坐标系、坐标平面、刀具补偿、坐标偏置等多种加工操作。G 指令与数控系统密切相关，实际使用时应以机床说明书为主。本节将对华中 HNC—21T/M、Siemens 802D 和 Fanuc 0i—TB/MA 的常用 G 指令予以对比介绍，以便读者同时掌握此三种系统。

一、有关单位设定的指令

1. 尺寸单位选择

指令：常见数控系统有关“尺寸单位选择”的 G 指令，见表 8-6。

说明：

1）这类 G 代码必须在程序执行运动指令前设定。

2）这类 G 代码不能在程序执行的中途切换。

表 8-6 常见系统尺寸单位选择的指令代码

华中 HNC—21	Siemens 802D	Fanuc 0i	指令功能		
G20	G70	G20	英制输入制式	线性轴	英寸(in)
				旋转轴	度
G21	G71	G21	米制输入制式	线性轴	毫米(mm)
				旋转轴	度
G22			脉冲当量输入制式	线性轴	移动轴脉冲当量
				旋转轴	旋转轴脉冲当量

2. 进给速度单位设定

指令：常见数控系统有关“进给速度单位设定”的 G 指令，见表 8-7。

表 8-7 常见系统进给单位指令代码

华中 HNC—21T	Siemens 802D	Fanuc 0i—TB	指令功能
G94	G94	G94	每分钟进给速度(mm/min、in/min)
G95	G95	G95	每转进给速度(mm/r、in/r)

说明：

1）每分钟进给速度的单位依“尺寸单位”的设定，对于线性轴为 mm/min、in/min、脉冲当量/min；对于旋转轴，则为度/min、脉冲当量/min。

2）每转进给速度，即主轴转一周时刀具的进给量，其单位依“尺寸单位”的设定而为 mm/r、in/r、脉冲当量/r，这个功能只在主轴装有编码器时才能使用。

3）用机床操作面板上的开关可对进给速度进行倍率调节。

4）此类代码为模态指令，可相互注销。

二、有关坐标系和坐标的指令

1. 绝对编程与相对编程（增量编程）

指令：常见数控系统有关“绝对编程与相对编程”的 G 指令，见表 8-8。

表 8-8 绝对编程与相对编程的指令代码

华中 HNC—21T/M		Siemens 802D		Fanuc 0i		指令功能
车床	铣床	车床	铣床	车床	铣床	
G90	G90	G90	G90	X、Z	G90	绝对编程方式
G91 或 U、W	G91	G91 或 U、W	G91	U、W	G91	相对(增量)编程方式

说明：

1）选择合适的编程方式可使编程简化，当图样尺寸由一个固定基准给定时，采用绝对方式编程较为方便；当图样尺寸以轮廓顶点之间的间距给出时，采用增量值编程较为方便。

2）编程时，可用绝对值、增量值或二者混合编程。

3）绝对编程（G90 为默认值）时，各坐标值为相对于坐标零点的绝对坐标值；相对（增量）编程时，各坐标值为相对于前一坐标点的相对坐标值。

4）数控车床相对（增量）编程时，可用 G91 X、Z，也可用 U、W 直接表示 X 轴、Z 轴的增量值。

举例：如图 8-4 所示，按照 1→2→3→1 的顺序移动刀具，试编写程序。

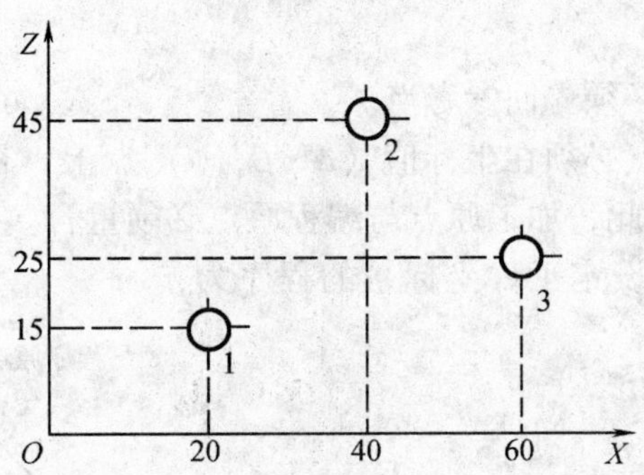

图 8-4　绝对与相对编程举例

程序：不同方式的刀具移动程序，见表 8-9。

表 8-9　不同方式编程示例

绝对编程	增量编程	混合编程	说　明
……	……	……	程序头(省略)
N1　G92　X0　Z0	N1　G92　X0　Z0	N1　G92　X0　Z0	刀具当前点为坐标零点
N2　G01　X20　Z15	N2　G91　G01　X20　Z15	N2　G01　X20　Z15	刀具到 1 点
N3　X40　Z45	N3　X20　Z30	N3　U20　W30	刀具到 2 点
N4　X60　Z25	N4　X20　Z-20	N4　X60　W-20	刀具到 3 点
N5　X20　Z15	N5　X-40　Z-10	N5　X20　Z15	刀具到 1 点
……	……	……	程序尾(省略)

2. 工件坐标系设定

指令：常见数控系统有关“工件坐标系设定”的 G 指令，见表 8-10。

表 8-10　工件坐标系设定的指令代码

华中 HNC—21T/M		Siemens 802D		Fanuc 0i		指令功能
车床	铣床	车床	铣床	车床	铣床	
G92	G92			G50	G92	设定工件坐标系

格式：G92　XαYβZγ 或 G52　X$\underline{\alpha}$Zγ

功能：通过设置刀具起刀点（对刀点）到工件坐标系原点的有向距离，建立工件坐标系。

说明：

1）当执行此类指令后，系统内部即对（α，β，γ）进行记忆，并建立一个使刀具当前点坐标值为（α，β，γ）的工件坐标系。工件坐标系一旦建立，绝对值编程时的指令值就是在此坐标系中的坐标值。

2）执行此类代码，只建立工件坐标系，刀具并不产生运动。

3）此类代码为非模态指令，一般放在一个零件程序的第一段。

注意：

1）使用该类代码前，必须先回参考点。

2）加工前，刀具当前点必须在坐标值（α，β，γ）点上，否则，会出现加工误差或零件报废，甚至发生危险。因此，加工原点与编程原点必须重合。

举例：如图8-5所示，设定工件坐标系的程序为：

G92　X30　Y30　Z20。

3. 工件坐标系选择

指令：G54～G59

功能：通过设置工件零点相对机床零点的坐标值，建立工件坐标系。

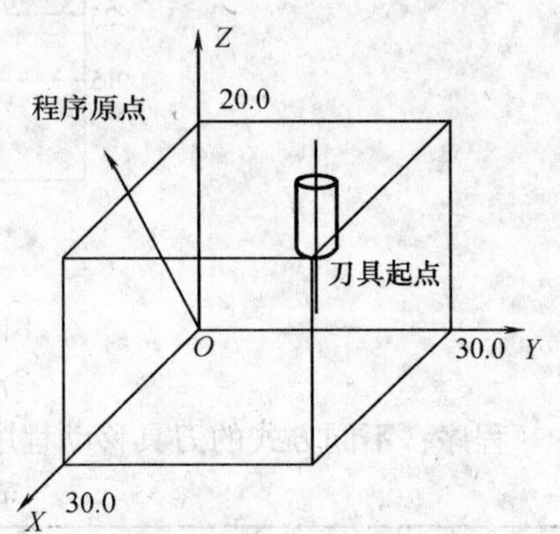

图8-5　设定工件坐标系举例

说明：

1）G54～G59是系统预定的6个坐标系，可根据需要任意选用。

2）这6个预定工件坐标系的原点在机床坐标系中的值（工件零点偏置值）可用MDI方式预先输入到“坐标系”参数表中，系统自动记忆。

3）加工时，其坐标系的原点必须设为工件坐标系的原点在机床坐标系中的坐标值。

4）当程序中执行了G54～G59中某一个指令时，后续程序段中绝对值编程的指令值均为相对此工件坐标系原点的值。

注意：

1）使用该组指令前，必须先回参考点。

2）使用该组指令前，先输入G54～G59各坐标系的坐标原点在机床坐标系中的坐标值。

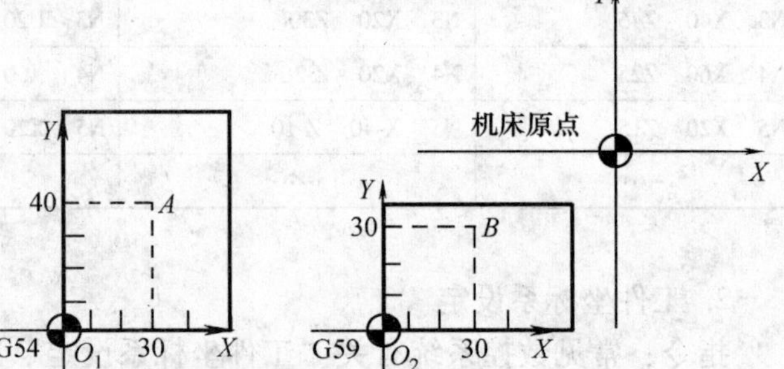

图8-6　工件坐标系选择举例

举例：如图8-6所示，要求刀具从当前点移动到A点，再从A点移动到B点，试用G54和G59指令编写刀具移动程序。

程序：刀具移动程序，见表8-11。

表8-11　工件坐标系选择示例

程　序	说　明	程　序	说　明
……	程序头（省略）	N30　G59	选择工件坐标系G59
N10　G54	选择工件坐标系G54	N40　G00　X30　Y30	A→B
N20　G00　G90　X30　Y40	当前点→A	……	程序尾（省略）

4. 局部坐标系设定

指令：常见数控系统有关“局部坐标系设定”的 G 指令，见表 8-12。

表 8-12 局部坐标系设定的指令代码

华中 HNC—21T/M		Siemens 802D		Fanuc 0i		指令功能
车床	铣床	车床	铣床	车床	铣床	
	G52				G52	设定局部坐标系

格式：G52　X _ Y _ Z _

功能：G52 指令能在所有的工件坐标系 G54 ~ G59 内形成子坐标系，即设定局部坐标系，如图 8-7 所示。

说明：

1）G52 指令中的 X、Y、Z 为局部坐标系原点在工件坐标系中的坐标值。

2）含有 G52 指令的程序段中，绝对方式（G90）编程的移动指令就是在该局部坐标系中的坐标值。

3）即使设定了局部坐标系，工件坐标系和机床坐标系也不变化。

4）G52 指令仅在其被规定的程序段中有效。

5）若要变更局部坐标系，可用 G52 在工件坐标系中设定新的局部坐标系原点。

6）在缩放及坐标系旋转状态下，不能使用 G52 指令，但在 G52 下能进行缩放及坐标系旋转。

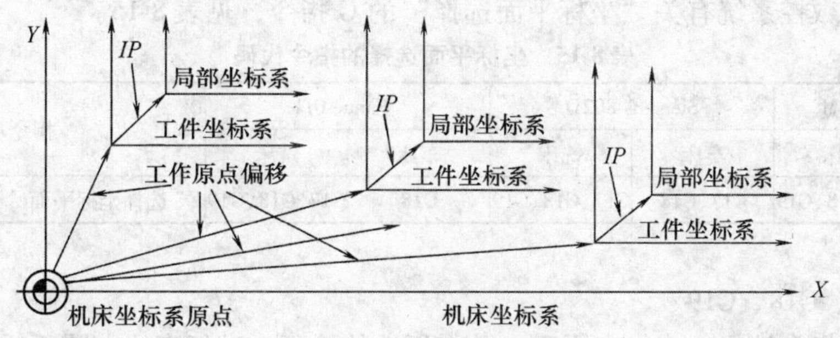

图 8-7 局部坐标系设定

5. 直接机床坐标系编程

指令：常见数控系统有关“直接机床坐标系编程”的 G 指令，见表 8-13。

表 8-13 直接机床坐标系编程的指令代码

华中 HNC—21T/M		Siemens 802D		Fanuc 0i		指令功能
车床	铣床	车床	铣床	车床	铣床	
	G53		G53	G53	G53	直接用机床坐标系编程

格式：G53

功能：设定坐标轴移动值为机床坐标系中的坐标值。

说明：

1）在含有 G53 指令的程序段中，用绝对值（G90）方式编程的移动指令位置就是在机床坐标系中（相对于机床原点）的坐标值。

2）G53 指令为非模态指令，仅在其被规定的程序段中有效。

注意：

1）在 Siemens 802D 数控系统中，G53 指令为“按程序段方式撤销零点偏置”，撤销了零点偏置坐标系，即按机床坐标系编程。

2）在 Fanuc 0i 数控系统中，G53 指令为“选择机床坐标系”。

举例：直接机床坐标系编程，见表 8-14。

表 8-14 直接机床坐标系编程示例

程 序	说 明
……	程序头(省略)
N10 G54	以 G54 建立的工件坐标系原点为程序原点
N20 G00 G90 X30 Y40	刀具到达工件坐标系的点(30,40)
N30 G01 Z-5 F200	下刀
N40 Z20	抬刀
N50 G00 X0 Y0	返回到 G54 建立的工件坐标系原点
N60 G53 X-20 Y-20	刀具到达机床坐标系的点(-20,-20)
……	程序尾(省略)

6. 坐标平面选择

指令：常见数控系统有关“坐标平面选择”的 G 指令，见表 8-15。

表 8-15 坐标平面选择的指令代码

华中 HNC—21T/M		Siemens 802D		Fanuc 0i		指令功能
车床	铣床	车床	铣床	车床	铣床	
G18	G17、G18、G19	G17、G18	G17、G18、G19	G18	G17、G18、G19	选择坐标平面

格式：G17、G18、G19

功能：该组指令选择一个加工平面，并在所选的平面中进行直线、圆弧插补，刀具半径补偿和用 G 代码的钻孔等功能。

说明：

1）该组指令中，G17 选择 *XY* 平面，G18 选择 *ZX* 平面，G19 选择 *YZ* 平面。

2）执行圆弧插补和建立刀具半径补偿功能时，必须用该组指令选择所在平面。

3）G17、G18、G19 为模态功能，可相互注销。

4）由于数控铣床和立式加工中心大都在 *XY* 平面内进行圆弧插补，故 G17 为默认值，通常可省略。

注意：

1）移动指令与平面选择无关，例如虽然执行了 G17 指

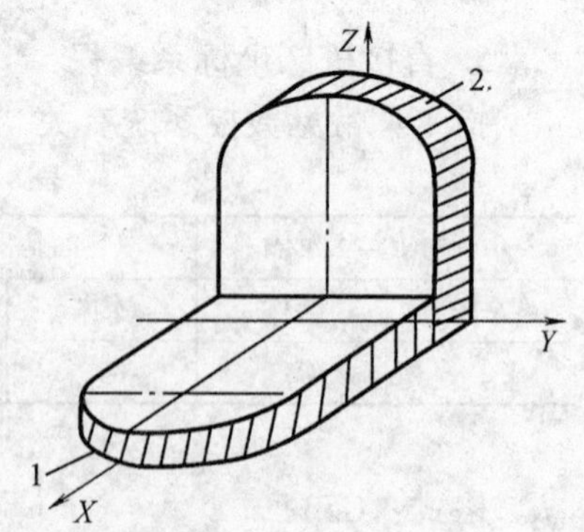

图 8-8 坐标平面选择举例

令，但当执行 Z 轴移动指令时，Z 轴仍然可以移动。

2）Siemens 802D 数控车床的 G17 指令多用于加工中心孔。

举例：如图 8-8 所示零件，当铣削圆弧面 1 时，应在 XY 平面内进行圆弧插补，选用 G17；当铣削圆弧面 2 时，应在 YZ 平面内进行圆弧插补，选用 G19。

7. 直径、半径方式编程

指令：常见数控系统有关“直径/半径方式编程”的 G 指令，见表 8-16。

表 8-16 直径/半径方式编程的指令代码

华中 HNC—21T		Siemens 802D 车床		Fanuc 0i—TB		指令功能
直径	半径	直径	半径	直径	半径	
G36	G37	G23	G22	由 1006 号参数第 3 位设定		指定直径、半径编程模式

格式：G36、G37 或 G23、G22

功能：指定 X 轴尺寸采用直径或半径模式编程。

说明：

1）数控车床加工工件的横截面通常是圆，所以其 X 轴尺寸可用两种方式指定：直径方式和半径方式。

2）G36 为默认值，机床出厂一般设为直径方式。

举例：如图 8-9 所示零件，试分别用直径方式、半径方式编写加工程序。

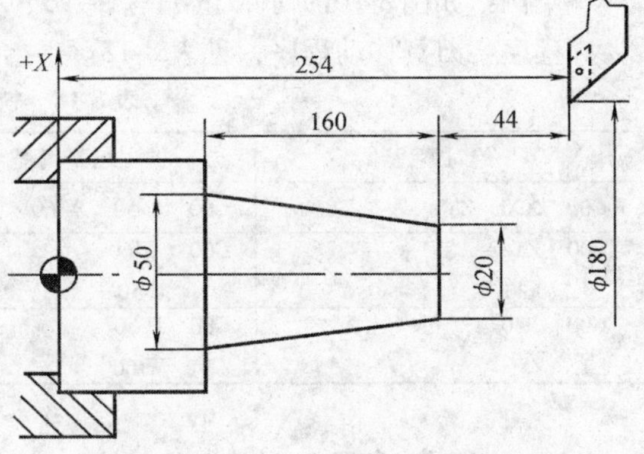

图 8-9 直径/半径方式编程举例

程序：刀具移动程序，见表 8-17。

表 8-17 直径/半径方式编程示例

直 径 编 程	半 径 编 程	直 径 编 程	半 径 编 程
O3341	O3342	N3 U30 Z204	N3 U15 Z204
N1 G92 X180 Z254	N1 G92 X90 Z254	N4 G00 X180 Z254	N4 G00 X90 Z254
N2 G36 G01 X20 W-44	N2 G37 G01 X10 W-44	N5 M30	N5 M30

三、进给控制指令

1. 快速定位

指令：G00

格式：G00 X(U)_ Y(V)_ Z(W)_

功能：G00 指定刀具相对于工件以各轴预先设定的速度，从当前位置快速移动到程序段指令的定位目标点。

说明：

1）G00 指令中的 X、Y、Z 为绝对编程时目标点相对于工件坐标系零点的位移量；U、V、W 为增量编程时目标点相对于前一点的位移量。

2）G00 指令的快速移动速度由机床参数的“快移进给速度”对各轴分别设定（决定于各轴的脉冲当量），不能用 F 指令指定。

3）G00 指令一般用于加工前快速定位或加工后快速退刀。

4）G00 指令执行过程中，可由面板上的快速修调旋钮调整快移速度。

注意：G00 指令执行时，由于 *X*、*Y*、*Z* 各轴以各自速度移动，不能保证各轴同时到达终点，因而各轴联动运动的合成轨迹不一定是直线，操作时必须格外小心，以免刀具与工件发生碰撞。常见的做法是：将 *Z* 轴先移到安全高度，再执行 G00 指令的各轴联动运动。

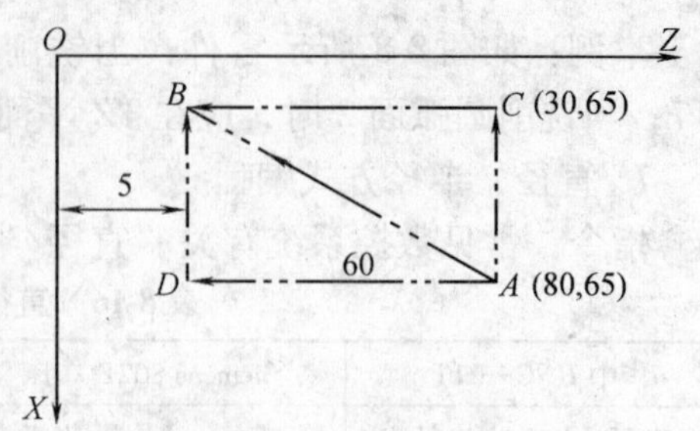

图 8-10 快速定位编程举例

举例：如图 8-10 所示，试编写 *A*→*B*、*A*→*D*→*B*、*A*→*C*→*B* 的刀具移动程序。

程序：刀具移动程序，见表 8-18。

表 8-18 快速定位编程示例

绝对编程	增量编程	说明	
G00 X30 Z5	G00 U-50 W-60	*A*→*B*	
G00 Z5	G00 W-60	*A*→*D*	*A*→*D*→*B*
X30	U-50	*D*→*B*	
G00 X30	G00 U-50	*A*→*C*	*A*→*C*→*B*
Z5	W-60	*C*→*B*	

2. 准确定位（单方向定位）

指令：常见数控系统有关“准确定位”的 G 指令，见表 8-19。

表 8-19 准确定位的指令代码

华中 HNC—21T		Siemens 802D		Fanuc 0i		指令功能
车床	铣床	车床	铣床	车床	铣床	
	G60		G60、G09		G60、G09、G61	坐标轴准确定位

格式：G60 X(U)_ Y(V)_ Z(W)_; G09 X(U)_ Y(V)_ Z(W)_;G61

功能：为消除机床反向间隙而要精确定位时，可使用准确定位（单方向定位）。

说明：

1）G60、G09 指令中的“X(U)_ Y(V)_ Z(W)_”为定位终点坐标，其中 X、Y、Z 为绝对编程（G90）时目标点相对于工件坐标系零点的位移量；U、V、W 为增量编程（G91）时目标点相对于前一点的位移量。

2）准确定位过程：各轴先以 G00 速度快速定位到一中间点，然后以一固定速度移动到定位终点。中间点与定位终点的距离称为“过冲量”，它是一个常量，由机床参数设定。从中间点到定位终点的方向称为“定位方向”。当过冲量值 <0 时，定位方向为负，如图 8-11a 所示，起始点 1 或起始点 2 运动到终点；当过冲量值 >0 时，定位方向为正，如图 8-11b 所示。

3）在单向定位时，各轴的定位方向是由机床参数确定的：华中 HNC—21 系统的各轴定位方向（从中间点到定位终点的方向）以及中间点与定位终点的距离（过冲量）由系统参数“单向定位偏移值”设定；Fanuc 0i 系统的过冲量和定位方向由参数 No. 5440 设定。

4）Fanuc 0i 系统的 G61 为准确停止方式。

5）华中 HNC—21 和 Fanuc 0i 系统的 G60 皆为单方向定位。

注意：Fanuc 0i 系统和华中 HNC—21 系统的准确定位指令 G60 皆为非模态指令（仅在指定的程序段有效）；而 Siemens 802D 的准确定位指令 G60 为模态指令；G09 为非模态指令。

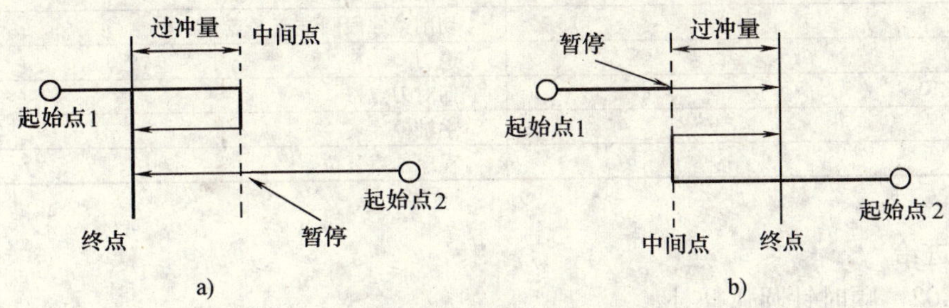

图 8-11　准确定位过程

a）准确定位过程及负方向定位　b）准确定位过程及正方向定位

3. 线性进给

指令：G01

格式：G01　X(U)_ Y(V)_ Z(W)_ F_

功能：G01 指令刀具以联动的方式，按 F 规定的合成进给速度，从当前位置按线性路线（联动直线轴的合成轨迹为直线）移动到程序段指令的目标位置。

说明：

1）G01 指令中的“X(U)_ Y(V)_ Z(W)_”为线性进给终点坐标，其中 X、Y、Z 为绝对编程（G90）时目标点相对于工件坐标系零点的位移量；U、V、W 为增量编程（G91）时目标点相对于前一点的位移量；F 为各线性轴合成进给速度。

2）F 指定的进给速度直到新的值被指定之前一直有效，因此无需对每个程序段都指定 F。

3）F 代码指令的进给速度是沿着直线轨迹测量的，如果 F 代码不指令，进给速度被当作零。

4）G01 指令执行后一直有效，直到被同组中其他指令（G00、G02、G03……）取代为止。

举例：如图 8-12 所示，试编写零件加工

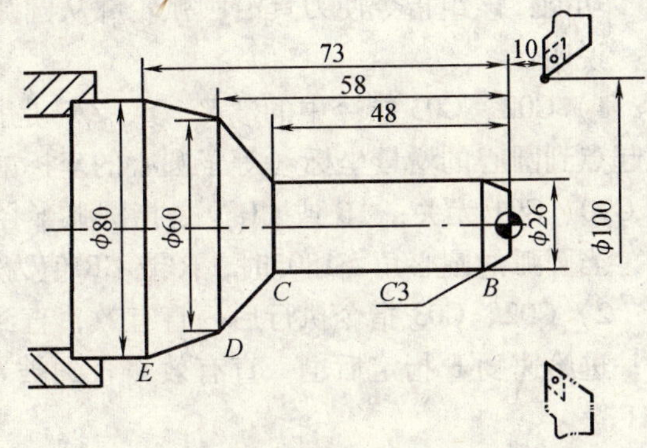

图 8-12　线性进给举例

程序。

程序：零件加工程序，见表 8-20。

表 8-20 线性进给编程示例

程 序	说 明
……	程序头省略
G92 X100 Z10	设定工件坐标系，定义对刀点位置
M03 S500	主轴正转
G00 X16 Z2	
G95 G01 U10 W-5 F0.15	切削至 B 点
Z-48	加工 ϕ26mm 外圆，切削至 C 点
U34 W-10	切削第一段圆锥至 D 点
U20 Z-73	切削第二段圆锥至 E 点
X90	退刀
G00 X100 Z10	回对刀点
M05	主轴停
M30	程序结束复位

4. 圆弧进给

指令：G02 顺时针圆弧插补

G03 逆时针圆弧插补

格式：华中 HNC—21T/M、Fanuc 0i 和 Siemens 802D 系统圆弧指令格式，如图 8-13 所示。

$$G17\begin{Bmatrix}G02\\G03\end{Bmatrix}X\_\ Y\_\begin{Bmatrix}I\_\ J\_\\R\_\end{Bmatrix}F\_$$

$$G18\begin{Bmatrix}G02\\G03\end{Bmatrix}X\_\ Z\_\begin{Bmatrix}I\_\ K\_\\R\_\end{Bmatrix}F\_$$

$$G19\begin{Bmatrix}G02\\G03\end{Bmatrix}Y\_\ Z\_\begin{Bmatrix}J\_\ K\_\\R\_\end{Bmatrix}F\_$$

a)

$$G17\begin{Bmatrix}G2\\G3\end{Bmatrix}X\_\ Y\_\begin{Bmatrix}I\_\ J\_\\CR=\end{Bmatrix}F\_$$

$$G18\begin{Bmatrix}G2\\G3\end{Bmatrix}X\_\ Z\_\begin{Bmatrix}I\_\ K\_\\CR=\end{Bmatrix}F\_$$

$$G19\begin{Bmatrix}G2\\G3\end{Bmatrix}Y\_\ Z\_\begin{Bmatrix}J\_\ K\_\\CR=\end{Bmatrix}F\_$$

b)

图 8-13 圆弧指令格式

a）华中 HNC—21T/M 和 Fanuc 0i 系统圆弧指令格式

b）Siemens 802D 系统圆弧指令格式

功能：该组指令使刀具沿圆弧轮廓从圆弧起点运动到圆弧终点。

说明：

1）G02、G03 指令中的“X、Y、Z”是指圆弧插补的终点坐标值；“I、J、K”是指圆弧起点到圆心的增量坐标（等于圆心的坐标减去圆弧起点的坐标），如图 8-14 所示，这些值与 G90、G91 无关；“R 或 CR”是指圆弧半径，当圆弧的圆心角＜180°时，R 或 CR 的值为正，当圆弧的圆心角≥180°时，R 或 CR 值为负。

2）G02、G03 指令执行后一直有效，直到被同组中其他指令（G00、G01……）取代为止；进给速度 F 指定后也一直有效，直到被新的值取代为止，因此无需对每个程序段都指定 F。

3）G02/G03 顺、逆时针的判断：沿垂直于加工平面的坐标轴的负方向观察，顺时针为 G02，逆时针为 G03，如图 8-15 所示。

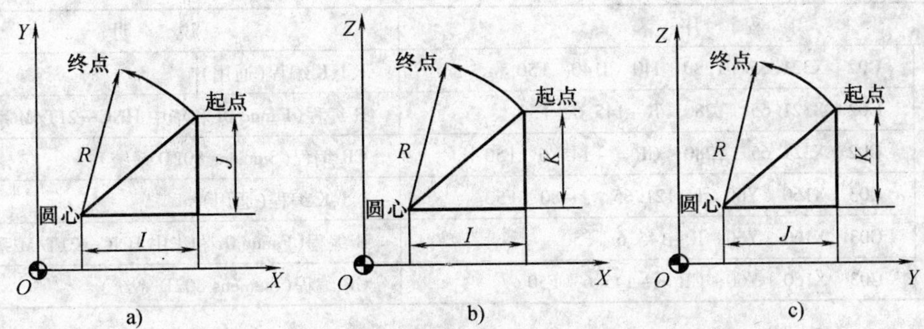

图 8-14 圆弧指令 *I*、*J*、*K* 值的图示

a) *XY* 平面圆弧 b) *ZX* 平面圆弧 c) *YZ* 平面圆弧

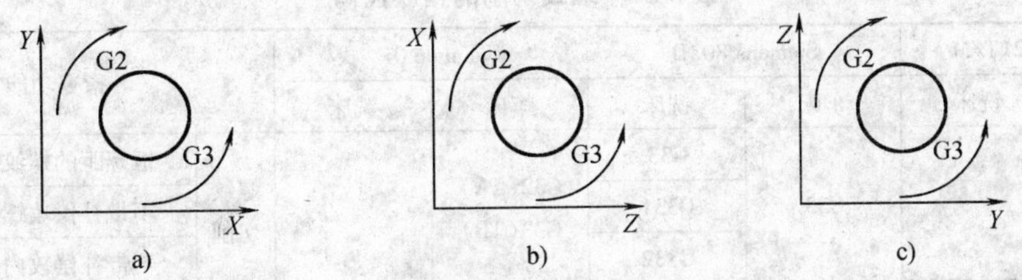

图 8-15 圆弧指令顺、逆时针方向判断

a) 从 *Z* 轴正方向向负方向看 b) 从 *Y* 轴正方向向负方向看

c) 从 *X* 轴正方向向负方向看

4) 同时编入 R(或 CR)与 I、J、K 时，R(或 CR)有效。

注意：采用 I、J、K 编程的精确性优于 R(或 CR)编程，而且 I、J、K 编程可以加工任意圆弧（包括整圆），R(或 CR)编程则不能加工整圆。

举例：如图 8-16 所示，①以 *P*1 为起点，*P*2 终点，编写圆弧插补程序。②以 *P*2 为起点，*P*1 终点，编写圆弧插补程序。

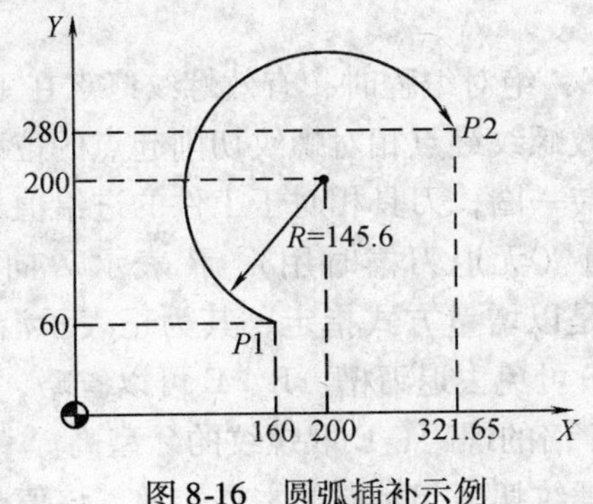

图 8-16 圆弧插补示例

程序：圆弧插补程序，见表 8-21。

表 8-21 圆弧插补程序示例

程 序		说 明
P1 起点 P2 终点	G02 X321.65 Y280 I40 J140 F50	I、J、K 编程(通用)
	G02 X321.65 Y280 R-145.6 F50	R 编程(Fanuc 0i 和华中 HNC—21T/M 系统)
	G02 X321.65 Y280 CR=-145.6 F50	CR 编程(Siemens 802D 系统)
P2 起点 P1 终点	G03 X160 Y60 I-121.65 J-80 F50	I、J、K 编程(通用)
	G03 X160 Y60 R-145.6 F50	R 编程(Fanuc 0i 和华中 HNC—21T/M 系统)
	G03 X160 Y60 CR=-145.6 F50	CR 编程(Siemens 802D 系统)

5. 螺纹切削

指令：常见数控系统有关“螺纹切削”的 G 指令，见表 8-22。

表 8-22 螺纹切削的指令代码

华中 HNC—21T/M		Siemens 802D		Fanuc 0i		指令功能	
车床	铣床	车床	铣床	车床	铣床		
G32		G33	G33	G32(TA) G33(TB)		螺纹切削	恒螺距的螺纹切削
			G331				不带补偿攻螺纹
			G332				不带补偿攻内螺纹
G82	G74(左) G84(右)			G92(TA) G78(TB)	G74(左) G84(右)	螺纹车削或攻螺纹固定循环	
G76				G76		复合螺纹切削循环	

格式：G32 X(U)_Z(W)_R_E_P_F_(华中 HNC—21T)

G32 X(U)_Z(W)_F(E)_(Fanuc 0i—TB 系统)

G33 Z(W)_K_SF=_(Siemens 802D 系统)

由上可见，不同系统、不同指令，其格式是不一样的，鉴于篇幅限制，仅介绍 G32、G33 指令，其他指令的格式，请参见机床的相关说明书。

功能：使用螺纹切削指令能加工圆柱螺纹、锥螺纹和端面螺纹等。

说明：

1）华中 G32 指令的 X、Z：绝对编程时，有效螺纹终点在工件坐标系中的坐标；

U、W：增量编程时，有效螺纹终点相对螺纹切削起点的位移量；

F：螺纹导程，即主轴每转一圈，刀具相对于工件的进给值；

R、E：螺纹切削的退尾量（无退刀槽时用），R 表示 Z 向退尾量；E 为 X 向退尾量，R、E 在绝对或增量编程时都是以增量方式指定，其为正表示沿 Z、X 正向回退，为负表示沿 Z、X 负向回退。使用 R、E 可免去退刀槽。R、E 可以省略，表示不用回退功能；根据螺纹标准，R 一般取 0.75～1.75 倍的螺距，E 取螺纹的牙型高。

P：主轴基准脉冲处距离螺纹切削起始点的主轴转角，该值一般用于加工多头螺纹。

2）Fanuc 0i 指令 G32 的 X、Z 为绝对编程时有效螺纹终点在工件坐标系中的坐标；F 为指定单位 0.01mm/r 的螺距；E 为指定单位 0.0001mm/r 的螺距。

3）Siemens 802D 指令 G33 的 Z 为绝对编程时有效螺纹终点在工件坐标系中的坐标；K 为螺距；SF 为主轴起始点偏移。

注意：

1）螺纹车削加工为成形车削，且切削进给量较大，刀具强度较差，一般要求分数次进给加工。

2）从螺纹粗加工到精加工，主轴的转速必须保持一致。

3）螺纹切削时"进给保持"功能无效，如果按下"进给保持"按键，刀具只有在加工完螺纹后才停止运动。

4）螺纹加工中不能使用恒线速控制（G96）功能。

5）螺纹加工应设置足够的升速进刀段 δ 和降速退刀段 δ'，以消除伺服滞后造成的螺距误差。

举例：如图 8-17 所示的圆柱螺纹编程，已知：螺纹导程为 1.5mm，升速进刀段 δ 为 1.5mm，降速退刀段 δ' 为 1mm，每次背吃刀量（直径值）分别为 0.8mm、0.6mm、0.4mm、0.16mm，试编写螺纹加工程序。

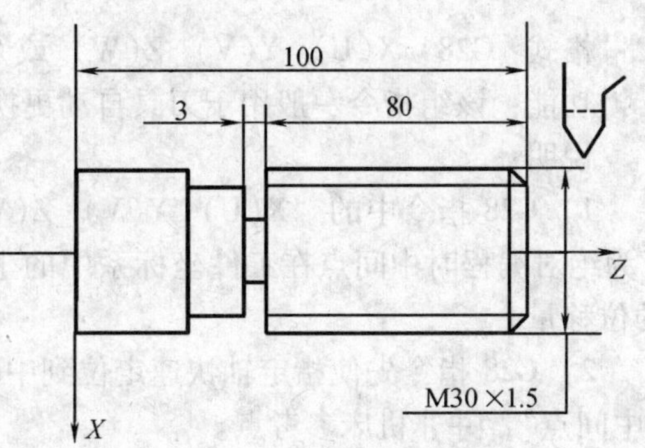

图 8-17　圆柱螺纹编程示例

程序：华中 HNC—21T 系统圆柱螺纹加工程序，见表 8-23。

表 8-23　螺纹加工编程示例

程　　序	说　　明	程　　序	说　　明
%0822	程序名（华中 HNC—21T 系统）	Z101.5	Z 轴方向快退到螺纹起点处
G92　X50　Z120	设定工件坐标系，定义对刀点位置	X28.2	X 轴方向快进到螺纹起点处，背吃刀量 0.4mm
M03　S600	主轴正转	G32　Z19　F1.5	切削螺纹到螺纹切削终点
G95	设定每转进给	G00　X40	X 轴方向快退
G00　X29.2　Z101.5	到螺纹起点，升速段 1.5mm，背吃刀量 0.8mm	Z101.5	Z 轴方向快退到螺纹起点处
G32　Z19　F1.5	切削螺纹到螺纹切削终点，降速段 1mm	X28.04	X 轴方向快进到螺纹起点处，背吃刀量 0.16mm
G00　X40	X 轴方向快退	G32　Z19　F1.5	切削螺纹到螺纹切削终点
Z101.5	Z 轴方向快退到螺纹起点处	G00　X40	X 轴方向快退
X28.6	X 轴方向快进到螺纹起点处，背吃刀量 0.6mm	X50　Z120	回对刀点
G32　Z19　F1.5	切削螺纹到螺纹切削终点	M05	主轴停
G00　X40	X 轴方向快退	M30	主程序结束并复位

四、回参考点控制指令

1. 自动返回参考点

指令：常见数控系统有关“自动返回参考点”的G指令，见表8-24。

表8-24 自动返回参考点指令代码

华中HNC—21T/M		Siemens 802D		Fanuc 0i		指令功能
车床	铣床	车床	铣床	车床	铣床	
G28	G28	G74	G74	G28	G28	自动返回参考点

格式：G28 X(U)_ Y(V)_ Z(W)_或G74 X1 = _ Y1 = _ Z1 = _

功能：该组指令一般用于刀具自动更换或者消除机械误差。

说明：

1）G28指令中的“X(U)_ Y(V)_ Z(W)_”为回参考点时经过的中间点，其中X、Y、Z为绝对编程时中间点在工件坐标系中的坐标；U、V、W为增量编程时中间点相对于起点的位移量。

2）G28指令先使指定轴快速定位到中间点，然后再从中间点到达参考点，因此指定的“中间点”，并非机床参考点。

3）G28指令不仅产生坐标轴移动，而且记忆了中间点坐标值，以供G29使用。

4）G74指令回参考点的速度为机床固定值。

5）在G74之后的程序段中，原先“插补方式”组中的G指令（G0、G1、G2……）将再次生效。

注意：

1）在执行该组指令之前，应取消刀具半径补偿和刀具长度补偿。

2）G28指令仅在其被指定的程序段中有效。

3）使用G74指令时，机床坐标轴的名称必须要编程。

举例：如图8-18所示，从A经过B回到参考点R，试编写刀具移动程序。

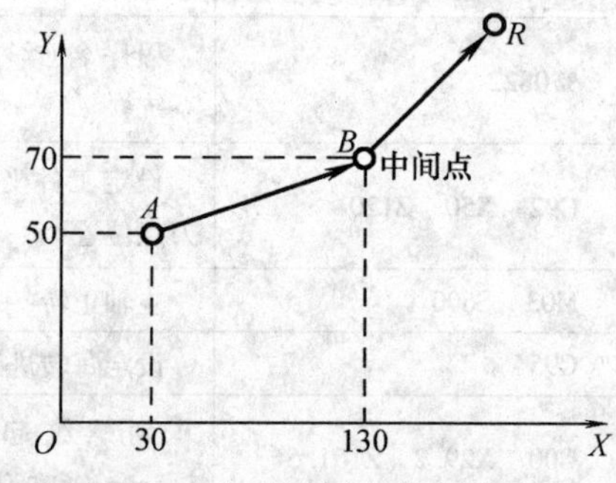

图8-18 自动返回参考点图示

程序：刀具移动程序，见表8-25。

表8-25 自动返回参考点示例

程序	说明
G92 X30 Y50 Z20	以A(30,50,20)为起刀点建立工件坐标系
G90 G28 X130 Y70 Z20 或 G91 G28 X100 Y20 Z0	A点→B点→R点(绝对编程) 或 A点→B点→R点(相对编程)

2. 自动从参考点返回

指令：常见数控系统有关“自动从参考点返回”的G指令，见表8-26。

表 8-26　自动从参考点返回指令代码

华中 HNC—21T/M		Siemens 802D		Fanuc 0i		指令功能
车床	铣床	车床	铣床	车床	铣床	
G29	G29	G75	G75	G29	G29	自动从参考点返回

格式：G29　X(U)_ Y(V)_ Z(W)_或 G75　X1 =_ Y1 =_ Z1 =_

功能：G29(或 G75）可使指定轴快速进给经过由 G28(或 G74）指令定义的中间点，然后再到达定位终点。通常该指令紧跟在 G28(或 G74）指令之后。

说明：

1）G29 指令中的“X(U)_ Y(V)_ Z(W)_”为返回的定位终点，其中 X、Y、Z 为绝对编程时定位终点在工件坐标系中的坐标；U、V、W 为增量编程时定位终点相对于 G28 中间点的位移量。

2）G75 指令中每个轴的返回速度就是其快速移动的速度。

3）在 G75 之后的程序段中，原先“插补方式”组中的 G 指令（G0、G1、G2……）将再次生效。

注意：

1）使用 G75 指令时，机床坐标轴的名称必须要编程。

2）G75 指令需要一个独立的程序段，并按程序段方式有效。

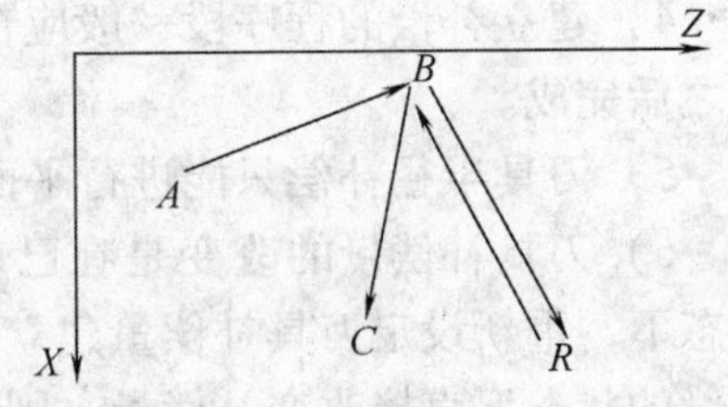

图 8-19　自动从参考点返回图示

举例：如图 8-19 所示，可用 G28(或 G74）指令使刀具从 *A* 点经过 *B* 点到参考点 *R*；再用 G29(或 G75）指令使刀具从参考点 *R* 返回到 *B* 点，然后再到达 *C* 点。

五、刀具补偿指令

1. 刀尖圆弧半径补偿、刀具半径补偿

指令：G40、G41、G42

格式：刀尖圆弧半径补偿（车床）和刀具半径补偿（铣床）的格式，如图 8-20 所示。

$$\{G18\}\begin{Bmatrix}G40\\G41\\G42\end{Bmatrix}\begin{Bmatrix}G00\\G01\end{Bmatrix}X\_\ \ Z\_$$

a)

$$\begin{Bmatrix}G17\\G18\\G19\end{Bmatrix}\begin{Bmatrix}G40\\G41\\G42\end{Bmatrix}\begin{Bmatrix}G00\\G01\end{Bmatrix}X\_Y\_Z\_D\_$$

b)

图 8-20　刀尖圆弧半径补偿、刀具半径补偿的格式

a）刀尖圆弧半径补偿格式（车床）　b）刀具半径补偿格式（铣床）

功能：利用该组指令可实现刀尖圆弧半径补偿或刀具半径补偿，其中

G40：取消刀具半径补偿；

G41：左补偿（沿刀具前进方向刀具在工件左侧），如图 8-21a 所示；

G42：右补偿（沿刀具前进方向刀具在工件右侧），如图 8-21b 所示。

说明：

1）G17、G18、G19：刀补所在的平面分别为 *XY* 平面、*ZX* 平面和 *YZ* 平面。

2）X、Y、Z：G00 或 G01 指定的刀补建立或取消的终点坐标。

3）D：指定了刀补号码（D00～D99），该号码对应着刀补表中相应的半径补偿值。

4）G40、G41、G42 都是模态代码，可相互注销。

注意：

1）刀补平面的切换必须在补偿取消方式下进行。

2）刀补的建立与取消，只能用 G00 或 G01 指令，不能用 G02 或 G03 指令。

3）刀补建立时，只有投影到补偿平面上的刀具轨迹受到补偿，而且是补偿平面内不为零的直线移动。

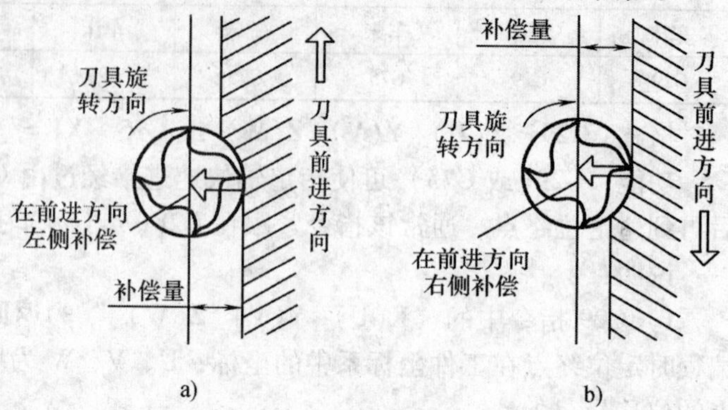

图 8-21 刀补方向示意图

a）G41 左补偿 b）G42 右补偿

4）建立补偿的程序段一般应在切入工件之前完成，取消刀补的程序段一般应在切出工件之后完成。

5）刀具半径补偿只能进行平面补偿，不能进行坐标轴补偿。

6）刀具补偿量的改变是在已有补偿撤销的状态下，重新设定刀具补偿量建立的；若在已有补偿的状态下直接改变补偿量，则程序段的终点是在已有补偿量的基础上计算的。即，建立刀补的过程是：建立刀补→撤销刀补→重新建立刀补。

7）刀具补偿量一般为正，若取负值时，则会引起刀具补偿 G41 与 G42 相互转换。

举例：如图 8-22 所示零件，要求用 ϕ10mm 的立铣刀（1 号刀）加工，加工深度为 5mm，零件材料为铝块，试编写加工程序。

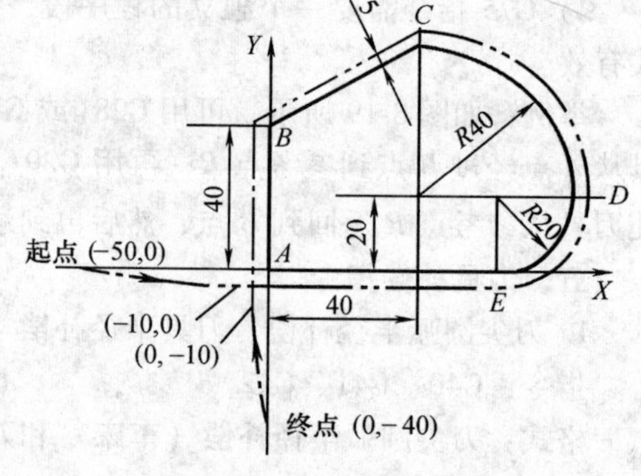

图 8-22 外轮廓加工示例

程序：华中 HNC—21M 系统零件加工程序，见表 8-27。

表 8-27 外轮廓加工示例

%0826	程序名(华中 HNC—21M 系统)
G54	选择 G54 加工坐标系(X = −400、Y = −150、Z = −50)
G90 G00 X-50 Y0	到达 X、Y 坐标起始点
M03 S1000	主轴起动
G43 Z5 H01	刀具长度补偿,并且到达 Z5 点
G01 Z-5 F150	到达 Z 坐标起始点(材料为铝块,背吃刀量可为 5mm)
G42 X-10 Y0 D01	建立刀具半径右补偿(D01 对应半径为 5mm 的一号刀)
X60	切削至 E 点
G03 X80 Y20 R20	切削至 D 点
X40 Y60 R40	切削至 C 点

（续）

G01 X0 Y40	切削至 B 点
Y-10	切出轮廓
G40 X0 Y-40	撤销刀具半径补偿至终点
G00 Z40	Z 坐标退刀
M05	主轴停
M30	程序结束

2. 刀具长度补偿

指令：常见数控系统有关“刀具长度补偿”的 G 指令，见表 8-28。

表 8-28 刀具长度补偿指令代码

华中 HNC—21T/M		Siemens 802D		Fanuc 0i		指令功能
车床	铣床	车床	铣床	车床	铣床	
	G43、G44、G49		T××		G43、G44、G49	刀具长度补偿

格式：刀具长度补偿的格式，如图 8-23 所示。

$$\begin{Bmatrix} G17 \\ G18 \\ G19 \end{Bmatrix} \begin{Bmatrix} G43 \\ G44 \\ G49 \end{Bmatrix} \begin{Bmatrix} G00 \\ G01 \end{Bmatrix} \ X\_\ Y\_\ Z\_\ H\_$$

图 8-23 刀具长度补偿格式

功能：刀具长度补偿用于坐标轴方向的刀具补偿，它可使刀具在坐标轴方向的实际位移量大于或小于程序给定的值。有了此补偿功能，编程时可不必考虑实际刀具的长短；实际加工时，只需将各刀与基准刀的相对长度差值（相对补偿）或每把刀的绝对长度值（绝对补偿）输入到相应刀具的刀补参数表中，便可实现不改变程序的多刀加工。

其中G49：取消刀具长度补偿；

G43：正向偏置（补偿轴终点实际值 = 指令值 + 补偿量）；

G44：负向偏置（补偿轴终点实际值 = 指令值 − 补偿量）；

说明：

1）G17、G18、G19：刀具长度补偿轴分别为 Z 轴、Y 轴和 X 轴。

2）X、Y、Z：G00 或 G01 指定的刀补建立或取消的终点坐标。

3）H：指定了刀具长度补偿偏置号（H00 ~ H99），该号码对应着偏置存储器中记载的相应刀具的长度补偿值（相对补偿值或绝对补偿值）。

4）G43、G44、G49 都是模态代码，可相互注销。

注意：

1）Siemens 802D 系统直接采用 T 代码实现刀具长度补偿，例如 T1，则表明选择 1 号刀并采用 1 号长度补偿值；

2）无论是采用绝对还是增量方式编程，由 H 代码指定的已存入偏置存储器中的偏置值，在 G43 时是加到补偿轴指定的终点坐标上；在 G44 时是从补偿轴指定的终点坐标中减去，实际终点值是计算后的坐标值，补偿方向因补偿值的正负而不同。

补偿值为正时：G43 指令使补偿轴沿正方向移动一个偏置量，如图 8-24a 所示；

G44 指令使补偿轴沿负方向移动一个偏置量，如图 8-24b 所示；

补偿值为负时：G43 指令使补偿轴沿负方向移动一个偏置量，如图 8-24c 所示；

G44 指令使补偿轴沿正方向移动一个偏置量，如图 8-24d 所示；

举例：分别以 5 号立铣刀的 Z 向补偿值为 -238.395、238.395，编写将 5 号刀快速移动到距离 Z 向零面 20mm 地方（机床实际坐标值为 -218.395）的程序段。

程序：刀具快速移动程序，见表 8-29。

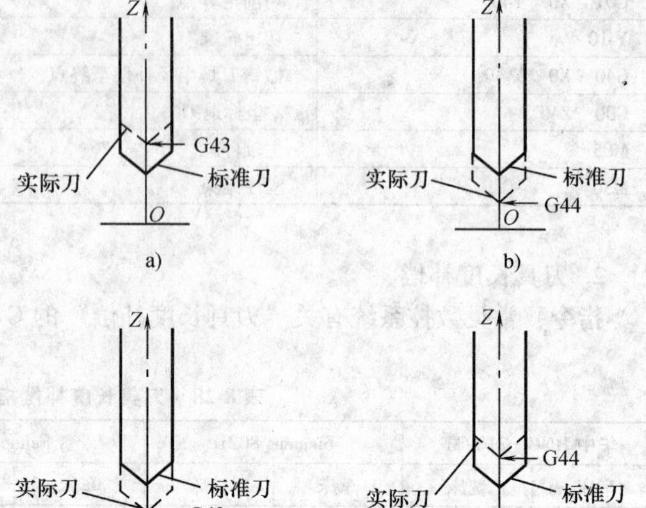

图 8-24 刀具长度补偿示意图

a）G43 正向偏置（补偿量 >0） b）G44 负向偏置（补偿量 >0）
c）G43 正向偏置（补偿量 <0） d）G44 负向偏置（补偿量 <0）

表 8-29 刀具快速移动程序

程序段	说 明
G43 Z20 H05	H05 = -238.395，机床实际坐标值为 -218.395
G44 Z20 H05	H05 = 238.395，机床实际坐标值为 -218.395

六、简化编程指令

1. 镜像功能

指令：常见数控系统有关“镜像功能”的 G 指令，见表 8-30。

表 8-30 镜像功能指令代码

华中 HNC—21T/M		Siemens 802D		Fanuc 0i		指令功能
车床	铣床	车床	铣床	车床	铣床	
	G24		MIRROR、AMIRROR		G51.1	建立镜像
	G25		MIRROR		G50.1	取消镜像

格式：镜像指令的格式，见表 8-31。

表 8-31 镜像指令的格式

华中 HNC—21M	Fanuc 0i—MA	Siemens 802D
G24 X_ Y_ Z_ 镜像程序（M98 P_） G25 X_ Y_ Z_	G51.1 X_ Y_ Z_ 镜像程序（M98 P_） G50.1 X_ Y_ Z_	MIRROR X_ Y_ Z_ 镜像子程序名 MIRROR

功能：当工件相对于某一轴具有对称形状时，可利用镜像功能和子程序，只对工件的一部分进行编程，而加工出工件的对称部分，这就是镜像功能。

说明：

1）*X*、*Y*、*Z*：镜像位置，见表8-32。

表8-32　镜像位置

镜像位置	对称轴	华中HNC—21M	Fanuc 0i—MA	Siemens 802D
*X*镜像	*Y*轴	G24　X0	G51.1　X0	MIRROR　X0
*Y*镜像	*X*轴	G24　Y0	G51.1　Y0	MIRROR　Y0
X、*Y*镜像	原点	G51.1　X0　Y0	G51.1　X0　Y0	MIRROR　X0 AMIRROR Y0

2）G24、G25为模态指令，可相互注销。

3）MIRROR和AMIRROR指令要求一个独立的程序段，坐标轴的数值没有影响，但是必须要定义一个数值；MIRROR不带数值表示取消镜像功能。

注意：

1）当某一轴的镜像有效时，该轴执行与编程方向相反的运动，刀具半径补偿（G41/G42）自动反向，旋转方向（G02/G03）自动反向。

2）在可编程镜像方式中，与返回参考点G27、G28、G29、G30等和改变坐标系G52、G54、G92等有关的G代码不准指定，如果需要这些G代码的任意一个，必须在取消可编程镜像方式之后再指定。

举例：试用镜像加工G24、G25指令，编制如图8-25所示零件的加工程序，已知刀具直径为ϕ10mm（3号刀），加工深度为2mm。

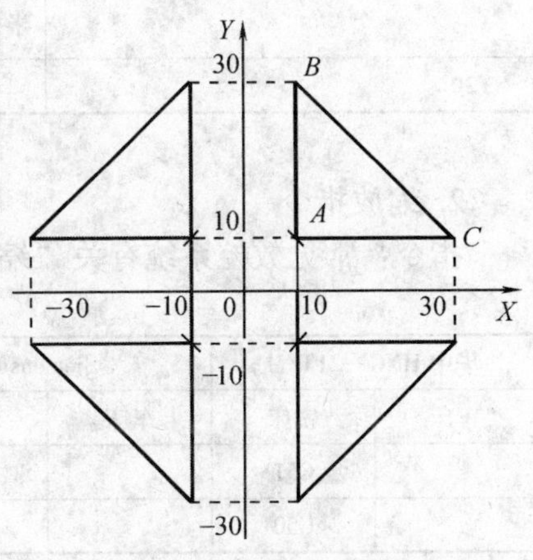

图8-25　镜像加工示例

程序：零件镜像加工的主程序，见表8-33；子程序，见表8-34。

表8-33　零件镜像加工主程序

程　序	说　明	程　序	说　明
%0832	主程序名（华中HNC—21M系统）	M98　P0833	调用子程序（0833），铣削第一象限图形
G54	选择G54工件坐标系	G24　X0	*X*镜像（*Y*轴对称）
G00　X0　Y0	到达*X*、*Y*坐标起始点	M98　P0833	调用子程序（0833），铣削第二象限图形
M03　S1000	主轴起动	G25　X0	取消*X*镜像
G43　Z5　H03	刀具长度补偿，并且到达Z5点	G24　Y0	*Y*镜像（*X*轴对称）
G01　Z-2　F30	到达*Z*坐标起始点（背吃刀量为2mm）	M98　P0833	调用子程序（0833），铣削第四象限图形

(续)

程　序	说　明	程　序	说　明
G25 Y0	取消 Y 镜像	G00 Z50	退刀至安全高度
G24 X0 Y0	X、Y 镜像(原点对称)	M05	主轴停止
M98 P0833	调用子程序(0833),铣削第三象限图形	M02	结束主程序
G25 X0 Y0	取消 X、Y 镜像		

表 8-34 零件镜像加工子程序

程　序	说　明	程　序	说　明
%0833	子程序名	X20 Y-20	切削至 C 点
G91	相对编程方式	X-20	切削至 A 点
G41 G01 X10 Y10 D03 F100	建立刀具半径左补偿(D03 的半径值为 5mm)	G40 X-10 Y-10	取消刀补,返回中心 O 点
		G90	绝对编程方式
Y20	切削至 B 点	M99	结束子程序

2. 缩放指令

指令：常见数控系统有关“缩放指令”的 G 指令，见表 8-35。

表 8-35 缩放指令代码

华中 HNC—21T/M		Siemens 802D		Fanuc 0i		指令功能
车床	铣床	车床	铣床	车床	铣床	
	G51		SCALE、ASCALE		G51	建立缩放
	G50		SCALE		G50	取消缩放

格式：缩放指令的格式，见表 8-36。

表 8-36 缩放指令的格式

华中 HNC—21M	Siemens 802D	Fanuc 0i—MA	
		各轴等比例缩放	各轴不等比例缩放
G51 X_Y_Z_P_ ……(缩放程序) G50	SCALE X_Y_Z_ ……(缩放程序) SCALE	G51 X_Y_Z_P_ ……(缩放程序) G50	G51 X_Y_Z_I_J_K_ ……(缩放程序) G50

功能：用比例缩放指令可使指定的轨迹图形，围绕特定的中心点，按给定的比例系数进行放大或缩小。

说明：

1）G51 指令的 X、Y、Z 为缩放中心的坐标值；SCALE 指令的 X、Y、Z 为可编程的比例系数。

2）G51 指令的 P 为等比例缩放倍数（等比例系数），范围在 0.001～999.999，可使比例缩放指令以后的移动指令从缩放中心开始，实际移动量为原数值的 P 倍；P 值对偏移量无影响。等比例缩放，如图 8-26a 所示。

I、J、K 为不等比例缩放中，分别对应 X、Y 和 Z 轴的缩放比例系数，即各轴可以按不同比例进行放大或缩小；当给定的比例系数为 -1 时，可获得镜像加工功能。不等比例缩放，如图 8-26b 所示，其中，b/a 为 X 轴缩放系数；d/c 为 Y 轴缩放系数；O 为比例中心。

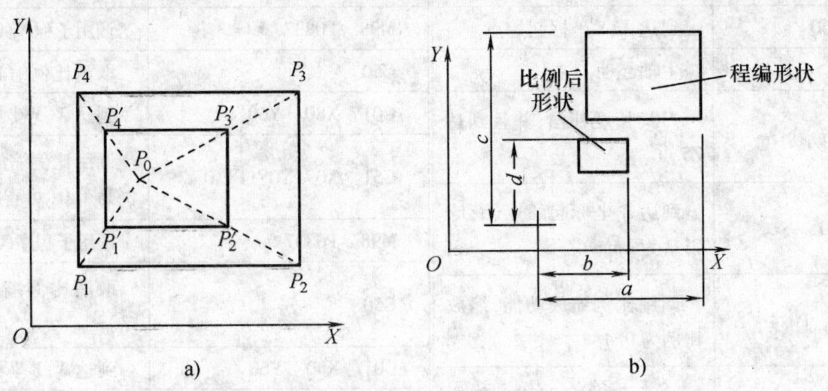

图 8-26 比例缩放形式

a）各轴按相同比例编程 b）各轴以不同比例编程

3）在执行 G51 指令后，运动指令的坐标值以（X，Y，Z）为缩放中心，按 P 规定的缩放比例进行计算；而执行 SCALE 指令后，运动指令的坐标值按 X、Y、Z 规定的缩放比例进行各轴计算。

4）G51 既可指定平面缩放，也可指定空间缩放。

5）G51、G50 为模态指令，可相互注销，G50 为默认值。

6）SCALE 和 ASCALE 指令要求一个独立的程序段。

7）缩放比例除了在程序中指定以外，还可用各系统的相关参数指定。

8）缩放中心点可是任意点。

注意：

1）在有刀具补偿的情况下，先进行缩放，然后才进行刀具半径补偿、刀具长度补偿。

2）SCALE 不带数值表示取消缩放功能。

3）轨迹图形为圆时，两个轴的比例系数必须一致。

4）缩放功能不能用于补偿量的设定，且对 A、B、C、U、V、W 轴无效。

举例：刀心轨迹如图 8-27 所示，外、中、内圈深度分别为 3mm、2mm、1mm，内圈尺寸为外圈的 0.4 倍，中圈尺寸为外圈的 0.7 倍，加工刀具为 ϕ12mm 的立铣刀（6 号刀），试编写加工该零件的程序。

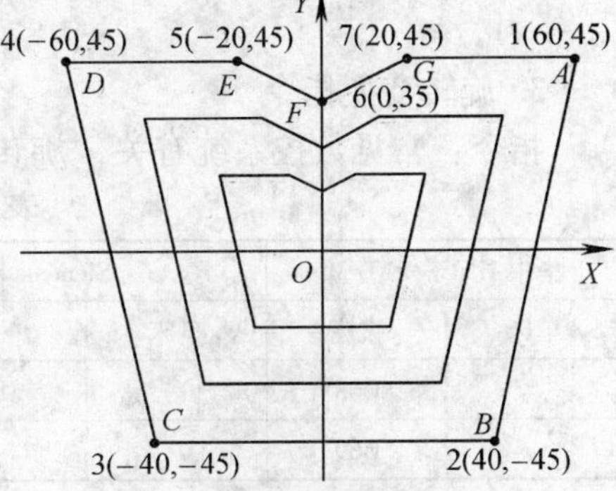

图 8-27 比例缩放加工示例

程序：零件比例缩放加工的主程序，见表 8-37；子程序，见表 8-38。

表 8-37 零件比例缩放加工主程序

程　序	说　明	程　序	说　明
%0836	主程序名（华中 HNC—21M 系统）	G01　X80　Y60	到达 X、Y 坐标起始点
G54	选择 G54 工件坐标系	G51　X0　Y0　P0.7	调用比例缩放功能，缩放比例为 0.7
G00　X80　Y60	到达 X、Y 坐标起始点	M98　P0837	调用子程序(0837)，铣中圈
M03　S1000	主轴起动	G50	取消比例缩放功能
G43　Z5　H06	刀具长度补偿，并且到达 Z5 点	G01　X80　Y60	到达 X、Y 坐标起始点
		G51　X0　Y0　P1.0	调用比例缩放功能，缩放比例为 1.0（可省略）
G01　Z-1　F30	到达 Z 坐标起始点（背吃刀量为 1mm）	M98　P0837	调用子程序(0837)，铣外圈
G51　X0　Y0　P0.4	调用比例缩放功能，缩放比例为 0.4	G50	取消比例缩放功能（可省略）
M98　P0837	调用子程序（0837），铣内圈	G01　X80　Y60	到达 X、Y 坐标起始点
		G00　Z50	退刀至安全高度
G50	取消比例缩放功能	M05	主轴停止
		M02	结束主程序

表 8-38 零件比例缩放加工子程序

程　序	说　明	程　序	说　明
%0837	子程序名	X-20	切削至 E 点
G91	相对编程方式	X0　Y35	切削至 F 点
G01　G41　X60　Y45　D06　F100	建立刀具半径左补偿（D06 的半径值为 6mm）	X20　Y45	切削至 G 点
		X60	切削至 A 点
X40　Y-45	切削至 B 点	G40　X80　Y60	取消刀补，返回起刀点
X-40	切削至 C 点	G90	绝对编程方式
X-60　Y45	切削至 D 点	M99	结束子程序

3. 旋转变换指令

指令：常见数控系统有关“旋转变换指令”的 G 指令，见表 8-39。

表 8-39 旋转变换指令代码

华中 HNC—21T/M		Siemens 802D		Fanuc 0i		指令功能
车床	铣床	车床	铣床	车床	铣床	
	G68		ROT、AROT		G68	建立旋转变换
	G69		ROT		G69	取消旋转变换

格式：旋转变换指令的格式，见表 8-40。

表 8-40　旋转变换指令的格式

华中 HNC—21M	Siemens 802D	Fanuc 0i—MA
G17　G68　X _ Y _ P _ 或 G18　G68　X _ Z _ P _ 或 G19　G68　Y _ Z _ P _ ……(旋转程序) G69	ROT　RPL = AROT　RPL = ……(旋转程序) ROT	G17　G68　α _ β _ R _ 或 G18　G68　α _ β _ R _ 或 G19　G68　α _ β _ R _ ……(旋转程序) G69

功能：用旋转指令可将编程形状按照指定旋转中心及方向旋转某一指定的角度，另外如果工件的形状由许多相同的图形组成，则可将图形单元编成子程序，然后用主程序的旋转指令调用，这样可简化编程，省时省存储空间。

说明：

1）X、Y、Z 或 α、β 为旋转中心的坐标值，α、β 可以是 X、Y、Z 中的任意两个，由当前平面选择指令 G17、G18、G19 中任意一个决定。

2）P、RPL、R：旋转角度，单位是度（°），通常取逆时针方向为正，顺时针方向为负。

3）G68、G69 为模态指令，可相互注销，G69 为默认值。

注意：

1）在有刀具补偿的情况下，先旋转，后建立刀补（刀具半径补偿、长度补偿）；在有缩放功能的情况下，先缩放后旋转。

2）当省略 X、Y、Z 或 α、β 时，G68 指令则以刀具所在的当前位置为旋转中心；当程序在绝对方式时，G68 程序段后的第一句程序段必须使用绝对方式移动指令，才能确定旋转中心，如果这一程序段为增量方式移动指令，那么系统将以当前点为旋转中心，按 G68 给定的角度旋转坐标。

3）坐标系旋转取消指令 G69 后的第一个移动指令，必须用绝对值指定，如果用增量值指令，将不执行正确的移动。

4）在坐标系旋转方式中，与返回参考点有关的 G 代码（G27、G28、G29、G30 等）和与坐标系有关的 G 代码（G52 ~ G59、G92 等）不能指定，如果需要这些 G 代码，必须在取消坐标系旋转方式以后才能指令。

5）在坐标系旋转之后执行刀具半径补偿和刀具长度补偿。

举例：如图 8-28 所示零件图样，背吃刀量为 2mm，加工刀具为 ϕ12mm 的立铣刀（6 号刀），试用旋转指令编写加工该零件的程序。

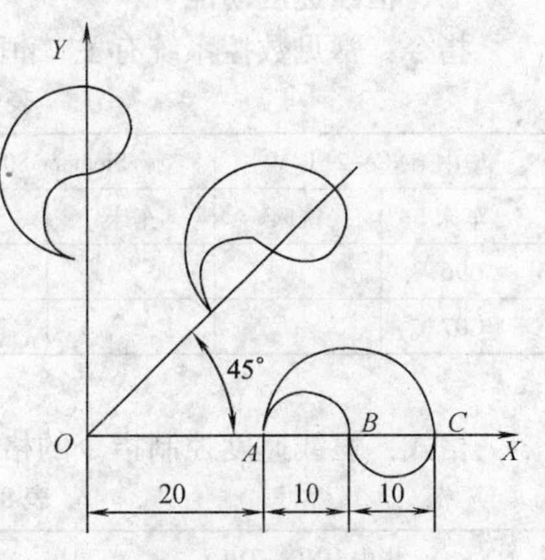

图 8-28　旋转指令加工示例

程序：用旋转指令加工零件的主程序，见表 8-41；子程序，见表 8-42。

表 8-41 旋转指令加工零件主程序

程序	说明	程序	说明
%0840	主程序名(华中 HNC—21M 系统)	M98 P0841	调用子程序(0841),铣第二块图形
G54	选择 G54 工件坐标系	G69	取消旋转功能
G00 X0 Y0	到达 X、Y 坐标起始点	G68 X0 Y0 P90	调用旋转功能,旋转角度 90°
M03 S1000	主轴起动		
G43 Z5 H06	刀具长度补偿,并且到达 Z5 点	M98 P0841	调用子程序(0841),铣第三块图形
G01 Z-2 F30	到达 Z 坐标起始点(背吃刀量为 2mm)	G69	取消旋转功能
		G00 X0 Y0	退刀至坐标零点
M98 P0841	调用子程序(0841),铣第一块图形	Z50	退刀至安全高度
		M05	主轴停止
G68 X0 Y0 P45	调用旋转功能,旋转角度 45°	M02	结束主程序

表 8-42 旋转指令加工零件子程序

程序	说明	程序	说明
%0841	子程序名	G03 X40 Y0 I5 J0	切削至 C 点
G90	绝对编程方式	X20 Y0 I-10 J0	切削至 A 点
G01 G42 X20 Y0 D06 F100	建立刀具半径右补偿(D06 的半径值为 6mm)	G01 G40 X0 Y0	取消刀补,返回起刀点
G02 X30 Y0 I5 J0	切削至 B 点	M99	结束子程序

七、恒线速度功能

指令：常见数控系统有关“恒线速度控制”的 G 指令，见表 8-43。

表 8-43 恒线速度控制指令代码

华中 HNC—21T/M		Siemens 802D		Fanuc 0i		指令功能
车床	铣床	车床	铣床	车床	铣床	
G96				G96		恒线速度有效
G97				G97		取消恒线速度

格式：恒线速度控制指令的格式，见表 8-44。

表 8-44 恒线速度控制指令的格式

华中 HNC—21T	Siemens 802D	Fanuc 0i—TB
G96 S_ G97 S_	G96 S_ LIMS=_ F_ G97	G96 S_ G97 S_

功能：主轴转速随着当前加工工件直径（横向纵坐标）的变化而变化，从而始终保证刀具切削点处的切削速度 S 为常数（主轴转速 × 直径 = 常数）。

说明：

1）G96 后面的 S 值为切削时的恒定线速度，单位 m/min；G97 后面的 S 值为取消恒线速度后，指定的主轴转速，单位 r/min，如省略，则为执行 G96 指令前的主轴转速。

2）恒线速度控制指令 G96 是模态指令，在指定 G96 指令后，程序进入恒表面速度控制（G96）方式，且以指定的 S 值作为表面速度。

3）LIMS 为主轴转速上限，只在 G96 中生效。

注意：

1）使用恒线速度功能，主轴必须能自动变速，即数控机床采用的是伺服主轴或变频主轴等。

2）使用恒线速度控制功能时，常用数控系统的相关指令（如 G50 S180）设定最高转速。

举例：如图 8-29 所示车削零件图样，试用恒线速度控制功能编写该零件的精加工程序。

程序：用恒线速度控制功能精加工零件的程序，见表 8-45。

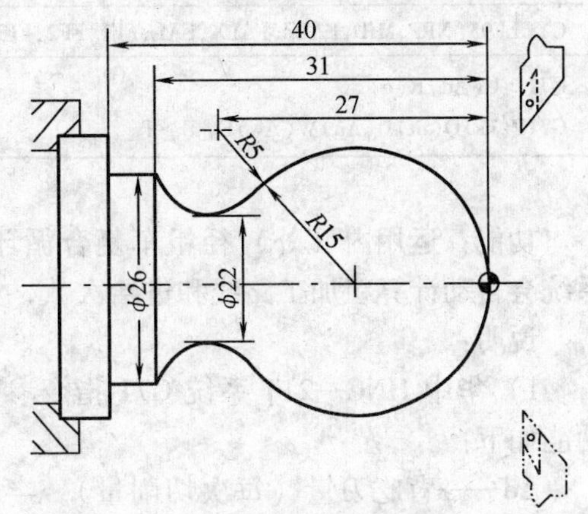

图 8-29 恒线速度控制示例

表 8-45 恒线速度控制程序

程 序	说 明	程 序	说 明
%0844	主程序名（华中 HNC—21T 系统）	N60 G95 G01 Z0 F0.08	刀具接触工件
		N70 G03 U24 W-24 R15	加工 R15mm 圆弧段
N10 G92 X40 Z5	设立坐标系，定义对刀点的位置	N80 G02 X26 Z-31 R5	加工 R5mm 圆弧段
		N90 G01 Z-40	加工 φ26mm 外圆
N20 M03 S400	主轴以 400r/min 旋转	N100 X40 Z5	回对刀点
N30 G50 S2000	限定主轴最高转速为 2000r/min	N110 G97 S300	取消恒线速度功能，设定主轴按 300r/min 旋转
N40 G96 S180	恒线速度有效，线速度为 180m/min	N120 M05	主轴停
N50 G00 X0	刀到中心，转速升高，直止最大限速	N130 M30	主程序结束并复位

八、固定循环

1. 内（外）径粗车复合循环

指令：常见数控系统有关“内（外）径粗车复合循环”的 G 指令，见表 8-46。

表 8-46 内（外）径粗车复合循环指令代码

华中 HNC—21T/M		Siemens 802D		Fanuc 0i		指令功能
车床	铣床	车床	铣床	车床	铣床	
G71		CYCLE95		G71		内(外)径粗车复合循环

格式：内（外）径粗车复合循环指令的格式，见表8-47。

表8-47 内（外）径粗车复合循环指令的格式

指令格式	数控系统
无凹槽:G71 U(Δd)R(r)P(ns)Q(nf)X(ΔX)Z(ΔZ)F(f)S(s)T(t) 有凹槽:G71 U(Δd)R(r)P(ns)Q(nf)E(e) F(f)S(s)T(t)	华中 HNC—21T
CYCLE95(NPP,MID,FALZ,FALX,FAL,FF1,FF2,FF3,VARI,DT,DAM, _VRT)	Siemens 802D
G71 U(Δd)R(e) G71P(ns)Q(nf)U(Δu)W(Δw)F_S_T_	Fanuc 0i—TB

功能：运用内（外）径粗车复合循环指令，只需指定精加工路线和粗加工的吃刀量，系统会自动计算粗加工路线和进给次数，如图8-30所示，精加工轨迹为 $A \to A' \to B$。

说明：

1）华中 HNC—21T 系统 G71 指令参数功能如下：

Δd——背吃刀量（每次切削量），半径值（指定时不加符号），如图8-30所示 Δd；

r——每次退刀量（半径值），如图8-30所示 e；

ns——精加工路线第一段程序的顺序号；

nf——精加工路线最后一段程序的顺序号；

ΔX——X 方向精加工余量（直径值）；

ΔZ——Z 方向精加工余量；

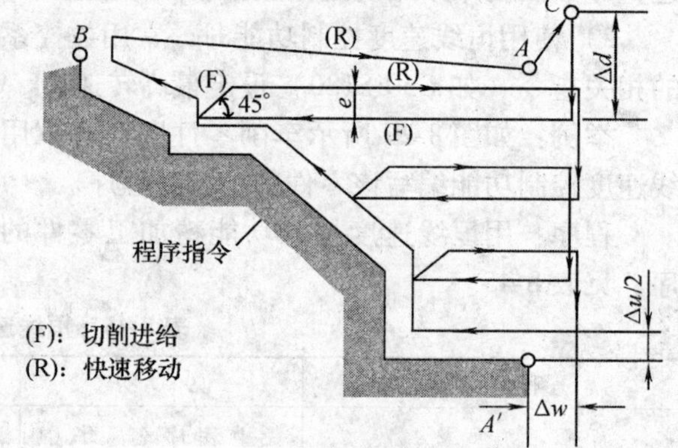

图8-30 内（外）径粗车复合循环刀具轨迹

F、S、T——G71 指令中粗加工时有效；精加工时处于 ns 到 nf 程序之间的 F、S、T 有效；

e——凹槽加工时，轮廓的精加工余量，其为 X 方向的等高距离，也可以理解为轮廓的偏置量，如图8-31所示，外加工为正，内孔加工为负。

2）Siemens 802D 系统 CYCLE95 指令参数功能如下：

NPP——定义轮廓名称，可以是子程序名称，也可以是调用程序的一部分；

MID——粗加工时，每次的最大背吃刀量（无符号输入），相当于图8-30中的 Δd；

FALZ——纵向 Z 轴的精加工余量（无符号输入），相当于图8-30中的 ΔW；

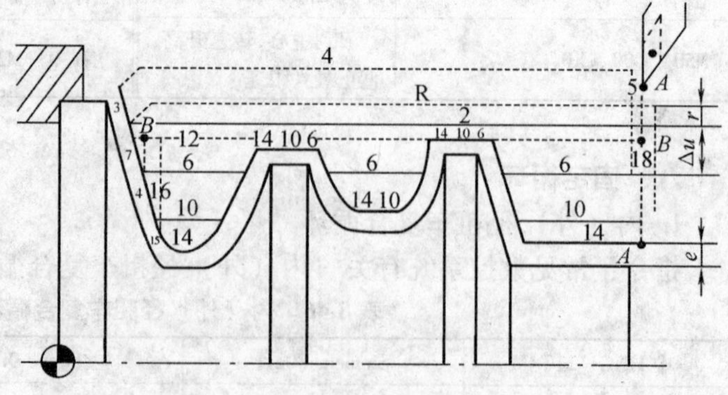

图8-31 G71 复合循环的凹槽加工

FALX——横向 X 轴的精加工余量（无符号输入），半径值，相当于图 8-30 中的 $\Delta U/2$；

FAL——轮廓的精加工余量（无符号输入），可以理解为轮廓的偏置量，相当于图 8-31 中的 e；

FF1——非退刀槽加工的进给率；

FF2——进入凹凸切削时的进给率；

FF3——精加工进给率；

VARI——加工类型（范围值：1～12），包括：纵向/表面、外部/内部、粗加工/精加工/加工完成；

DT——粗加工时用于断屑的停顿时间；

DAM——粗加工因断屑而中断时所经过的最大路径长度；

_VRT——粗加工时刀具在两个轴向的退回行程，增量（无符号输入）。

3）Siemens 802D 系统 CYCLE95 指令的轮廓定义说明如下：

①待加工的工件轮廓，编写在一个子程序中。

②轮廓由直线或圆弧组成，还可以插入圆角或倒角，但编程的圆弧段最大为 1/4 圆。

③轮廓的编程方向必须与精加工时所选择的加工方向相一致。

④循环开始之前所到达的位置可以是任意位置，但需保证从该位置回轮廓起始点时不发生刀具碰撞。

4）Fanuc 0i—TB 系统 G71 指令参数功能如下：

Δd——背吃刀量（半径值），不带符号，该值是模态的，直到指定其他值。

e——退刀量，该值是模态的，直到指定其他值，如图 8-30 所示 e。

ns——精车加工程序第一个程序段的顺序号。

nf——精车加工程序最后一个程序段的顺序号。

ΔU——X 方向精加工余量的距离和方向（直径/半径指定），如图 8-30 所示 $\Delta U/2$ 。

ΔW——Z 方向精加工余量的距离和方向，如图 8-30 所示 ΔW。

f、s、t——粗加工时有效；精加工时处于 ns 到 nf 程序之间的 F、S、T 有效。

5）G71 切削循环时，切削进给方向平行于 Z 轴，X(ΔU) 和 Z(ΔW) 的符号，如图 8-32 所示，其中（+）表示沿轴正方向移动，（-）表示沿轴负方向移动。

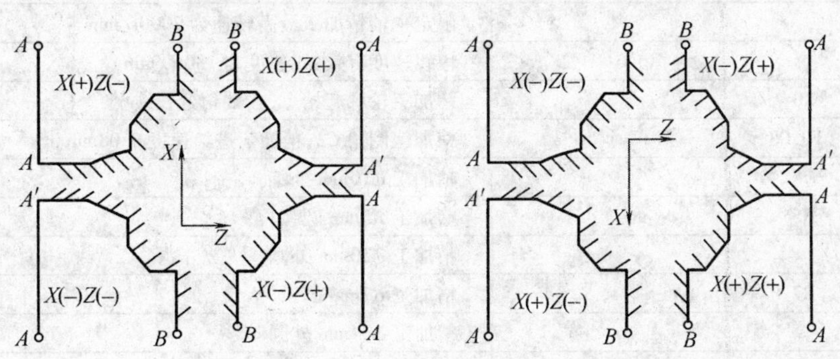

图 8-32 G71 复合循环下 X(ΔU) 和 Z(ΔW) 的符号

注意：

1）G71 指令必须带有 P、Q 地址，且其内容 ns、nf 分别与精加工路径起、止顺序号对应，否则不能进行该循环加工。

2）ns 的程序段必须为 G00、G01 指令，即从 *A* 到 *A′* 的动作必须是直线或点定位运动。

3）在顺序号为 ns 到 nf 的程序段中，不应包含子程序。

4）在 Fanuc 0i—TB 系统中，G71 粗切后还需用精车循环 G70 指令进行精加工。

G70 指令的格式：G70 P(ns) Q(nf)

(ns) 是精加工程序第一句程序段的顺序号，与 G71 指令的 ns 一致。

(nf) 是精加工程序最后一句程序段的顺序号，与 G71 指令的 nf 一致。

5）Siemens 802D 系统 CYCLE95 指令的执行必须要有两个程序：循环调用的程序和轮廓子程序。

举例：如图 8-33 所示的零件图样，已知：循环起始点在 *A*(46，3)，背吃刀量为 1.5mm（半径量），退刀量为 1mm，*X* 方向精加工余量为 0.4mm，*Z* 方向精加工余量为 0.1mm，其中点划线部分为工件毛坯，试用外径粗加工复合循环 G71 指令编制零件的加工程序。

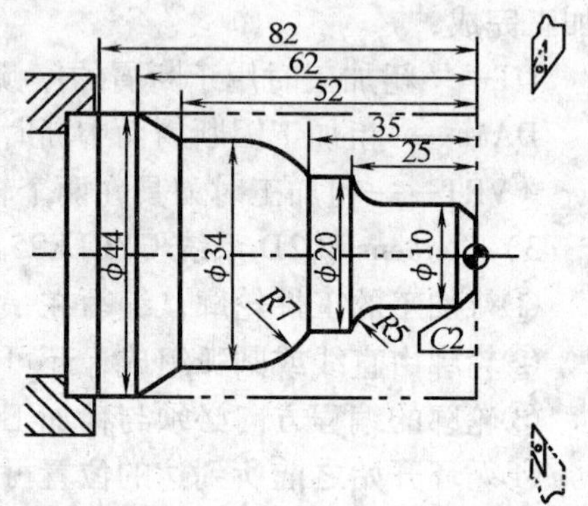

图 8-33 G71 复合循环编程示例

程序：用复合循环 G71 指令编写的零件加工程序，见表 8-48 和表 8-49；用复合循环 CYCLE95 指令编写的零件加工程序，见表 8-50。

表 8-48 复合循环 G71 加工程序（华中 HNC—21T 系统）

程 序	说 明
%0847	主程序名
T0101	选择刀具并建立坐标系
G00 X50 Z5	定位于起刀点的位置
M03 S600	主轴以 600r/min 旋转
G95	设定每转进给方式
G01 X46 Z3 F0.3	定位于循环起点的位置
G71 U1.5 R1 P10 Q20 X0.8 Z0.1 F0.15	粗切量：1.5mm 精切量：*X*0.8mm *Z*0.1mm
G50 S2000	限定主轴精加工最高转速为 2000r/min
G96 S180	恒线速度有效，线速度为 180m/min
N10 G00 G42 X0	精加工轮廓起始点，在倒角延长线上
G01 X10 Z-2 F0.08	精加工倒角 *C*2，精加工进给速度 0.08mm/r
Z-20	精加工 ϕ10mm 外圆
G02 X20 W-5 R5	精加工 *R*5mm 圆弧
G01 Z-35	精加工 ϕ20mm 外圆
G03 X34 W-7 R7	精加工 *R*7mm 圆弧
G01 Z-52	精加工 ϕ34mm 外圆
X44 Z-62	精加工外圆锥
Z-82	精加工 ϕ44mm 外圆（零件伸出长度 >90mm）
N20 G40 X46	精加工轮廓结束，退刀

（续）

程　序	说　明
G00　X50　Z5	回到起刀点
G97　S600	取消恒线速度功能,设定主轴按 600r/min 旋转
M05	主轴停
M02	主程序结束

表 8-49　复合循环 G71 加工程序（Fanuc 0i—TB 系统）

程　序	说　明
O0847	主程序名
T0101	选择刀具并建立坐标系
G00　X50　Z5	定位于起刀点的位置
M03　S600	主轴以 600r/min 旋转
G95　G01　X46　Z3　F0.3	定位于循环起点的位置,并设定每转进给方式
G71　U1.5　W1	调用粗加工循环
G71　P10　Q20　U0.8　W0.1　F0.15	粗切量:1.5mm　精切量:*X*0.8mm　*Z*0.1mm
N10　G00　G42　X0	精加工轮廓起始点,在倒角延长线上
G01　X10　Z-2　F0.08	精加工倒角 *C*2,精加工进给速度 0.08mm/r
Z-20	精加工 ϕ10mm 外圆
G02　X20　W-5　R5	精加工 *R*5mm 圆弧
G01　Z-35	精加工 ϕ20mm 外圆
G03　X34　W-7　R7	精加工 *R*7mm 圆弧
G01　Z-52	精加工 ϕ34mm 外圆
X44　Z-62	精加工外圆锥
Z-82	精加工 ϕ44mm 外圆(零件伸出长度 >90mm)
N20　G40　X46	精加工轮廓结束,退刀
G50　S2000	限定主轴精加工最高转速为 2000r/min
G96　S180	恒线速度有效,线速度为 180m/min
G70　P10　Q20	调用精加工循环
G00　X50　Z5	回到起刀点
G97　S600	取消恒线速度功能,设定主轴按 600r/min 旋转
M05	主轴停
M02	主程序结束

表 8-50　复合循环 CYCLE95 加工程序（Siemens 802D 系统）

程序(XH49.MPF)	说　明
T1D1	选择刀具和刀沿,并建立坐标系
G0　X50　Z5	定位于起刀点的位置
M3　S600	主轴以 600r/min 旋转
G95　G1　X46　Z3　F0.3	定位于循环起点的位置,并设定每转进给方式
CYCLE95 ("L049.SPF",1.5,0.1,0.8,,0.15,0.1,0.08,1,,,1)	调用粗加工循环(加工类型值为 1)

（续）

程序(XH49 . MPF)	说　明
G96　S180　LIMS = 2000	恒线速度有效,线速度为180m/min,并限定主轴最高转速为2000r/min
CYCLE95 ("L049. SPF",1.5,0,0, ,0.08, 0.08,0.08,5, , ,)	调用精加工循环(加工类型值为5)
G0　X50　Z5	回到起刀点
G97	取消恒线速度功能
M5	主轴停
M2	主程序结束
子程序(L049. SPF)	
G0　G42　X0	精加工轮廓起始点,在倒角延长线上
G1　X10　Z-2	精加工倒角 *C*2
Z-20	精加工 ϕ10mm 外圆
G2　X20　Z-25　CR = 5	精加工 *R*5mm 圆弧
G1　Z-35	精加工 ϕ20mm 外圆
G3　X34　Z-42　CR = 7	精加工 *R*7mm 圆弧
G1　Z-52	精加工 ϕ34mm 外圆
X44　Z-62	精加工外圆锥
Z-82	精加工 ϕ44mm 外圆(零件伸出长度 > 90mm)
G40　X46	精加工轮廓结束,退刀
RET	子程序结束

2. 螺纹切削循环

指令：常见数控系统有关“螺纹切削循环”的 G 指令，见表 8-51。

表 8-51　螺纹切削循环指令代码

华中 HNC—21T/M		Siemens 802D		Fanuc 0i		指令功能
车床	铣床	车床	铣床	车床	铣床	
G76(复合) G82	G74(左) G84(右)	CYCLE97	CYCLE84	G76(复合) G92	G74(左) G84(右)	螺纹切削循环

格式：螺纹切削循环指令的格式，见表 8-52。

表 8-52　螺纹切削循环指令的格式

指 令 格 式	数控系统	
G82　X(U)_Z(W)_I_R_E_C_P_F_	车床 (21T)	华中 HNC—21
G76C(c)R(r)E(e)A(a)X(x)Z(z)I(i)K(k)U(d)V(Δdmin)Q(Δd)P(p)F(L)		
G98(G99)G74X_Y_Z_R_P_L_F	铣床 (21M)	
G98(G99)G84X_Y_Z_R_P_L_F		

（续）

指 令 格 式		数控系统
CYCLE97(PIT, MPIT, SPL, FPL, DM1, DM2, APP, ROP, TDEP, FAL, IANG, NSP,NRC, NID, VARI, NUMT)	车床	Siemens 802D
CYCLE84(RTP,RFP,SDIS,DP,DPR,DTB,SDAC,MPIT,PIT,POSS,SST, SST1) CYCLE840(RTP,RFP,SDIS,DP,DPR,DTB,SDR,SDAC,ENC,MPIT, PIT)	铣床	
G92 X(U)_Z(W)_R_F_	车床（TB）	Fanuc 0i
G76 P(m)(r)(a)Q(Δdmin)R(d) G76 X(u)_Z(W)_R(i)P(k)Q(Δd)F(l)		
G98(G99)G74 X_Y_Z_R_P_K_F_	铣床（MA）	
G98(G99)G84 X_Y_Z_R_P_K_F_		

功能：使用螺纹切削循环可以在纵向表面或端面上，加工具有恒螺距的圆形或锥形的内、外螺纹。螺纹可以是单线螺纹或多线螺纹。多线螺纹加工时，每个螺纹依次加工。

说明：

1）华中 HNC—21T 系统 G82 指令的加工轨迹，如图 8-34 所示，参数功能如下：

X、Z：绝对值编程时，为螺纹终点 C 在工件坐标系下的坐标；增量值编程时，为螺纹终点 C 相对于循环起点 A 的有向距离，图 8-34 中用 U、W 表示，其符号由轨迹 1 和 2 的方向确定。

I：螺纹起点 B 与螺纹终点 C 的半径差。

R、E：螺纹切削的退尾量，R、E 均为向量，R 为 Z 向回退量；E 为 X 向回退量，R、E 可以省略，表示不用回退功能。

C：螺纹线数，为 0 或 1 时切削单线螺纹。

P：单线螺纹切削时，为主轴基准脉冲处距离切削起始点的主轴转角（默认值为0）；多线螺纹切削时，为相邻螺纹线的切削起始点之间对应的主轴转角。

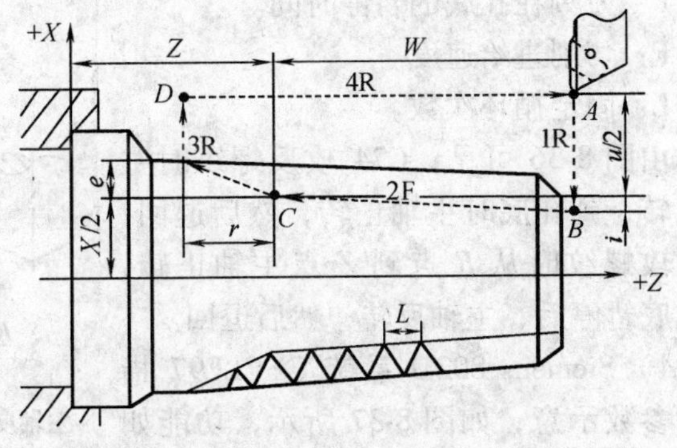

图 8-34 G82 指令螺纹切削循环图示

F：螺纹导程。

2）华中 HNC—21T 系统 G76 指令的加工轨迹，如图 8-35 所示，参数功能如下：

c：精整次数（1 ~ 99），为模态值。

r：螺纹 Z 向退尾长度（00 ~ 99），为模态值。

e：螺纹 X 向退尾长度（00 ~ 99），为模态值。

a：刀尖角度（二位数字），为模态值；在 80°、60°、55°、30°、29°和 0°六个角度中选一个。

x、z：绝对值编程时，为有效螺纹终点 C 的坐标；增量值编程时，为有效螺纹终点 C

相对于循环起点 A 的有向距离。

i：螺纹两端的半径差，如 $i=0$ 为直螺纹（圆柱螺纹）切削方式。

k：螺纹高度，该值由 X 轴方向上的半径值指定。

d：精加工余量（半径值）。

Δdmin：最小背吃刀量（半径值）。

Δd：第一次背吃刀量（半径值）。

p：主轴基准脉冲处距离切削起始点的主轴转角。

L：螺纹导程。

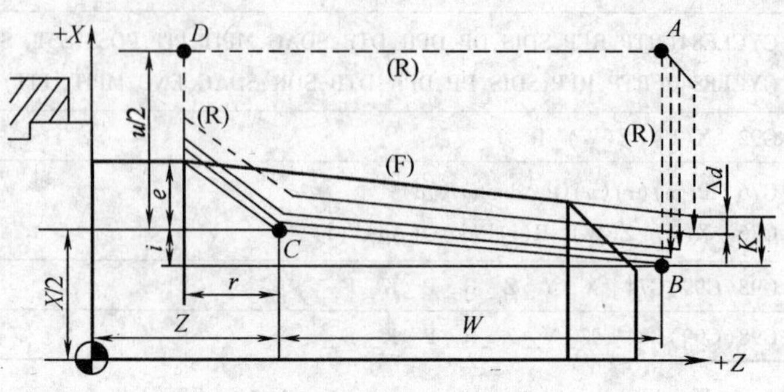

图 8-35 G76 指令螺纹切削循环图示

3）华中 HNC—21M 系统 G74、G84 指令的动作图，如图 8-36 所示，参数功能如下：

G98：刀具返回到初始点平面。

G99：刀具返回到 R 点平面。

X、Y：加工起点到孔位的距离。

R：初始点到 R 的距离。

Z：G90 时为孔底坐标；G91 时为 R 点到孔底的距离。

P：刀具在孔底的暂停时间。

F：切削进给速度。

L：固定循环次数。

由图 8-36 可见，G74 攻反螺纹时主轴反转，到孔底时主轴正转，然后退回；G84 攻螺纹时从 R 点到 Z 点主轴正转，在孔底暂停后，主轴反转，然后退回。

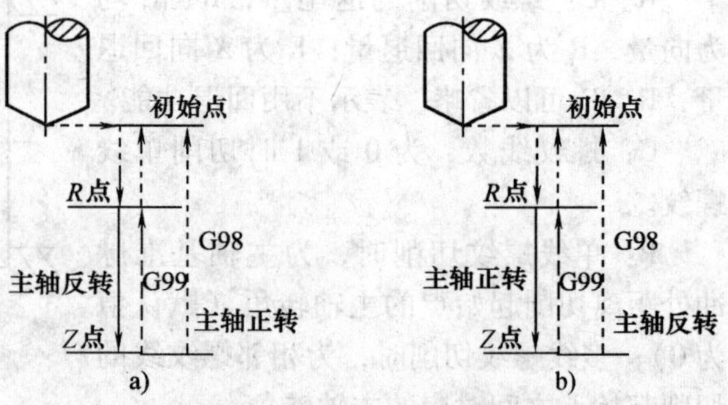

图 8-36 G74、G84 指令动作图

a）G74 指令动作图 b）G84 指令动作图

4）Siemens 802D 系统 CYCLE97 指令的参数示意，如图 8-37 所示，功能如下：

PIT、MPIT：PIT 为螺纹螺距值（无符号）；MPIT 为通过螺纹起始点定义螺纹尺寸。PIT、MPIT 两个参数只能选择其一。

SPL、FPL、APP、ROP：SPL 为螺纹的编程起始点；FPL 为螺纹的编程终点；APP 为螺纹导入量；ROP 为螺纹导出量。

DM1、DM2（直径）：这两个参数分别用来定义螺纹起点、螺纹终点的直径；如果是内螺纹，则为孔的直径。

TDEP、FAL、NRC、NID：TDEP 为螺纹深度；FAL 为精加工余量；NRC 为粗加工的次数；NID 为切削完成后执行停顿路径的数量。

IANG：螺纹加工时的切入角。

NSP：NSP 为起始点偏移，用来定义待切削部件螺纹圈的起始点，未定义该值，螺纹圈的起始点则自动定在零度标号处。

NUMT：NUMT 参数用来定义多线螺纹的线数，对于单线螺纹，此参数值必须为零或在参数表中不出现。

VARI：使用参数 VARI 可以定义是否执行外部或内部加工及对于粗加工时的进给采取何种加工类型。VARI 参数可以有 1 到 4 的值。

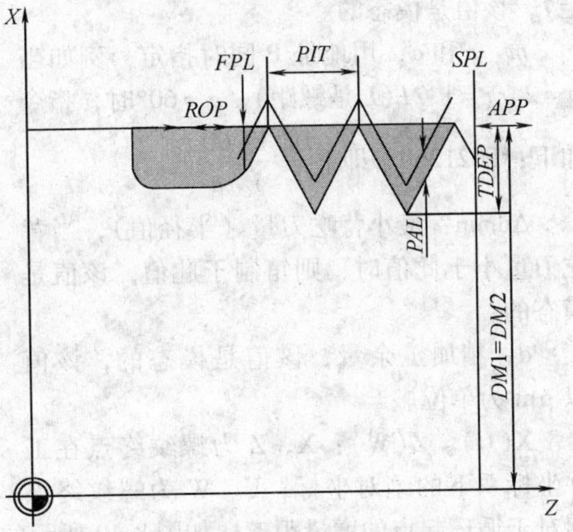

5）Siemens 802D 系统 CYCLE84 指令的参数示意，如图 8-38 所示，功能如下：

RTP：返回平面（绝对值）。

RFP：参考平面（绝对值）。

SDIS：安全距离（无符号输入）。

DP：最终钻孔深度（绝对值）。

DPR：相对于参考平面的最终钻孔深度（无符号输入）。

图 8-37　CYCLE97 指令参数示意图

DTB：钻削到螺纹深度时，为了断屑而停顿的时间。

SDAC：循环结束后的主轴旋转方向，其值为 3、4、5（相应于 M3、M4、M5）。

MPIT：螺距，由螺纹尺寸决定（有符号），符号决定了螺纹旋转方向。

PIT：螺距，由数值决定（有符号），符号决定了螺纹旋转方向。

POSS：主轴定位停止的角度位置（以度为单位）。

SST：攻螺纹速度。

SST1：退回速度。

6）Fanuc 0i—TB 系统 G92 指令的动作示意，如图 8-39 所示，参数功能如下：

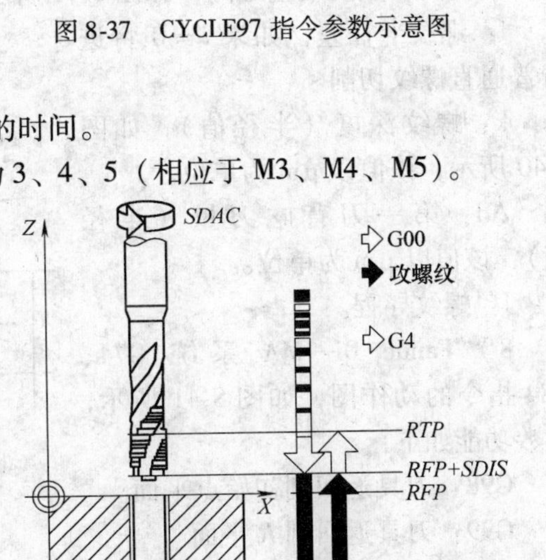

图 8-38　CYCLE84、CYCLE840 指令参数示意图

X(U)、Z(W)：X、Z 为螺纹终点在工件坐标系下的绝对坐标；U、W 为螺纹终点相对于循环起点的增量距离，如图 8-39 中的 W，U、W 的符号由轨迹 1 和 2 的方向确定，也就是说，如果轨迹 1 的方向是沿 *X* 负轴的，则 U 值也是负的。

R：螺纹起点与螺纹终点的半径差，用于加工圆锥螺纹。

F：螺纹导程。

7）Fanuc 0i—TB 系统 G76 指令的加工轨迹，如图 8-40 所示，参数功能如下：

m：精加工次数（1 ~99），为模态值。

r：倒角量，当螺距用 L 表示，以 $0.01L$ 为设定单位时，其值为 $0.01L$ 到 $9.9L$（两位数对应为 00 到 99），该值是模态的。

a：刀尖角度，可以选择 80°、60°、55°、30°、29°和 0°六值中的一值（用两位数指定），该值是模态的。

m、r 和 a，用地址 P 同时指定，例如当 $m=2$、$r=1.2L$（L 是螺距）、$a=60°$时，指令如下：P021260，即 P $\underset{m}{02}\ \underset{r}{12}\ \underset{a}{60}$。

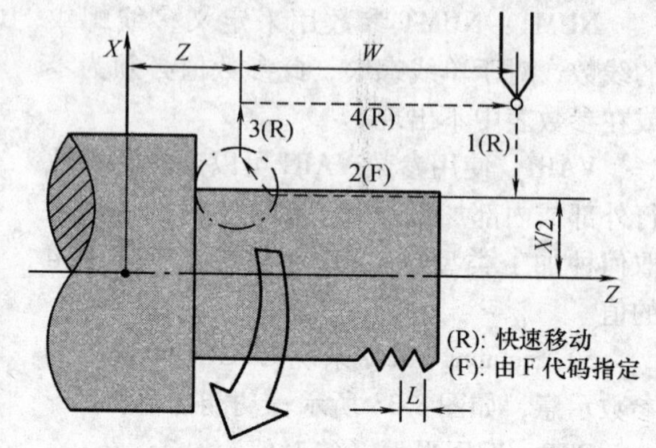

图 8-39 G92 指令动作示意图

Δdmin：最小背吃刀量（半径值），当背吃刀量小于此值时，则箝制于此值，该值是模态的。

d：精加工余量，该值是模态的，该值以 μm 为单位。

X(U)、Z(W)：X、Z 为螺纹终点在工件坐标系下的绝对坐标；U、W 为螺纹终点相对于循环起点的增量距离，如图 8-40 所示的 W。

i：螺纹半径差，如果 $i=0$ 将进行普通直螺纹切削。

k：螺纹深度（半径值），如图 8-40 所示，该值以 μm 为单位。

Δd：第一刀背吃刀量（半径值），该值以 μm 为单位。

l：螺纹导程。

8）Fanuc 0i—MA 系统 G74、G84 指令的动作图，如图 8-41 所示，参数功能如下：

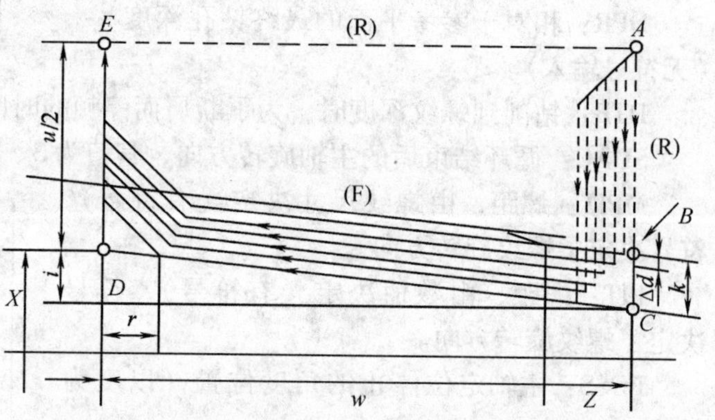

图 8-40 G76 复合循环螺纹切削指令刀具轨迹图示

G98：刀具返回到初始点平面。

G99：刀具返回到 R 平面。

X、Y：孔位坐标。

Z：G90 时为孔底坐标；G91 时为 R 点到孔底的距离。

R：初始点到 R 点的距离。

P：刀具在孔底的暂停时间。

F：切削进给速度。

K：固定循环调用次数。

由图 8-41 可见，G74 攻反螺纹时主轴反转，到孔底时主轴正转，然后退回；G84 攻螺纹时从 R 点到 Z 点主轴正转，在孔底暂停后，主轴反转，然后退回。

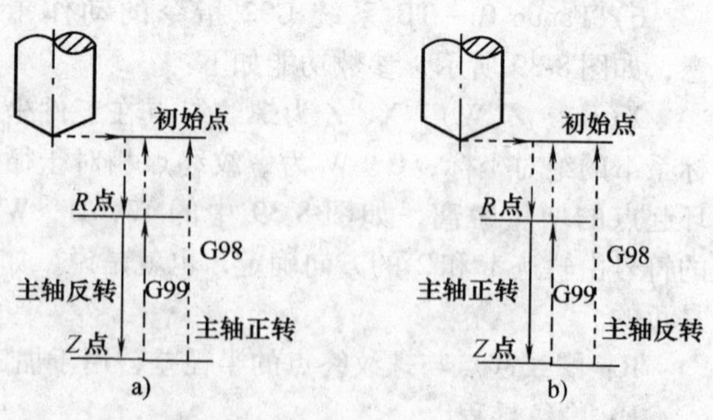

图 8-41 G74、G84 指令动作图
a）G74 指令动作图 b）G84 指令动作图

注意：

1）Siemens 802D 系统 CYCLE97 指令加工右手或左手螺纹是由主轴的旋转方向决定的，该方向必须在循环执行前编程好。

2）Siemens 802D 系统 CYCLE84 指令仅用于具有定位功能的主轴刚性攻螺纹；对于带有补偿夹具的攻螺纹，则使用非刚性攻螺纹 CYCLE840。

3）Fanuc 0i—TB 系统 G92 指令，在单程序段工作方式下，1、2、3、4 的切削过程必须一次次地按下“循环起动”按钮。

4）G74、G84 指令执行之前，需先用 M 代码使主轴顺时针或逆时针旋转起来；G74、G84 指令执行中，进给倍率不起作用，进给保持只能在返回动作结束后方可执行。

举例：

例题 1：如图 8-42 所示的螺纹工件，螺纹为 M30 × 2，工件尺寸见图，毛坯为 ϕ40mm × 120mm 的棒料，螺纹刀具为 60° 的标准机夹刀（3 号刀），试用螺纹切削循环指令编写加工螺纹的程序。

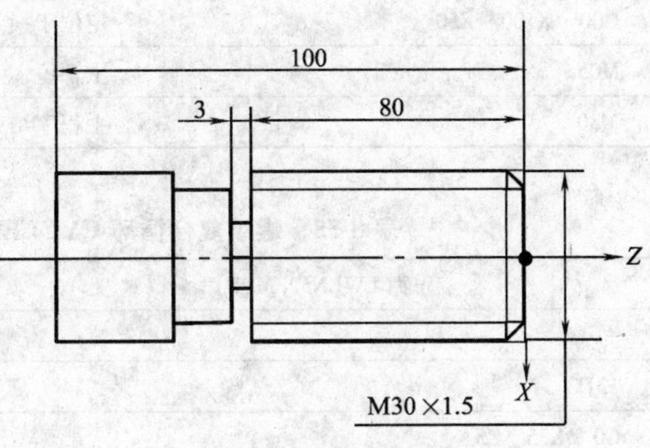

图 8-42　车削螺纹示例

程序：用华中 HNC—21T 系统的螺纹复合循环 G76 指令编写的螺纹加工程序，见表 8-53；用 Fanuc 0i—TB 系统的螺纹复合循环 G76 指令编写的螺纹加工程序，见表 8-54；用 Siemens 802D 系统的螺纹循环 CYCLE97 指令编写的螺纹加工程序，见表 8-55。

表 8-53　螺纹复合循环 G76 加工程序（华中 HNC—21T 系统）

程　序	说　明
%0852	主程序名
……	省略（外圆、切槽加工程序）
T0303	选择螺纹刀具并建立坐标系
G00　X35　Z5	定位于起刀点的位置
M03　S600	主轴以 600r/min 旋转
G95　G01　X30　Z1.5　F0.3	定位于螺纹循环起点的位置
G76C2R-1.5E1.3A60X28.05Z-80K0.975U0.1V0.1Q0.3F1.5	精切次数：2 螺纹深度：0.975μm
G00　X100　Z50	定位于换刀点的位置
M05	主轴停
M02	主程序结束

表 8-54　螺纹复合循环 G76 加工程序（Fanuc 0i—TB 系统）

程　序	说　明
O0852	主程序名（O 开头）
……	省略（外圆、切槽加工程序）
T0303	选择螺纹刀具并建立坐标系
G00　X35　Z5	定位于起刀点的位置
M03　S600	主轴以 600r/min 旋转

（续）

程 序	说 明
G95 G01 X30 Z1.5 F0.3	定位于螺纹循环起点的位置
G76 P021060Q100R0.02 G76 X28.05Z-80P975Q300F1.5	精切次数：2；最小背吃刀量：0.1(100μm) 精切余量：0.02；螺纹深度：0.975(975μm)
G00 X100 Z50	定位于换刀点的位置
M05	主轴停
M30	主程序结束

表 8-55 螺纹复合循环 CYCLE97 加工程序（Siemens 802D 系统）

程序(LWEN52.MPF)	说 明
……	省略(外圆、切槽加工程序)
T3D3	选择螺纹刀具和相应刀沿
G0 X35 Z5	定位于起刀点的位置
M3 S600	主轴以 600r/min 旋转
G95 G1 X30 Z1.5 F0.3	定位于螺纹循环起点的位置
CYCLE97(, 30, 0, -80, 30, 30, 1.5, 1.3, 0.975, 0.1, 60, 0,6, 2, 3, 1)	螺纹导入量 1.5、导出量 1.3；螺纹深度：0.975；精切余量：0.1；粗切次数：6
G0 X100 Z50	定位于换刀点的位置
M5	主轴停
M2	主程序结束

例题 2：如图 8-43 所示的螺纹工件，螺纹为 M5×1.5，攻螺纹轴是 Z 轴，定位尺寸见图，刀具为 M5×1.5 的丝锥（5 号刀），试用螺纹铣削循环指令编写加工螺纹的程序。

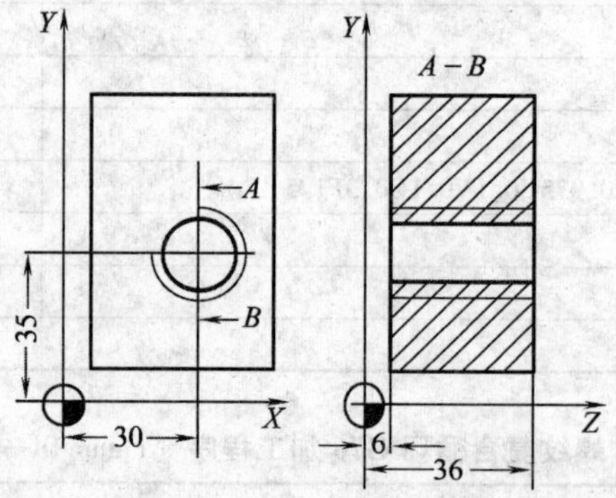

图 8-43 铣削螺纹加工示例

程序：用华中 HNC—21M 系统的螺纹铣削循环 G84 指令编写的螺纹加工程序，见表 8-56；用 Fanuc 0i—MA 系统的螺纹铣削循环 G84 指令编写的螺纹加工程序，见表 8-57；用 Siemens 802D 系统的螺纹铣削循环 CYCLE84 指令编写的螺纹加工程序，见表 8-58。

表 8-56　螺纹铣削循环 G84 加工程序（华中 HNC—21M 系统）

程　序	说　明
%0855	主程序名(%开头)
……	省略(面加工及轮廓加工程序)
T05	选择螺纹刀具
G90　G00　X30　Y35	定位于钻孔点的位置
G43　Z5　H05	刀具长度补偿并定位于零面上 5mm 处
M03　S300	主轴以 300r/min 旋转
G98　G84　X30　Y35　Z-36　R5　P2　L2　F450	调用螺纹铣削循环 2 次(*L* 值)
G00　Z50	退刀
M05	主轴停
M02	主程序结束

表 8-57　螺纹铣削循环 G84 加工程序（Fanuc 0i—MA 系统）

程　序	说　明
O0856	主程序名(O 开头)
……	省略(面加工及轮廓加工程序)
T05	选择螺纹刀具
G90　G00　X30　Y35	定位于钻孔点的位置
G43　Z5　H05	刀具长度补偿并定位于零面上 5mm 处
M03　S300	主轴以 300r/min 旋转
G98　G84　X30　Y35　Z-36　R5　P2　K2　F450	调用螺纹铣削循环 2 次(*K* 值)
G00　Z50	退刀
M05	主轴停
M30	主程序结束

表 8-58　螺纹铣削循环 CYCLE84 加工程序（Siemens 802D 系统）

程序(XLWEN57. MPF)	说　明
……	省略(面加工及轮廓加工程序)
T5　D1	选择螺纹刀具(5 号刀具 1 号刀沿)
G90　G0　X30　Y35	定位于钻孔点的位置
Z20	刀具定位于零面上 5mm 处
M03　S300	主轴以 300r/min 旋转
CYCLE84 (20,0,5,36,,2,4,1.5,90,450, 500)	调用螺纹铣削循环
G0　Z50	退刀
M5	主轴停
M2	主程序结束

第四节 宏指令编程

通过宏指令编程，用户可以使用变量进行算术运算、逻辑运算以及复杂的函数运算；另外，还可以通过调用循环语句、分支语句以及子程序，编写具有数学表达式的复杂结构零件的程序。宏指令编程大大精简了程序量，提高了编程效率，使数控编程具备了类似于高级语言编程的功能。本节以华中 HNC—21T/M 系统为例，讲述宏指令编程的基本知识和方法。

一、宏变量及常量

1. 宏变量

（1）局部变量 #0 ~ #49、#200 ~ #599

（2）全局变量 #50 ~ #199

2. 常量

PI：圆周率 π

TRUE：条件成立（真）

FALSE：条件不成立（假）

二、运算符与表达式

1）算术运算符：+（加）、-（减）、×（乘），/（除）。

2）条件运算符：EQ(=)、NE(≠)、GT(>)、GE(≥)、LT(<)、LE(≤)。

3）逻辑运算符：AND(与)、OR(或)、NOT(非)。

4）函数：SIN、COS、TAN、ATAN、ATAN2、ABS、INT、SIGN、SQRT、EXP。

5）表达式：用运算符将常数、宏变量连接起来构成的式子，例如：#3 ×6 GT 14；175/SQRT[2] ×COS[55 ×PI/180]等，皆为表达式。

三、赋值语句

1）赋值：把常数或表达式的值赋予一个宏变量称为赋值。

2）格式：

①宏变量 = 常数

例如：#3 = 124.0

②宏变量 = 表达式

例如：#2 = 175/SQRT[2] ×COS[55 ×PI/180]

四、条件判别语句

1. 有分支条件判别语句

格式：IF 条件表达式

```
    …
    ELSE
    …
    ENDIF
```

2. 无分支条件判别语句

格式：IF 条件表达式

```
    …
```

ENDIF

五、循环语句

格式：WHILE 条件表达式

…

ENDW

六、宏程序编制举例

例题：如图 8-44 所示的抛物线，其方程为：$Z = X^2/8$，X 的变化区间为［0，16］，试编写加工该抛物线的宏程序。

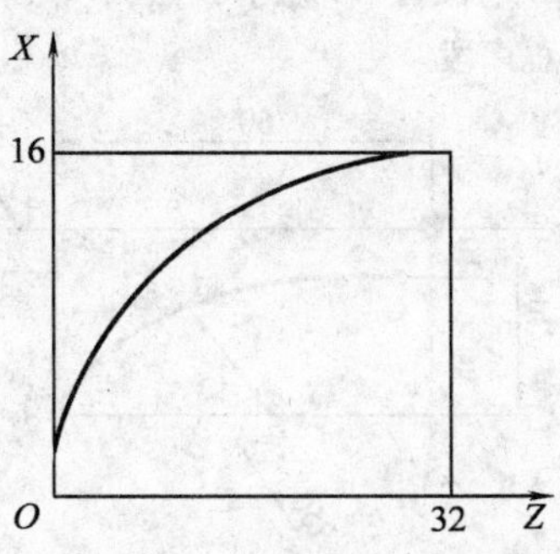

图 8-44　宏程序编制示例

宏程序：加工抛物线的宏程序见表 8-59。

表 8-59　绘制抛物线的宏程序（HNC—21T/M 系统）

程　　序	说　　明	程　　序	说　　明
%0858	程序名	WHILE　#10　LE　16	条件判断
G18	以 XZ 为加工平面	G01　X[#10]　Z[#11]　F100	直线插补
G92　X0　Z0	以 O 点为坐标系零点	#10 = #10 + 0.08	以 0.08 为步增量，改变 X 的值(#10)
M03　S600	主轴以 600r/min 旋转	#11 = #10 * #10/8	求解相应于 X 的 Z 值(#11)
G90　G01　X0　Z0　F300	移动刀具至坐标系零点	ENDW	循环结束
#10 = 0	X 坐标	G00　Y50	Y 轴退刀
#11 = 0	Z 坐标	M05	主轴停
		M02	主程序结束

复习思考题

一、填空题

1. G 代码表示__________功能，M 代码表示__________功能。
2. G03 含义为__________；M05 含义为__________；F120 含义为__________。
3. T0202 含义为__________；T0200 含义为__________。
4. FANUC 系统的数控车床有两种刀具补偿功能，分别为__________和__________；指令为：

__________和__________。

5. “假想刀尖”对__________零件表面加工会产生加工误差；对__________零件表面加工不会产生加工误差。

6. 华中系统中G36的含义为__________；G37的含义为__________。

7. G50有两种含义，分别为__________和__________。

8. 在数控车床中有两种坐标系：分别为__________坐标系和__________坐标系。

9. 在编程时，指定坐标值的方法有3种：分别为__________编程、__________编程和__________编程。

10. 在数控加工中，F指令有三种形式：分别为__________、__________和__________。

11. 如图8-45所示（其中水平线CB与圆弧BA切于B点），请分别用直径、半径编程的绝对编程法、增量编程法编制车削加工A→B轨迹的程序段。

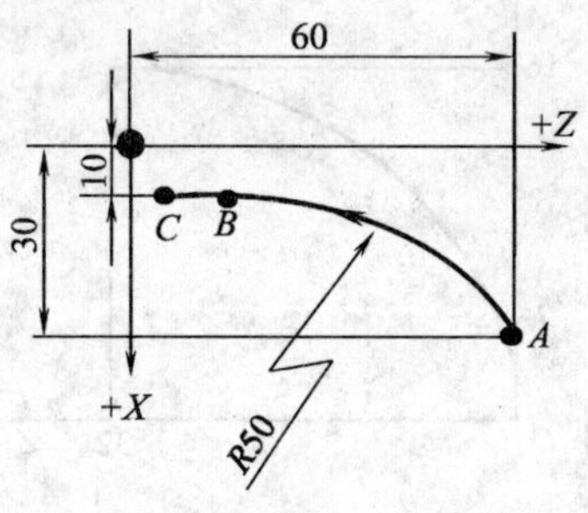

图8-45 编程法示例

（1）半径编程

增量编程法：G__G__G__X__Z__R__；

绝对编程法：G__G__G__X__Z__R__；

（2）直径编程

增量编程法：G__G__G__X__Z__I__K__；

绝对编程法：G__G__G__X__Z__I__K__；

12. 如图8-46所示的工件，请选择适合的刀具______（A、B、C、D），加工该工件。

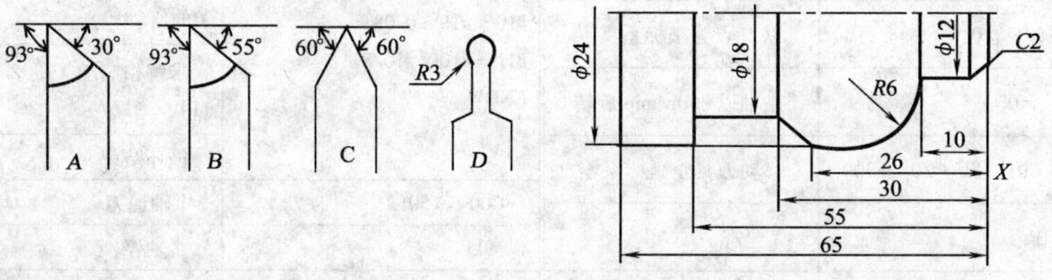

图8-46 选择适合的刀具示例

13. 坐标平面选择指令用于选择圆弧插补平面，其中G17选择__________平面，G18选择__________平面，G19选择__________平面。

14. 刀具补偿过程的运动轨迹分为三个组成部分，形成刀具补偿的__________程序段，零件轮廓__________程序段和补偿__________程序段。

15. 起刀点即程序开始运动的起点，工件坐标原点又称为程序零点，执行G92指令后，也就确定了__________与工件坐标原点，又称为程序零点，该指令只是设定坐标系，机床（刀具或工件台）并未产生__________，因此G92指令执行前的刀具位置，须放在__________所要求的位置上。

16. G54 ~ G59 指令是通过 CRT/MDI 在设置方式下设定工件加工坐标系的，一经设定，加工坐标原点在__________中的位置是不变的，它与刀具的当前位置__________。

二、判断题

1. 当数控车床 X 轴朝上时，G02 与 G03 的方向判断，与 X 轴向下时相反。(　　)
2. 程序段 G96 S500 与 G97 S500 的主轴转速相同。(　　)
3. 不考虑车刀刀尖圆弧半径，车出的圆弧是有误差的。(　　)
4. 不考虑车刀刀尖圆弧半径，车出的圆柱面是有误差的。(　　)
5. 指令字 U、X 不能出现在同一程序段。(　　)
6. 圆弧插补用圆心指令时，在绝对方式编程中，I、J、K 还是相对值。(　　)
7. 用 G92 设定工件坐标系时，起刀点与工件坐标系的位置无关。(　　)
8. 参数赋值程序 $P1 = 3650$，表示 $P1$ 的赋值为 36.5mm。(　　)
9. 螺纹切削指令中的地址字 F 是指螺纹的螺距。(　　)
10. 暂停指令 G04 不是模态指令。(　　)
11. 在顺铣与逆铣中，对于右旋立铣刀铣削时，用 G41 是逆铣、用 G42 是顺铣。(　　)
12. 在不考虑数控铣床进给滚珠丝杠间隙的影响，为提高加工质量，宜采用顺铣。(　　)
13. 在刀具尺寸半径补偿进行的程序段中，不能出现 G02、G03 的圆弧插补。(　　)
14. 当刀具尺寸改变时，只有重新修改数控铣床的程序，才能用于加工。(　　)
15. 用 G54 设定工件坐标系时，其工件原点的位置与刀具起点有关。(　　)
16. 数控铣床孔加工循环指令的参数 R 是指回到循环起始平面。(　　)
17. 辅助功能中 M00 与 M01 的功能完全相同。(　　)
18. 镜像功能执行后，第一象限的顺圆 G02 到第三象限还是顺圆 G02。(　　)

三、单项选择题

1. 指令字 G96、G97 后面的转速单位分别为__________。

A. m/min，r/min　　B. r/min，m/min　　C. m/min，m/min　　D. r/min，r/min

2. 当数控车床 X 轴朝上时，与 X 轴向下时__________。

A. G01 改变方向，G02、G03 不变

B. G01、G02、G03 均不变

C. G01、G02、G03 均改变方向

D. G01 不变，G02、G03 改变方向

3. 子程序调用指令 M98P1004L12 的含义为__________。

A. 调用 004 号子程序 12 次　　B. 调用 1004 号子程序 12 次

C. 调用 1004 号子程序 2 次　　D. 调用 12 号子程序 1004 次

4. 刀具指令 T1002 表示__________。

A. 刀号为 1，补偿号为 002　　B. 刀号为 100，补偿号为 2

C. 刀号为 10，补偿号为 02　　D. 刀号为 1002，补偿号为 0

5. 数控车床上绝对方式编程时，G80 中的 I 与 G81 中的 K 为__________。

A. I 相对值、K 绝对值　　B. I 绝对值、K 相对值

C. I 绝对值、K 绝对值　　D. I 相对值、K 相对值

6. 螺纹切削指令中的 F 表示__________。

A. 进给速度　　B. 进给量　　C. 螺纹导程　　D. 螺纹螺距

7. 固定循环与参数编程是编程的一种特殊形式，与一般编程的关系是__________

A. 前者可代替，后者不可代替　　B. 均不可代替

C. 前者不可代替，后者可代替　　D. 均可代替

8. 同一台数控机床上，更换一个尺寸不同的零件进行加工，用 G54 和 G92 两种方法设定工件坐标系，其更改情况为__________。

A. 前者需要更改，后者不需要更改　　B. 两者均需要更改

C. 后者不需要更改，前者需要　　D. 均不需要

9. 当使用 G41、G42 刀尖圆弧半径补偿时，对__________的尺寸与形状没有影响。

A. 圆柱面与端面　　B. 凸圆弧与凹圆弧

C. 圆柱面与锥面　　D. 圆弧面与锥面

10. __________均为固定循环指令。

A. G81、G32 和 G80　　B. G80、G32 和 G82

C. G82、G81 和 G80　　D. G97、G82 和 G81

11. 数控铣床上，在不考虑进给丝杠间隙的情况下，为提高加工质量，宜采用__________。

A. 外轮廓顺铣、内轮廓逆铣　　B. 外轮廓逆铣、内轮廓顺铣

C. 内、外轮廓均为逆铣　　D. 内、外轮廓均为顺铣

12. 在用 G54 与 G92 设定工作坐标系的时候，刀具起刀点与__________。

A. G92 无关，G54 有关　　B. G92 有关，G54 无关

C. G92 和 G54 均无关　　D. G92 和 G54 均无关

13. 数控铣床上半径补偿建立的矢量与补偿开始点的切矢量的夹角以__________为宜。

A. 小于 90°，大于 180°　　B. 任何角度

C. 大于 90°，小于 180°　　D. 不等于 90°，不等于 180°

14. 刀具半径补偿的建立只能通过__________来实现。

A. G01 或 G02　　B. G00 或 G03　　C. G02 或 G03　　D. G00 或 G01

15. 子程序调用指令 M98P61021 的含义为__________。

A. 调用 610 号子程序 21 次　　B. 调用 1021 号子程序 6 次

C. 调用 6102 号子程序 1 次　　D. 调用 021 号子程序 61 次

16. 在孔加工固定循环中，G98、G99 分别为__________。

A. G98 返回循环起始点，G99 返回 R 平面

B. G98 返回 R 平面，G99 返回循环起始点

C. G98 返回程序起刀点，G99 返回 R 平面

D. G98 返回 R 平面，G99 返回程序起刀点

17. 在镜像加工时，第 I 象限的顺圆 G02 圆弧，到了其他象限为__________。

A. Ⅱ、Ⅲ为顺圆，Ⅳ为逆圆　　B. Ⅱ、Ⅳ为顺圆，Ⅲ为逆圆

C. Ⅱ、Ⅳ为逆圆，Ⅲ为顺圆　　D. Ⅱ、Ⅲ为逆圆，Ⅳ为顺圆

18. 数控铣床中 G17、G18、G19 指定不同的平面，分别为__________。

A. G17 为 XOY，G18 为 XOZ，G19 为 YOZ

B. G17 为 XOZ，G18 为 YOZ，G19 为 XOZ

C. G17 为 XOY，G18 为 YOZ，G19 为 XOZ

D. G17 为 XOZ，G18 为 XOY，G19 为 YOZ

19. G28、G29 的含义为__________。

A. G28 从参考点返回，G29 返回机床参考点

B. G28 返回机床参考点，G29 从参考点返回

C. G28 从原点返回，G29 返回机床原点

D. G28 返回机床原点，G29 从原点返回

20. 在 XOY 平面内的刀具半径补偿执行的程序中，两段连续程序为__________不会产生过切。

A. N60　G01　X60　Y20；N70　Z-3

B. N60　G01　Z-3.0；N70　M03　S800

C. N60　G00　Z10；N70　G01　Z-3

D. N60　M03　S800；N70　M08

四、简答题

1. 如何判别圆弧的顺、逆？

2. 常见车螺纹的进刀方式、背吃刀量的分配方式有哪些？

3. 为什么车螺纹时要设置升、降速段？

4. 为什么要进行刀具的几何或磨损补偿？

5. 为什么要用刀具半径补偿？刀具半径补偿有哪几种？指令是什么？

6. 数控车床常用的粗加工复合循环有哪些？适应于哪类毛坯？

7. 数控铣削适用于哪些加工场合？

五、编程题

1. 用绝对值及增量值方法，编写如图 8-47 所示零件的精加工程序。

2. 在华中 HNC—21T 数控车床上，加工如图 8-48 所示的工件，已知毛坯 ϕ45mm，起刀点坐标为（100，100），在粗车时进给量为 80mm/min，背吃刀量（直径量）为 1mm，留精加工余量 X 向 0.5mm（直径量），Z 向 0.3mm，精车时进给量为 40mm/min，M28 × 2 螺纹大径按 28mm 计算加工，分 5 次进刀，螺纹进给背吃刀量（直径量）依次为：0.9mm、0.6mm、0.4mm、0.1mm，所用刀具见表 8-60，试编制工件加工的程序。

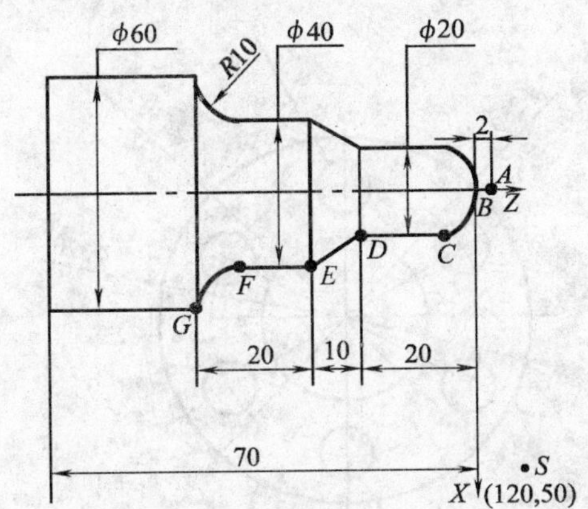

图 8-47　编程方法示例

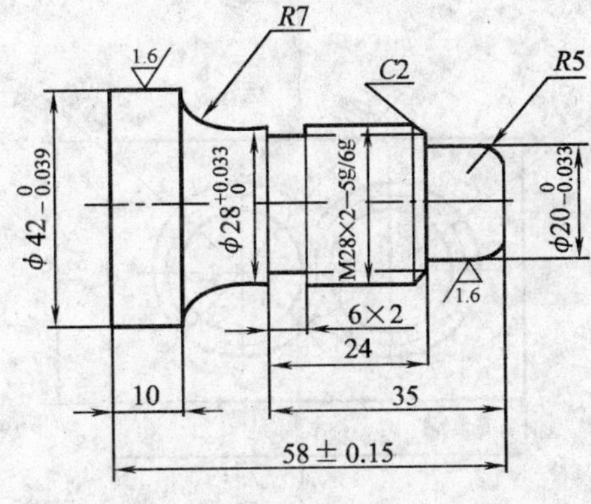

图 8-48　华中 HNC—21T 数控车床示例

表 8-60　加工所用刀具

刀具号	T0101	T0202	T0303
刀具名称	90°外圆车刀	60°螺纹刀	3mm 宽的切槽刀（左刀尖对刀）

3. 编写如图 8-49 所示铣削工件的加工程序。

4. 螺旋面型腔零件，如图 8-50 所示，槽宽 8mm，其中螺旋槽左右两端深度为 4mm，中间相交处为 1mm，槽上下对称，试编写其数控加工程序。

5. 如图 8-51 所示孔加工零件，各孔深 5mm；外轮廓表面深 5mm，试编写加工程序。

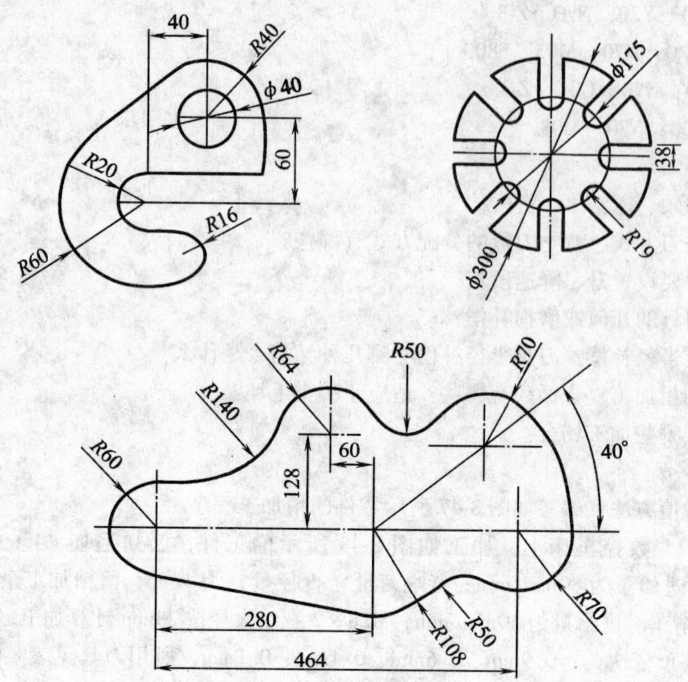

图 8-49 铣削工件示例

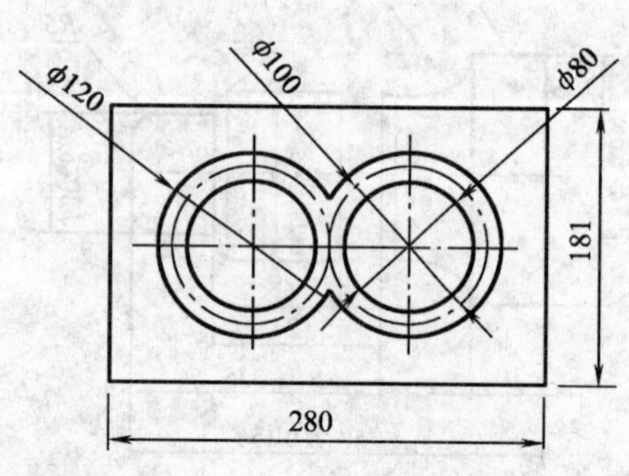

图 8-50 螺旋面型腔零件

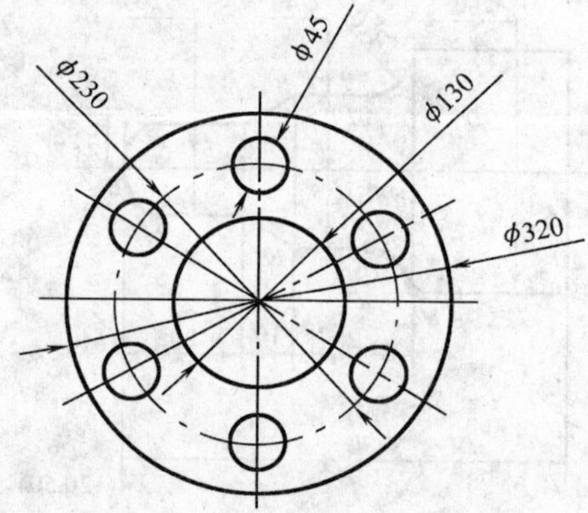

图 8-51 孔加工零件

第九章　MasterCAM 自动编程

学习目的：了解 MasterCAM 用于机械加工的相关文件的基础知识；掌握 MasterCAM 机械加工的刀具参数的设置、毛坯的定义和二维刀具路径的创建；熟练使用 MasterCAM 机械加工用于管理刀具路径的操作管理器；深刻理解二维刀具路径创建中各个参数的含义；掌握各种加工方法的适宜范围；能够综合应用各种二维加工方法完成零件加工。

学习重点：MasterCAM 机械加工中刀具参数的设置和操作管理器的熟练使用；MasterCAM 各种二维加工方法的相关参数设置；综合应用各种二维加工方法完成零件加工。

第一节　概　　述

本节简要介绍了 MasterCAM 机械加工中文件、刀具的基础知识和机械加工中公共管理、后置处理两模块的基本功能，掌握好这些内容是全面掌握 MasterCAM 机械加工功能的基础。

一、MasterCAM9 应用基础

1. 文件扩展名

（1）MC9　MasterCAM9 文件用 MC9 作扩展名，包括图形文件、刀具路径文件、刀具路径参数文件和刀具信息文件。默认的文件名是 T. MC9。

（2）TL9　用 TL9 作扩展名的是刀具库文件，包括主轴速度、进给速率和刀具直径等信息。默认的刀具库是 TOOLS-MM. TL9。

（3）MT9　用 MT9 作扩展名的是材料库文件，可设置一种加工材料的进给速率和主轴速度。默认的材料库是 MATLS. TL9。

（4）DF9　用 DF9 作扩展名的是缺省的公共参数文件和曲面刀具路径。默认的参数库是 DEFAULTM. DF9。

（5）OP9　用 OP9 作扩展名的是操作库文件，包括缺省的特殊刀具路径缺省参数，能用于现在图形，可从 MasterCAM9 输入和输出，这个文件形式不同于 MC9 文件，其不包括一般图形。默认的参数库是 DEFAULTM. OP9。

2. 刀具平面

刀具平面是指刀具与被加工零件接触的平面，为二维平面，它代表数控加工的坐标系统（X 轴、Y 轴和原点），可用几种方法相对于图形设置。

3. 刀具原点

刀具原点是用来构建刀具路径的参考点。刀具原点一般是系统的原点，也可以重新定义。系统原点是固定的，是构建图形和刀具路径的主参考点，在设置了刀具平面后即可以重新设置刀具原点。

二、刀具路径参数确定

启动 MasterCAM 铣削模块，选择【回主功能表】→【刀具路径】后，出现如图 9-1 所示的加工方式选择菜单，根据零件的加工要求，选择相应的加工方式（如【外形铣削】），

出现如图 9-2 所示图素选取方式，再根据图素特点选择图素选取方式（如【串联】），拾取图素后选择【执行】，弹出相应于加工方式的参数设置对话框（如图 9-3 所示的外形铣削参数设置对话框），输入相关参数后选择【确定】按钮。

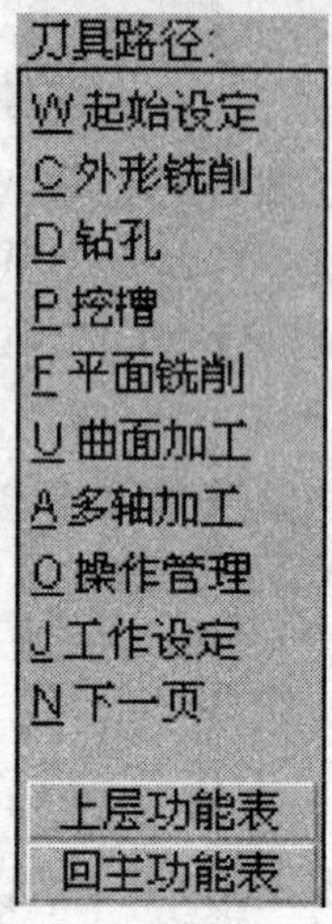

图 9-1 加工方式选择

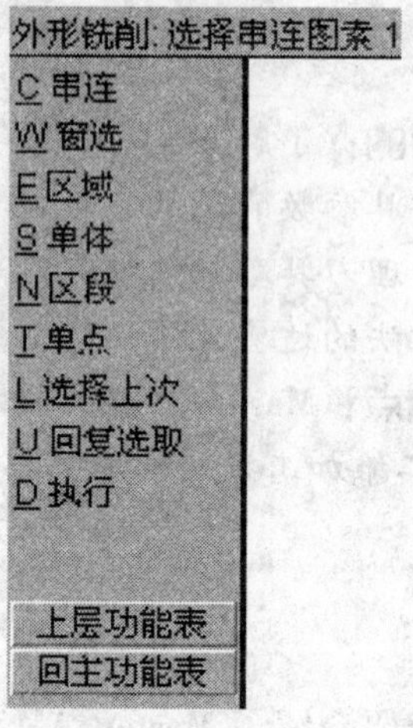

图 9-2 图素选取方式

刀具路径的参数确定，是 MasterCAM 机械加工的重要内容，相应于不同的加工方式，其参数设置皆有特点，详细内容请见本教材后续章节。

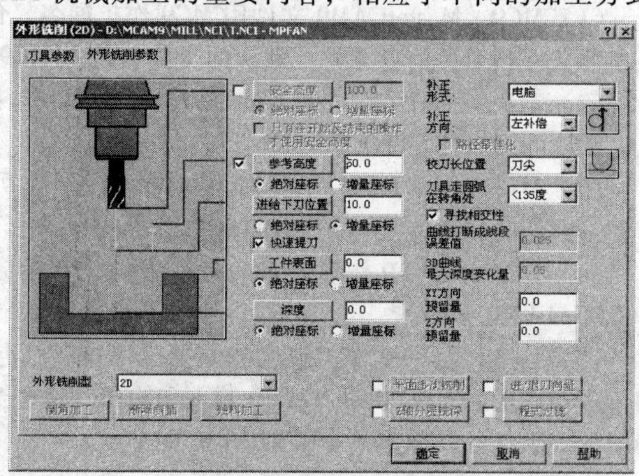

图 9-3 外形铣削参数设置

三、公用管理

在 MasterCAM 9 中选择【回主功能表】→【公用管理】后，出现如图 9-4 所示的公用管理菜单，该菜单提供了检查刀具路径的不同功能：

选择【路径模拟】功能，可进行切削加工模拟显示。

选择【实体检测】功能，可使用三维实体模型模拟切除材料，形成要求加工的产品形状，通过分析形状可及时检验刀具路径及程序中的错误。

四、后置处理

在 MasterCAM9 中选择【回主功能表】→【公用管理】→【后处理】后，出现如图 9-5 所示的后处理菜单。

选择【更换后处理】功能，可以改变目前正在 MasterCAM9 中运行的后处理程式。因不同的数控系统后处理程式不同，故在 CAM 编程过程中，当刀具路径确定后，必须输入要使用的后处理程式。

选择【nci->nc】功能，执行指定的后处理程式，构建一个传送至数控系统的NC文件，也即生成所需要的加工程序单。

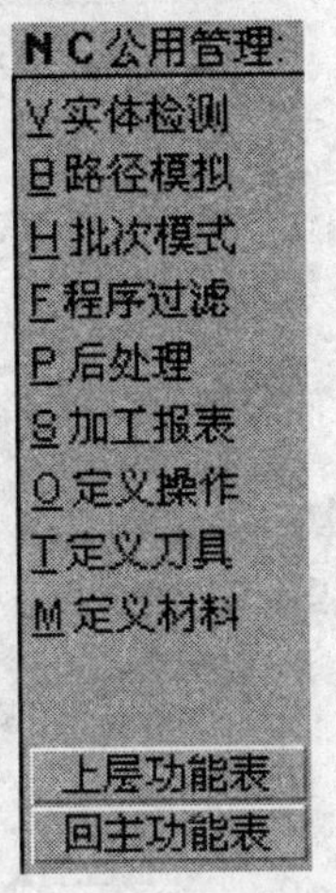

图9-4 公用管理菜单

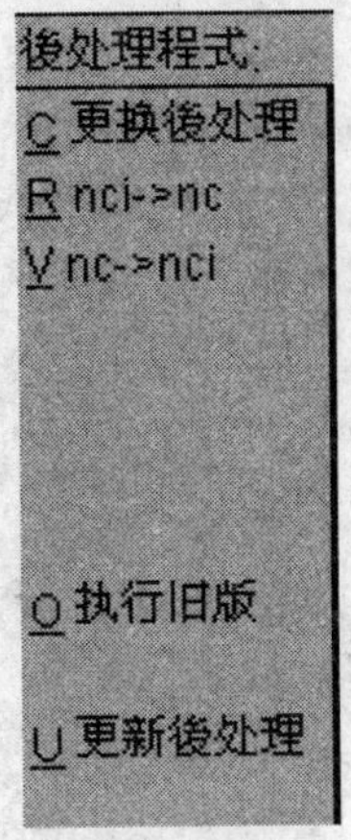

图9-5 后处理菜单

第二节 工件设置

本节详细讲述了MasterCAM机械加工中工件毛坯的外形尺寸设置、位置设置和安全区域设置。根据实际加工情况准确的设定毛坯特性，是MasterCAM机械加工模拟仿真的前提。

一、工件外形尺寸设置

启动MasterCAM的铣削模块，顺序选择【回主功能表】→【刀具路径】→【工作设定】后，出现如图9-6所示的工作设定对话框。用户可以使用该对话框定义工件毛坯。

对于MasterCAM的Mill模块，工件的形状只能定义为立方体，可以采用以下几种方法定义工件外形尺寸：

1）直接在工作设定对话框的 *X*、*Y* 和 *Z* 文本框中输入工件长、宽、高的尺寸。

2）单击【选择对角】按钮，在绘图区选取工件的两个对角点。

3）单击【边界盒】按钮，采用绘制边界盒的方法来定义工件的大小。

4）单击【NCI范围】按钮，根据NCI文件中刀具的移动范围来计算出工件的大小。

二、工件位置设置

MasterCAM9铣削加工通过设置工件的原点位置来定义工件的位置。在图9-6中可以采用以下两种方法设置工件位置：

1）直接在【工件原点】文本框中输入工件原点的坐标。

2）单击【选择原点】按钮后在绘图区选取一点作为工件的原点。

注：工件上的8个角点及上下两个面的中心点都可作为工件的原点，系统用一个小箭头来指示原点在工件上的位置。将光标移到上述10个特殊点位置上，单击鼠标左键即可将该点设置为工件原点。

三、工件安全区域设置

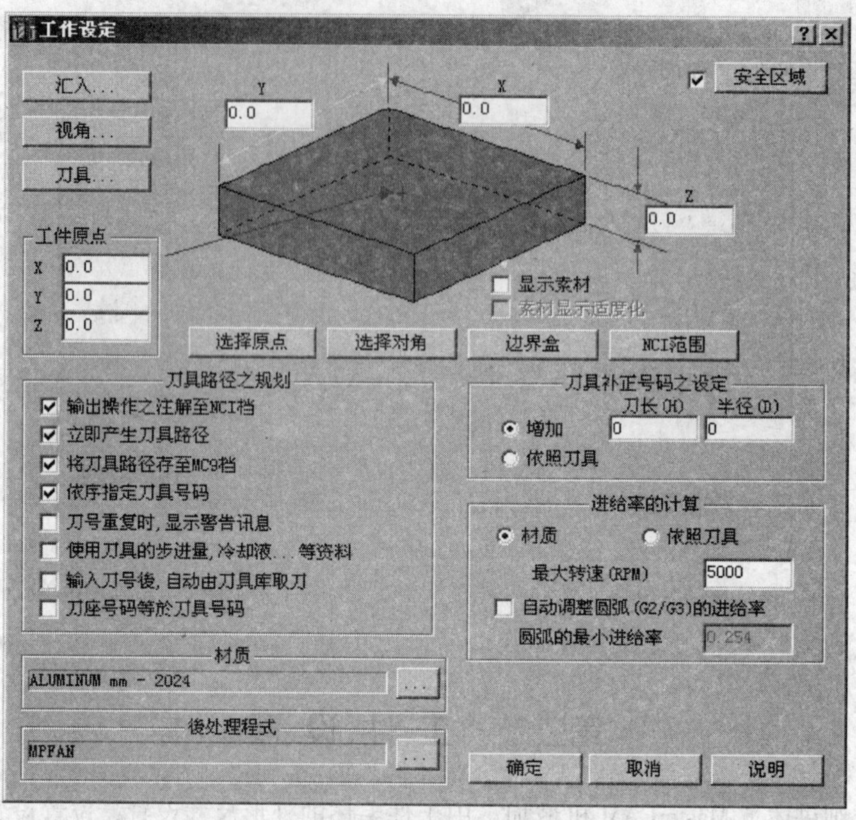

图 9-6 工作设定

在图 9-6 中，选中右上角【安全区域】按钮前的复选框，单击【安全区域】按钮，系统弹出如图 9-7 所示的安全区域对话框。

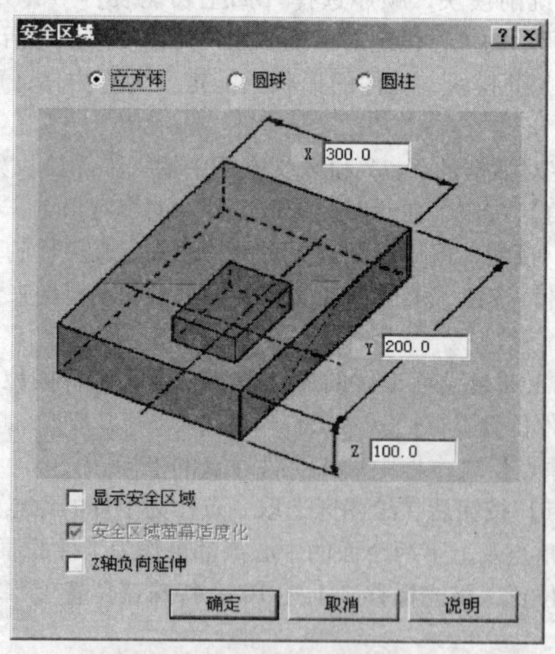

图 9-7 安全区域对话框

安全区域的设置有立方体、圆球和圆柱三种方式，在不同方式下，录入相应的参数值即可实现安全区域的设置。

第三节 刀具设置

本节详细讲述了 MasterCAM 机械加工中刀具的选择和刀具参数的设置。根据零件的加工要求，选择刀具乃至创建刀具，是机械加工必备的技能。

一、刀具的选择

启动 MasterCAM 的铣削模块，顺序选择【回主功能表】→【公用管理】→【定义刀具】→【目前的】，出现如图 9-8 所示的刀具管理对话框。

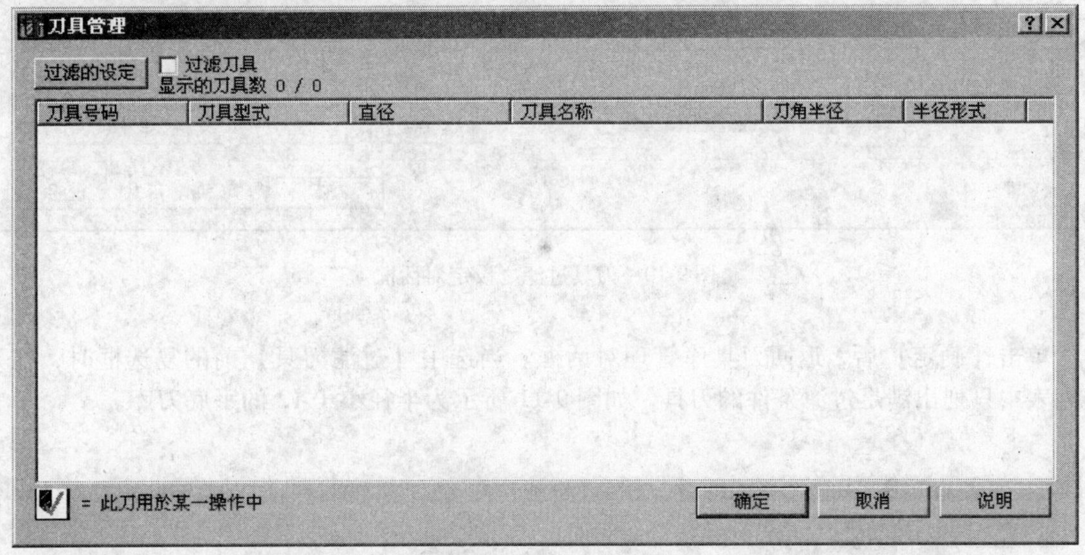

图 9-8 刀具管理对话框

在刀具管理对话框（见图 9-8）的任意位置单击鼠标右键，弹出如图 9-9 所示的快捷菜单。

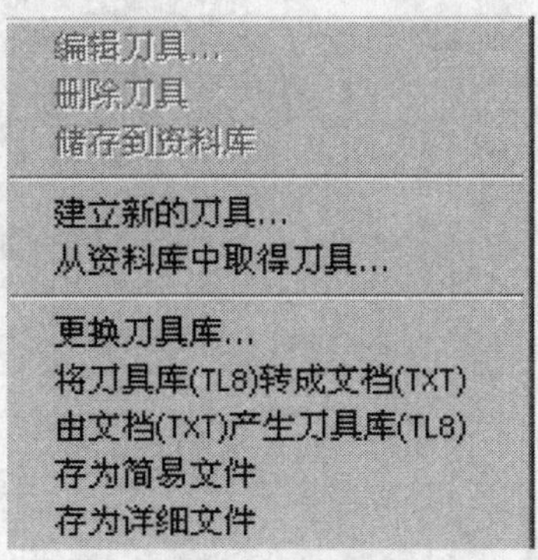

图 9-9 刀具管理右键菜单

选择【从资料库中取得刀具…】，弹出类似于图 9-8 的刀具库管理对话框，单击【过滤的设定】按钮，弹出如图 9-10 所示的刀具过滤之设定对话框，根据需要的刀具型式、刀具直径、半径型式和刀具材质设置相应的参数。

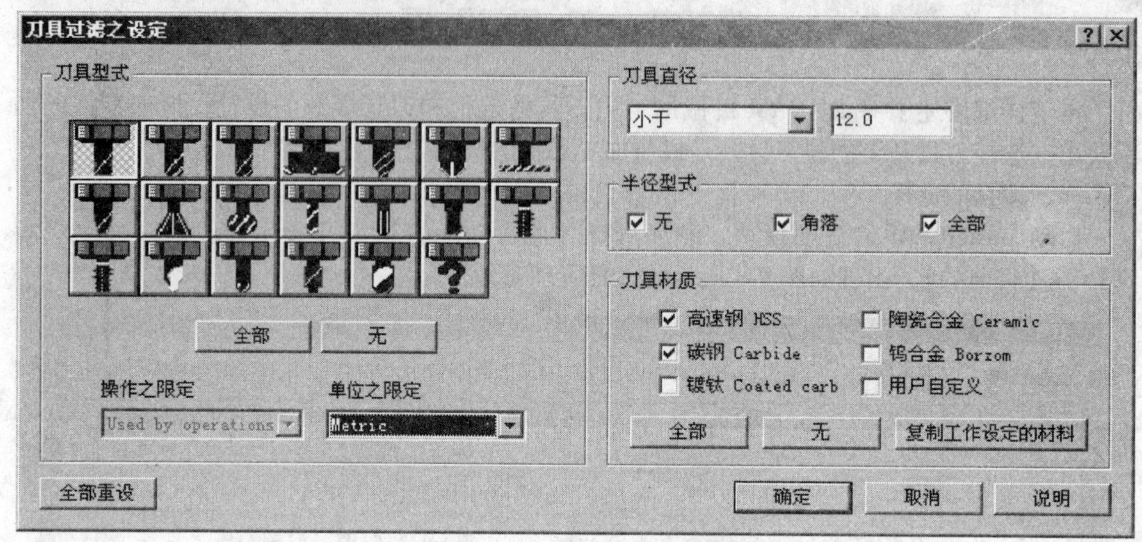

图 9-10　刀具过滤之设定对话框

单击【确定】后，返回刀具库管理对话框。当选中【过滤刀具】前的复选框时，在刀具列表中只列出满足过滤条件的刀具，如图 9-11 所示为半径小于 12 的平底刀库。

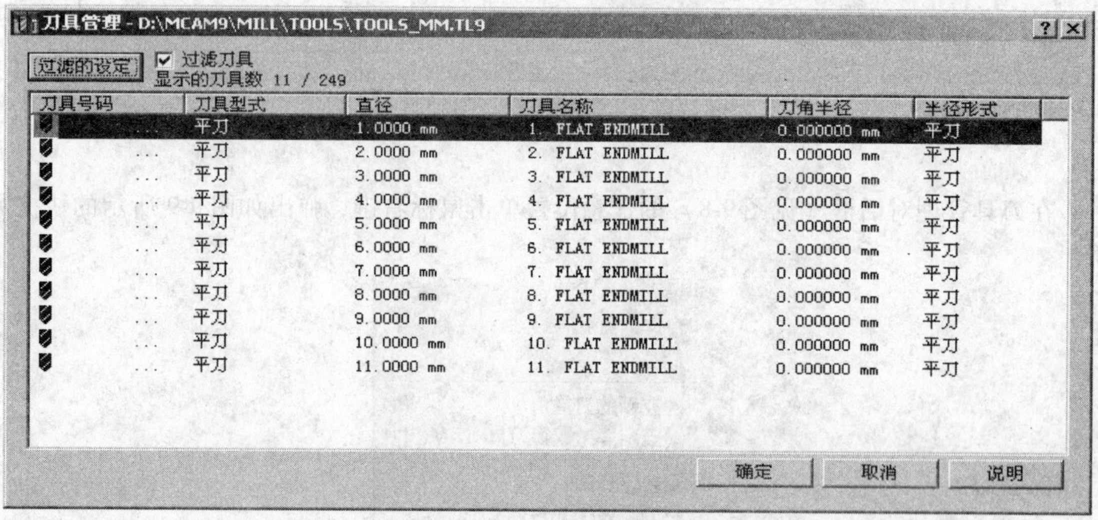

刀具管理 - D:\MCAM9\MILL\TOOLS\TOOLS_MM.TL9

过滤的设定　☑ 过滤刀具
显示的刀具数 11 / 249

刀具号码	刀具型式	直径	刀具名称	刀角半径	半径形式
...	平刀	1.0000 mm	1. FLAT ENDMILL	0.000000 mm	平刀
...	平刀	2.0000 mm	2. FLAT ENDMILL	0.000000 mm	平刀
...	平刀	3.0000 mm	3. FLAT ENDMILL	0.000000 mm	平刀
...	平刀	4.0000 mm	4. FLAT ENDMILL	0.000000 mm	平刀
...	平刀	5.0000 mm	5. FLAT ENDMILL	0.000000 mm	平刀
...	平刀	6.0000 mm	6. FLAT ENDMILL	0.000000 mm	平刀
...	平刀	7.0000 mm	7. FLAT ENDMILL	0.000000 mm	平刀
...	平刀	8.0000 mm	8. FLAT ENDMILL	0.000000 mm	平刀
...	平刀	9.0000 mm	9. FLAT ENDMILL	0.000000 mm	平刀
...	平刀	10.0000 mm	10. FLAT ENDMILL	0.000000 mm	平刀
...	平刀	11.0000 mm	11. FLAT ENDMILL	0.000000 mm	平刀

确定　取消　说明

图 9-11　过滤后的刀具库

在图 9-11 刀具库列表中选择一个刀具（如 10. FLAT ENDMILL），单击【确定】后即将该刀具添加到当前刀具列表中，如图 9-12 所示。

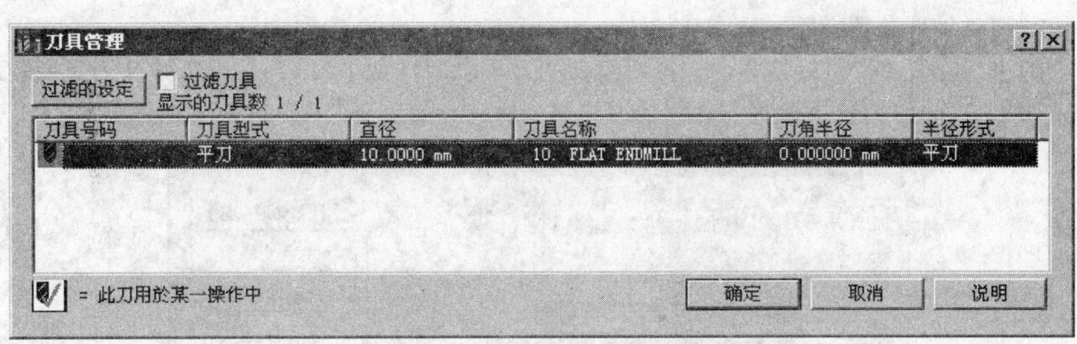

图 9-12　当前刀具列表

二、设置刀具参数

当刀具库中已有的刀具无法满足实际加工需要时，可通过设置刀具参数来创建新的刀具。在图 9-9 中选择【建立新的刀具…】，弹出定义刀具对话框，选择【刀具型式】页标签，如图 9-13 所示。

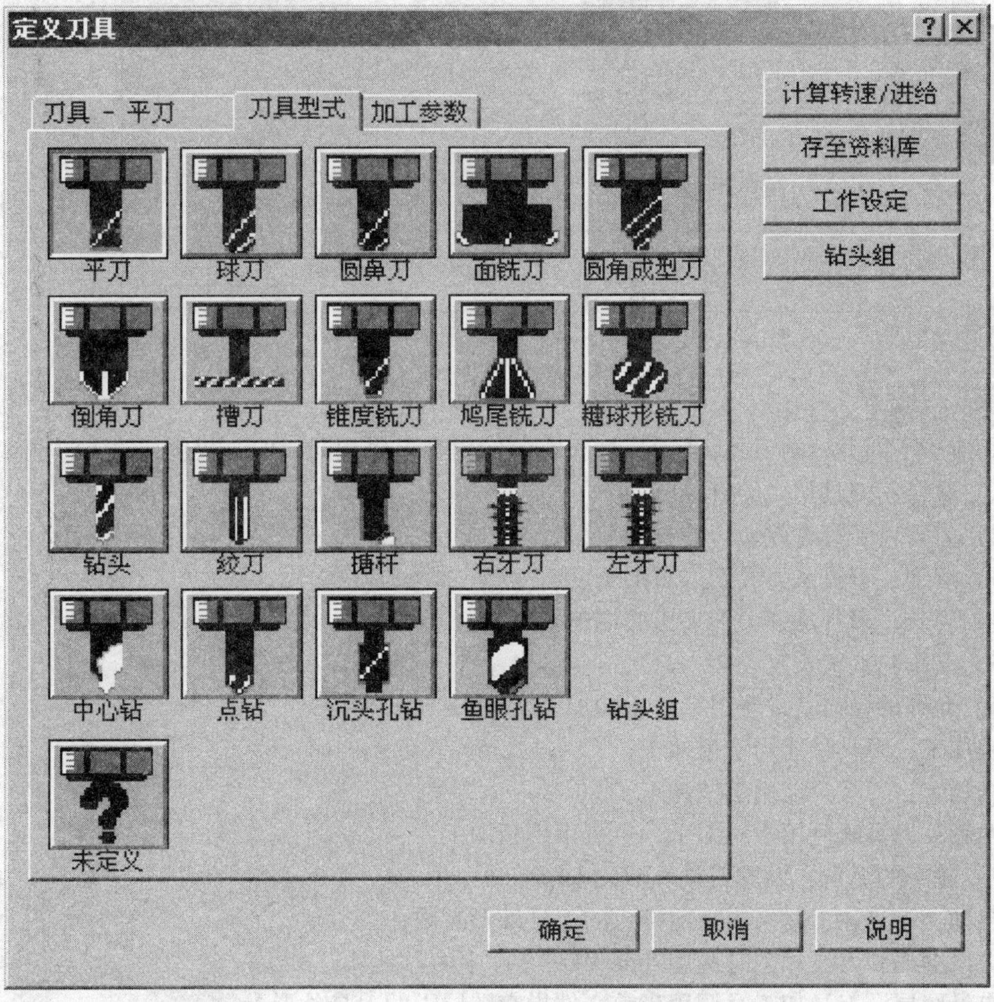

图 9-13　定义刀具对话框

1. 刀具外形参数设置

在【刀具型式】页标签中，选择所需要的刀具类型（如平刀），然后选择【刀具-平刀】页标签（注：【刀具】页标签的名称随刀具类型的选择而改变），如图 9-14 所示。

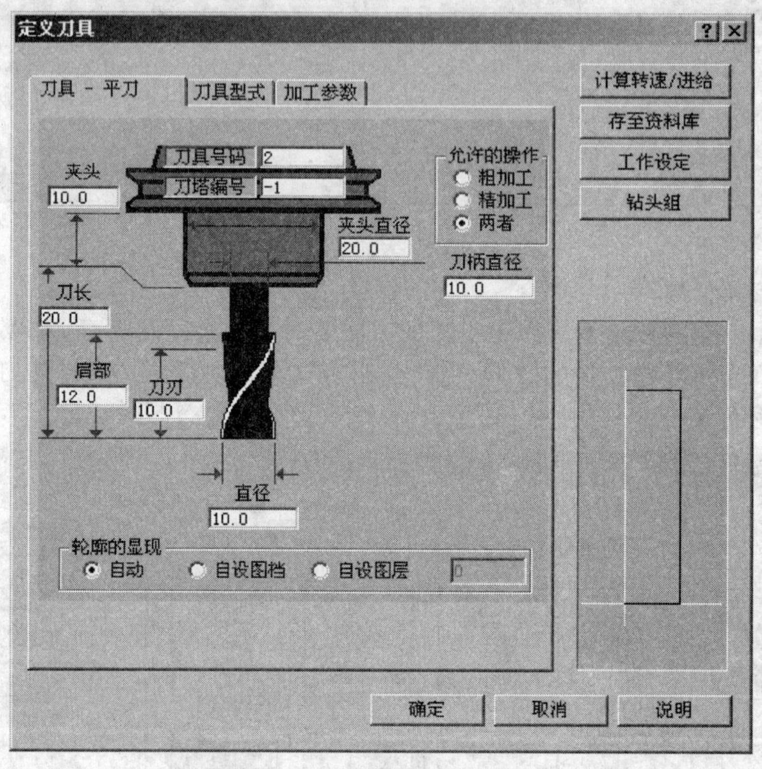

图 9-14 刀具-平刀页标签

相应于不同类型的刀具，【刀具】页标签的内容不尽相同，但一般包括以下一些参数：

1）直径：刀具切口的直径。

2）刀刃：刀具有效切刃的长度。

3）肩部：刀具从刀尖到刀刃的长度。

4）刀长：刀具从刀尖到夹头底端的长度。

5）夹头：夹头长度。

6）允许的操作：设置刀具适用的加工类型。

粗加工：刀具只能用于粗加工；

精加工：刀具只能用于精加工；

两者：刀具既可用于粗加工，也可用于精加工。

7）轮廓的显现：设置刀具外形的来源。

自动：刀具加工时采用当前键入的刀具外形参数；

自设图档：刀具加工时调用外部 MC9 文件中的刀具外形参数；

自设图层：刀具加工时调用当前文件指定图层中的刀具外形参数。

2. 刀具工艺参数设置

在图 9-14 中，选择【加工参数】页标签，出现如图 9-15 所示的刀具工艺参数对话框，该对话框用来设置刀具在加工时的工艺参数。

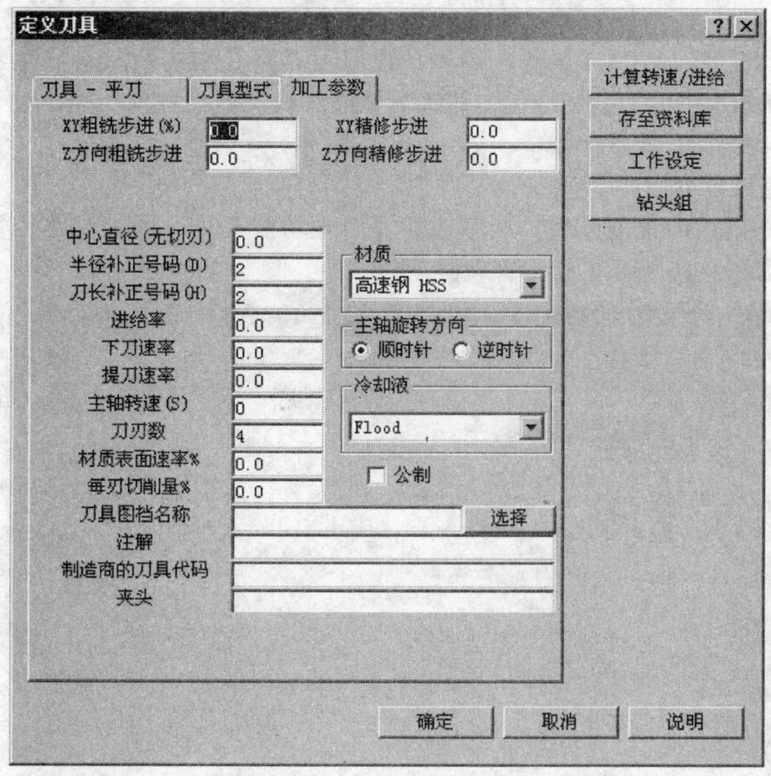

图 9-15　刀具工艺参数

【加工参数】页标签中主要参数的含义如下：

1）*XY* 粗铣步进：粗加工时，刀具在 *X*、*Y* 方向上的进刀量（步距）。

2）*Z* 方向粗铣步进：粗加工时，刀具在 *Z* 方向上的每步下刀量。

3）*XY* 精修步进：精加工时，刀具在 *X*、*Y* 方向上的进刀量（步距）。

4）*Z* 方向精修步进：精加工时，刀具在 *Z* 方向上的每步下刀量。

5）中心直径：刀具直径的最小参考值。

6）半径补正号码：刀具半径补偿号。

7）长度补正号码：刀具长度补偿号。

8）进给率：*X*、*Y* 方向切削速率。

9）下刀速率：刀具沿 *Z* 方向接近工件的速率。

10）抬刀速率：刀具沿 *Z* 方向离开工件的速率。

11）主轴转速：切削时主轴的转速。

12）刀刃数：有效的切刃数。

13）材质表面速率%：以切削线速度的百分比衡量。

14）每刃切削量%：以进刀量的百分比衡量。

第四节 操作管理器

操作管理器是 MasterCAM 操作、编辑、管理刀具路径的场所。本节简要介绍了其在 MasterCAM 机械加工中的功能和地位，熟练掌握操作管理器的各项功能，对于掌握 MasterCAM 机械加工功能具有重要意义。

一、操作管理器介绍

启动 MasterCAM 的铣削模块，顺序选择【回主功能表】→【刀具路径】→【操作管理】后，出现如图 9-16 所示的操作管理器。

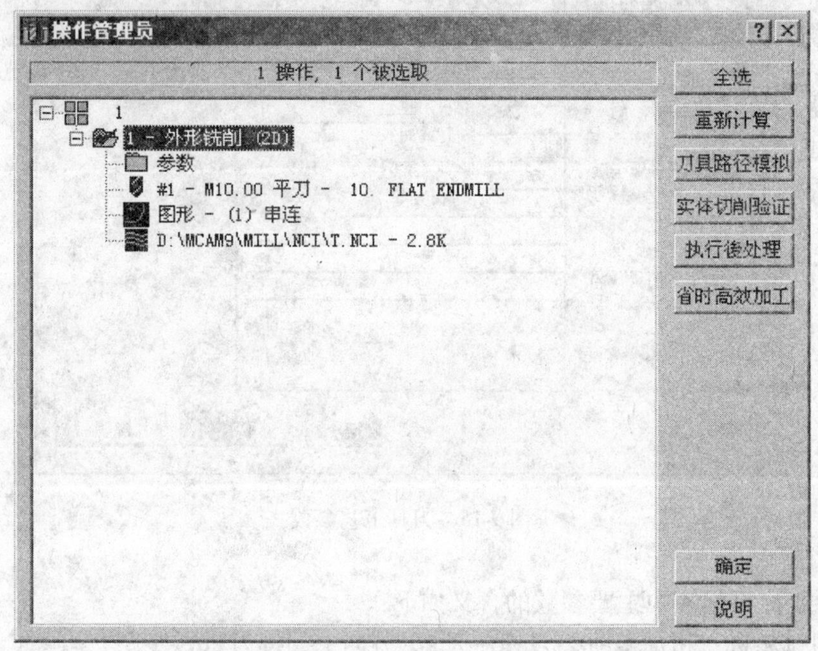

图 9-16 操作管理器

用户通过操作管理器可以完成如下主要工作：

1）刀具路径生成后，进行【刀具路径模拟】和【实体切削验证】以检查刀具路径是否正确。

2）通过改变刀具路径参数、刀具及与刀具路径关联的几何模型对原刀具路径进行编辑和修改。

3）通过移动某个操作的位置来改变加工顺序。

4）对原刀具路径的各类参数修改后，单击【重新计算】按钮快速生成新的刀具路径。

5）刀具路径验证无误后，单击【执行后处理】按钮生成 CNC 控制器可以解读的 NC 码。

二、右键菜单介绍

右击操作管理器的任意位置，弹出如图 9-17 所示的操作管理器快捷菜单。

1. 刀具路径

如图 9-18 所示为图 9-17 中【刀具路径】的展开级菜单，该菜单主要用于选择生成刀具路径的加工方式，其主要选项有：

(1)【外形铣削】 选择该菜单项将生成基于零件内、外轮廓的轮廓铣削刀具路径，关于外形铣削的详细介绍见本章第五节。

(2)【钻孔】 选择该菜单项将生成基于钻孔中心点的钻削刀具路径，关于钻削的详细介绍见本章第六节。

(3)【挖槽】 选择该菜单项将生成基于轮廓限制的型腔铣削刀具路径，关于挖槽的详细介绍见本章第七节。

(4)【平面铣削】 选择该菜单项将生成平面铣削刀具路径，关于平面铣削的详细介绍见本章第八节。

(5)【曲面粗加工】 选择该菜单项将出现如图 9-19 所示的展开级菜单，该菜单主要用于选择曲面粗加工的刀具路径生成方式。

(6)【曲面精加工】 选择该菜单项将出现如图 9-20 所示的展开级菜单，该菜单主要用于选择曲面精加工的刀具路径生成方式。

(7)【多轴加工】 选择该菜单项将出现如图 9-21 所示的展开级菜单，该菜单主要用于在四轴、五轴系统中选择生成刀具路径的加工方式。

(8)【全圆路径】 选择该菜单项将出现如图 9-22 所示的展开级菜单，该菜单主要用于以封闭圆作为刀具路径的加工场合。

(9)【投影加工】 选择该菜单项将出现如图 9-23 所示的展开级菜单，该菜单主要用于选择投影加工时的刀具路径生成方式。

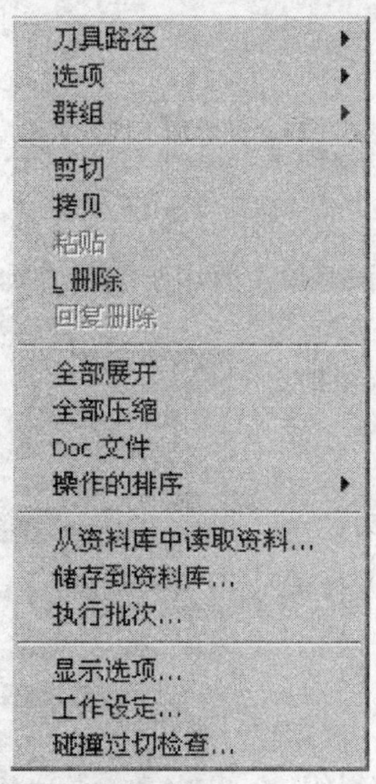

图 9-17 操作管理器快捷菜单

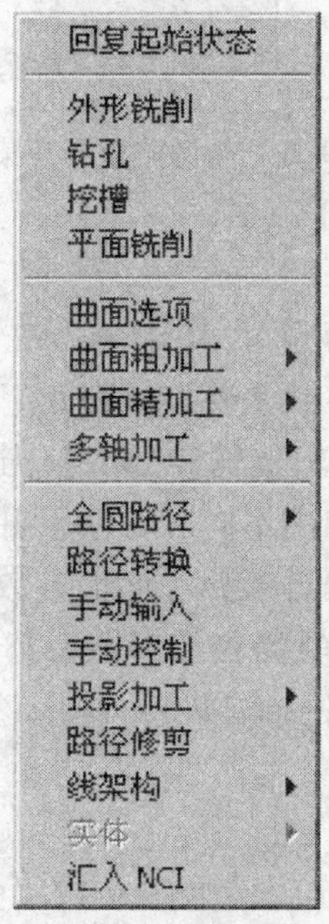

图 9-18 刀具路径展开菜单

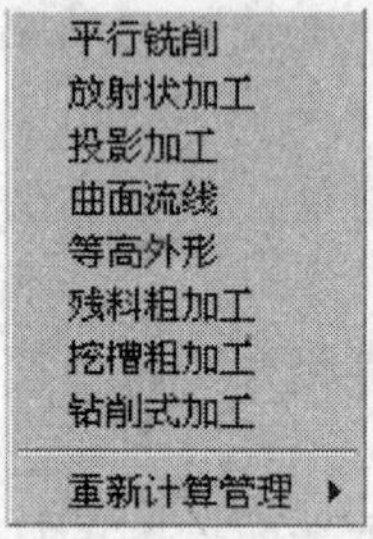

平行铣削
放射状加工
投影加工
曲面流线
等高外形
残料粗加工
挖槽粗加工
钻削式加工
重新计算管理

图 9-19 曲面粗加工展开菜单

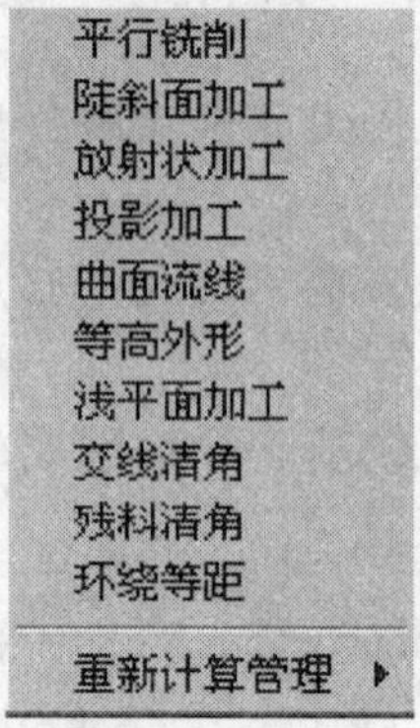

平行铣削
陡斜面加工
放射状加工
投影加工
曲面流线
等高外形
浅平面加工
交线清角
残料清角
环绕等距
重新计算管理

图 9-20 曲面精加工展开菜单

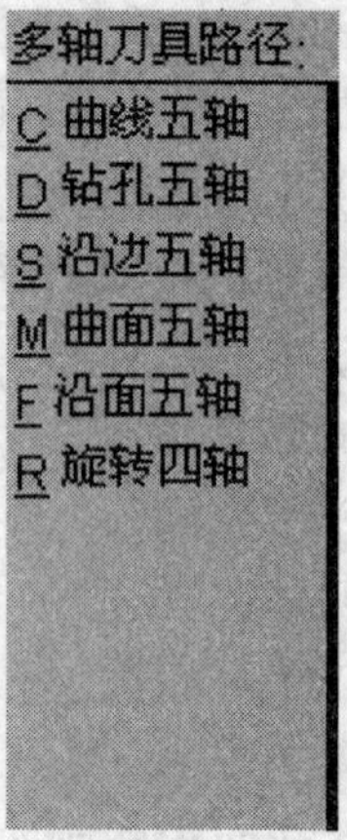

多轴刀具路径:
C 曲线五轴
D 钻孔五轴
S 沿边五轴
M 曲面五轴
F 沿面五轴
R 旋转四轴

图 9-21 多轴加工展开菜单

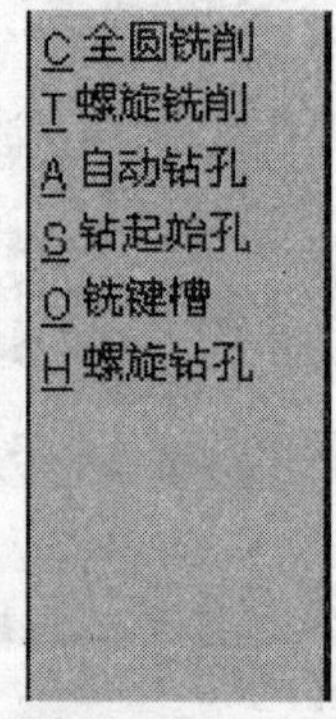

C 全圆铣削
T 螺旋铣削
A 自动钻孔
S 钻起始孔
O 铣键槽
H 螺旋钻孔

图 9-22 全圆路径展开菜单

平面
圆筒
球体
圆锥
任意断面

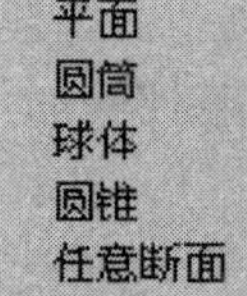

图 9-23 投影加工展开菜单

2. 选项

如图 9-24 所示为图 9-17 中【选项】的展开级菜单，该菜单主要用于编辑刀具路径和执行辅助功能，其主要选项有：

(1)【编辑传输参数…】 选择该菜单项，相应于不同的加工方法，将弹出不同界面。利用该功能可以编辑相应于某一种加工方法的刀具参数、加工参数。

(2)【刀具路径编辑器…】 选择该菜单项将出现如图 9-25 所示的刀具路径编辑器，利用该编辑器可以对刀具路径进行关节点编辑。

编辑传输参数...
程序过滤...
刀具路径编辑器...
更改 NCI 文件名...
重新排列刀号...
工作补偿(偏移)重新编号...
刀具路径的显示
锁住
后处理
由图素选择刀具路径...
选取视角...
选择所有无效的
改变刀具路径的方向
重新计算 转速/进给率
加工报表

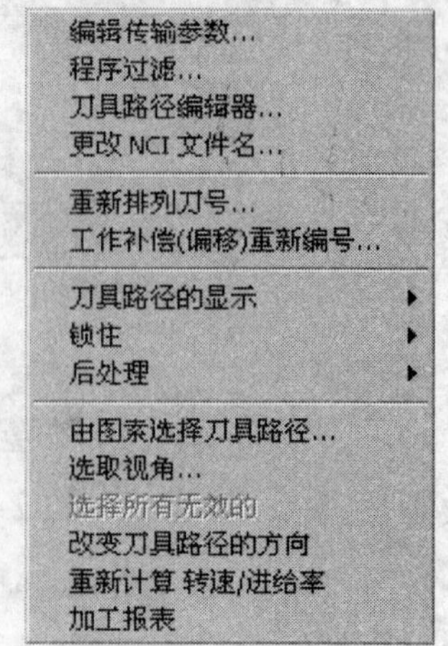

图 9-24 选项展开菜单

3. 群组

如图 9-26 所示为图 9-17 中【群组】的展开级菜单，该菜单主要用于以组的方式集合刀具路径，以便于更有效的组织、管理刀具路径。

4. 碰撞过切检查

选择图 9-17 中的【碰撞过切检查…】将出现如图 9-27 所

示的碰撞过切检查对话框，利用该功能可以在生成 NC 代码之前检查刀具是否与工件发生碰撞，从而使生成的 NC 代码更加安全、可靠。

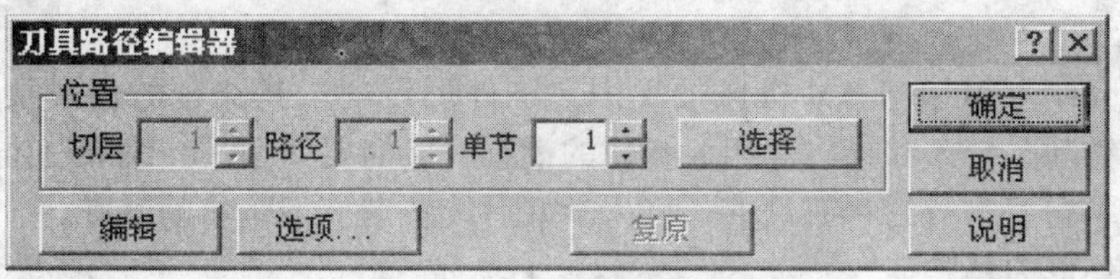

图 9-25　刀具路径编辑器

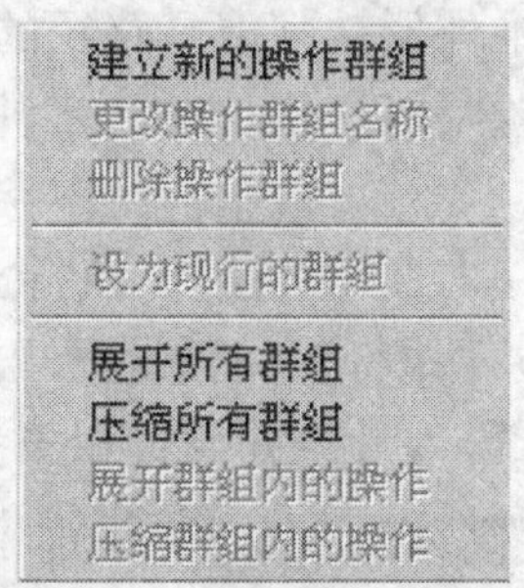

图 9-26　群组展开菜单

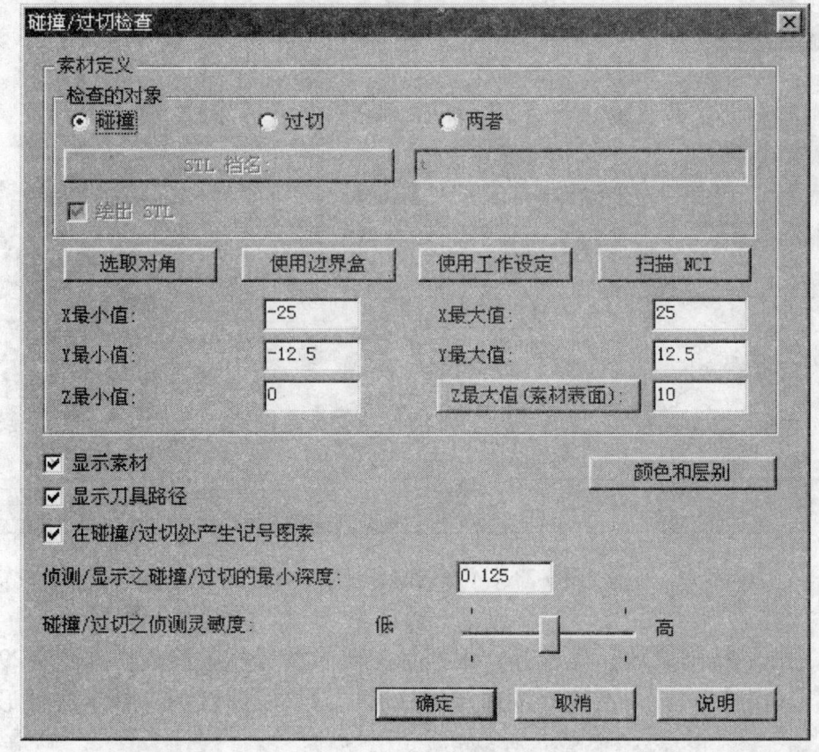

图 9-27　碰撞过切检查

第五节 外形铣削

本节详细介绍了 MasterCAM 机械加工中二维外形铣削刀具路径的创建及铣削深度、刀具偏移、分层铣削、导入和导出等相关参数的设置，又简要介绍了二维和三维外形刀具路径参数的区别。掌握了本节的参数设置，将为学好后续各章打下坚实的基础。

一、创建外形刀具路径

1. 外形铣削的特点

外形铣削刀具路径是由沿着工件外形的一系列线和弧组成刀具路径。外形铣削通常是用于加工二维或三维工件的外形，二维外形铣削刀具路径的背吃刀量固定不变，而三维外形铣削刀具路径的背吃刀量随外形的位置可以变化。

2. 操作步骤

1）顺序选择【回主功能表】→【刀具路径】，执行【外形铣削】命令。

2）采用串联方式选取轮廓线→【执行】→系统弹出外形铣削对话框。

3）在外形铣削对话框中选择所需刀具，并设置相关参数，如图 9-28 所示。

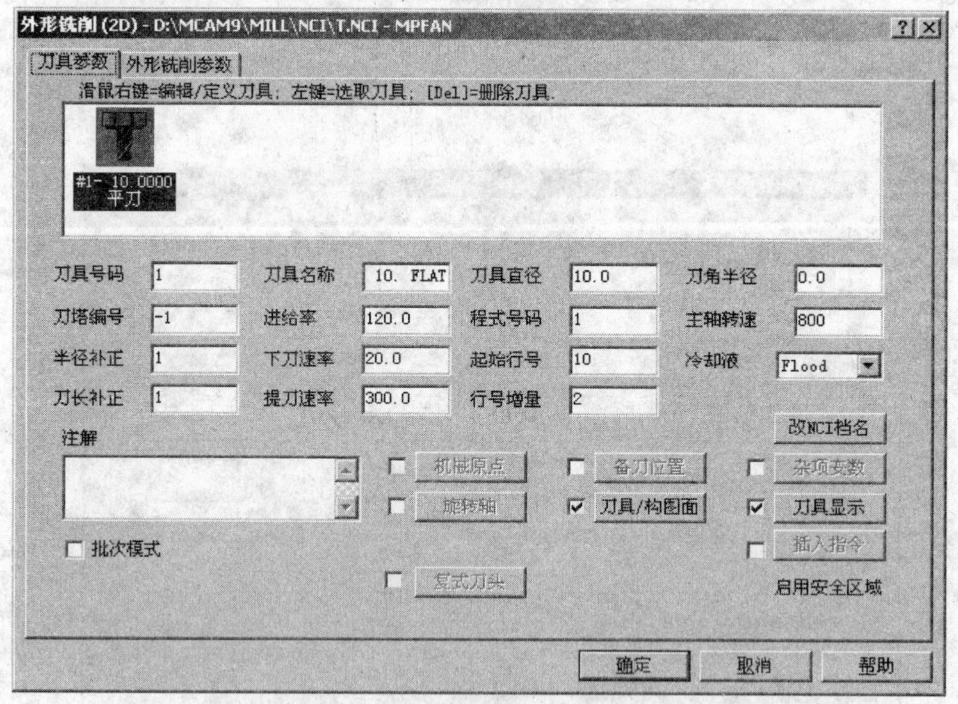

图 9-28 外形铣削刀具参数设置

4）选择【外形铣削参数】页标签，根据加工要求设置相关参数，如图 9-29 所示。

5）单击【确定】按钮，系统即按选择的外形、刀具及设置的参数生成外形铣削刀具路径。

二、二维和三维外形刀具路径

外形铣削加工，既可串联二维曲线，也可串联三维曲线，还可串联二维和三维的混合曲

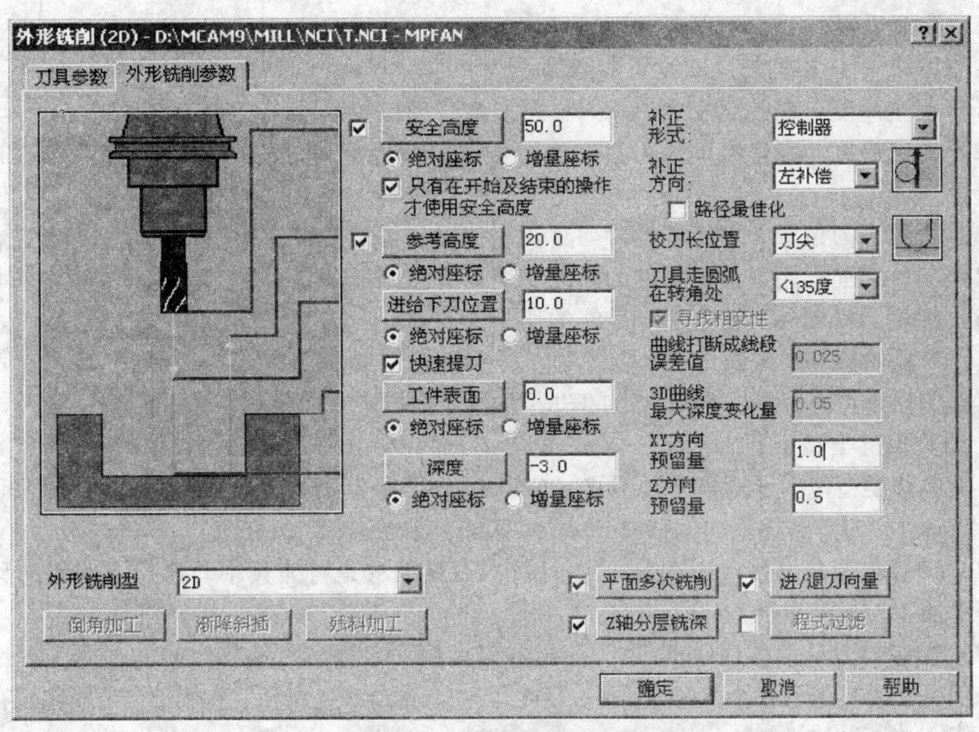

图 9-29　外形铣削参数设置

线。

当串联了二维曲线时，只能进行二维外形铣削加工（2D），此时整个刀具路径的铣削深度是相同的，其 Z 坐标值为相对于构建平面设置的绝对铣削深度值，如图 9-30a 所示为 35。

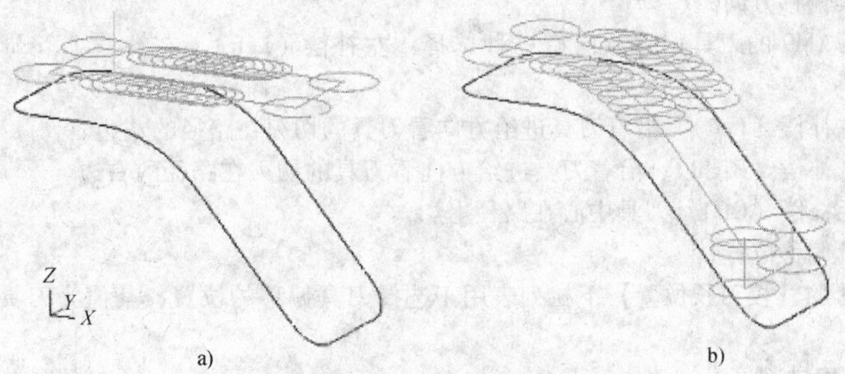

图 9-30　二维和三维外形刀具路径

当串联了三维曲线或二维和三维的混合曲线时，既可进行三维外形铣削加工，也可进行二维外形铣削加工，系统默认的铣削类型为三维外形铣削加工（3D）。采用三维外形铣削加工，其铣削深度只能用相对坐标来定义，铣削深度随外形的 Z 坐标变化而改变，即刀具路径中各点铣削深度的 Z 坐标值等于外形点 Z 坐标加上设置的相对铣削深度值，如图 9-30b 所示为 5。

三、高度设置

在图 9-29 中，相关的高度设置参数为：

（1）安全高度　在此高度之上，刀具可以在任何位置平移。

（2）参考高度　参考高度为刀具在执行下一个路径前应回缩的位置，参考高度需高于下刀位置。

（3）进给下刀位置　加工开始时刀具快速移动到下刀位置，然后再以慢速逼近工件。

（4）工件表面　用以设定工件的高度，但只有在凹槽功能中，工件表面参数才有用。

（5）深度　设置外形铣削加工最终的切削深度。

四、刀具偏移

刀具偏移是指将刀具中心从选取的边界路径上按指定方向偏移一定的距离。

1. 刀具偏移类型

刀具偏移类型包括计算机刀具偏移（Computer）、控制器刀具偏移（Control）、刀具磨损偏移（Wear）、刀具磨损反向偏移（Reverse Wear）和无偏移（Off）。

（1）计算机刀具偏移（Computer）　计算机刀具偏移是将刀具中心往指定的方向移动的距离等于加工刀具的半径。

（2）控制器刀具偏移（Control）　控制器刀具偏移根据刀具偏移方向的选择，在工件程序中产生一个刀具偏移指令 G40（关）、G41（左）或 G42（右），并指定一个偏移暂存器存储偏移值。

（3）刀具磨损偏移（Wear）　刀具磨损偏移同时具有计算机刀具偏移和控制器刀具偏移两项功能。

（4）刀具磨损反向偏移（Reverse Wear）　刀具磨损反向偏移也同样具有计算机刀具偏移和控制器刀具偏移两项功能，但控制器偏移的偏移方向与设置的方向反向。

2. 刀具偏移方向

MasterCAM9 的刀具偏移方向有三种选择：左补偿（Left）、右补偿（Right）和无补偿（Off）。

（1）左补偿（Left）　沿着刀具进给方向看刀具的切刃在路径的左边。

（2）右补偿（Right）　沿着刀具进给方向看刀具的切刃在路径的右边。

（3）无补偿（Off）　刀具中心在路径上。

3. 刀具偏移位置

图 9-29 的【校刀长位置】下拉列表用于选择刀具偏移的位置，其值为刀具的球心和刀尖。

五、分层铣削

1. *Z* 轴分层铣削

在图 9-29 中单击【Z 轴分层铣削】按钮，弹出如图 9-31 所示的 *Z* 轴分层铣削设定对话框，该对话框用来设置外形铣削中 *Z* 轴分层铣削的参数。

（1）最大粗切深度　粗加工的最大步距。

（2）精修次数　精加工的次数。

（3）精修量　每次精加工的步距。

（4）分层铣深的顺序。

1）依照轮廓。一层面铣削完成后，再铣削下一层面，直至最终深度。

2）依照深度。沿着 *Z* 轴铣至最终深度后，返回零件顶面开始下一轮廓铣削。

（5）锥度斜壁　当选中该复选框时，从工件的表面按【锥度角】输入框中设定的角度铣削到最后的深度。

（6）不提刀　选中该复选框时，铣削过程刀具将不返回下刀位置，直至铣削完成。

（7）使用副程序　选中该复选框，深度层的铣削程序为子程序。

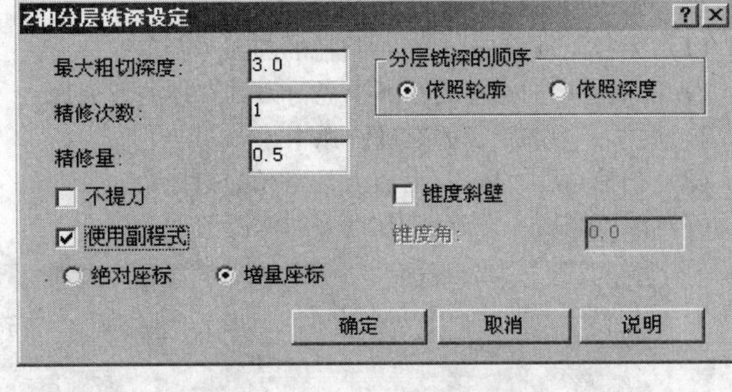

图 9-31　*Z* 轴分层铣削设定

2. 外形分层铣削

在图 9-29 中单击【平面多次铣削】按钮，弹出如图 9-32 所示的 *XY* 平面多次铣削设定对话框，该对话框用来设置 *XY* 平面多次分层铣削的参数。

（1）粗铣　外形分层铣削的粗加工设置，包含粗铣次数和粗铣间距两个参数。

（2）精修　外形分层铣削的精修设置，包含精修次数和精修间距两个参数。

注：精修次数与精修间距的乘积为粗加工剩余的精修总量。

（3）执行精修的时机

1）最后深度。最后深度完成后，进行精加工。

2）所有深度。在每层完成粗加工后皆进行精加工。

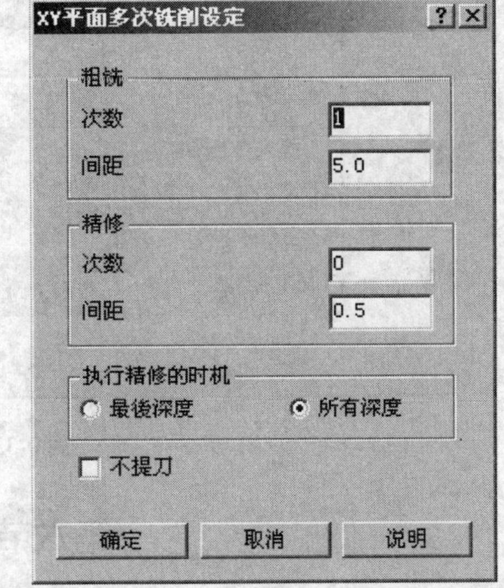

图 9-32　*XY* 平面多次铣削设定

六、导入/导出

在图 9-29 中，单击【进/退刀向量】按钮，弹出如图 9-33 所示的进/退刀向量设定对话框，该对话框用来在刀具路径的起始及结束添加一段由直线或圆弧组成的刀具路径，以使刀具与工件平滑连接。加在起始位置的刀具路径，称为导引入（Entry）；加在结束位置的刀具路径，称为导引出（Exit）。

1. 直线进刀/退刀

（1）垂直　增加的直线刀具路径与其相近的刀具路径垂直。

（2）相切　增加的直线刀具路径与其相近的刀具路径相切。

（3）长度　增加的直线刀具路径的长度。

1）前框：增加路径的长度与刀具直径的百分比。

2）后框：增加路径的准确长度。

（4）斜向高度 进刀直线起点与退刀直线终点的高度差。

2. 圆弧进刀/退刀

（1）半径 进刀/退刀刀具路径的圆弧半径值。

1）前框：增加路径的圆弧半径与刀具直径的百分比。

2）后框：增加路径的准确圆弧半径。

（2）扫掠角度 进刀/退刀刀具路径的扫掠角。

（3）螺旋高度 螺旋进刀/退刀的深度值。

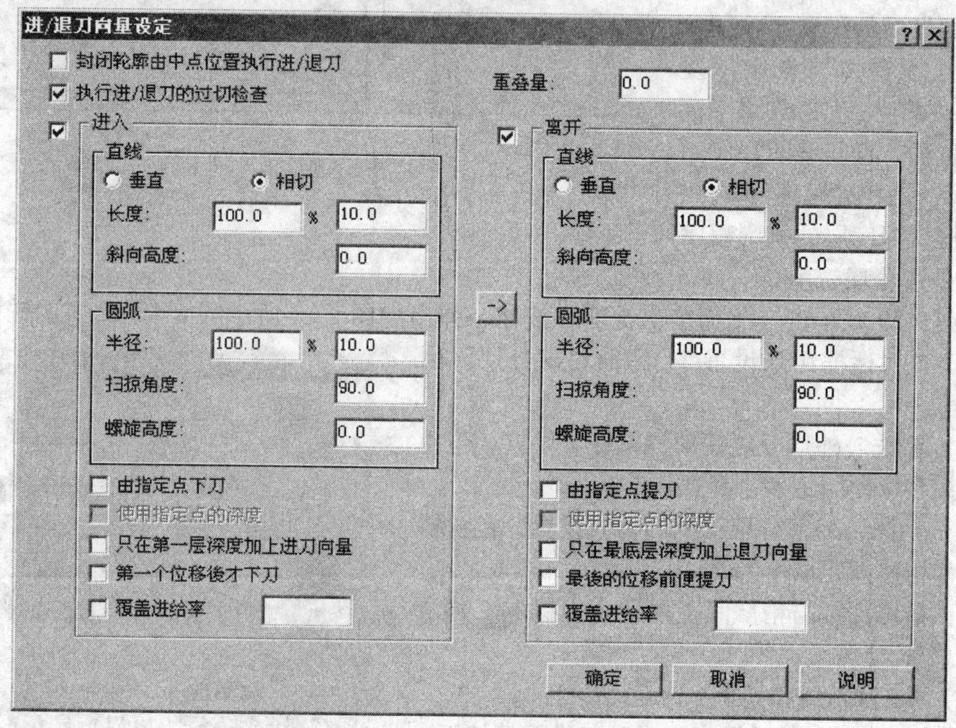

图 9-33 进/退刀向量设定

第六节 钻 削 加 工

本节详细介绍了 MasterCAM 钻削加工刀具路径的生成以及与钻削加工相关的参数设置，通过本节的学习，应具备钻孔、镗孔和攻牙等加工的基本技能。

一、钻削刀具路径的生成

1）启动 MasterCAM 的铣削模块，顺序选择【回主功能表】→【刀具路径】，执行【钻孔】命令，出现如图 9-34 所示的钻削中心点管理器。

2）在【点之管理】中选择指定钻削中心点的方法。

3）在绘图区选取钻削中心点→按 ESC 退出中心点选择→选择【执行】命令。

4）系统弹出钻孔对话框，选择用于钻削的刀具，并设置相应的刀具参数。

5）选择钻削页标签，在图 9-34 的【钻孔循环】下拉列表框中选择钻削类型，然后如图 9-34 所示设置相应的钻削参数。

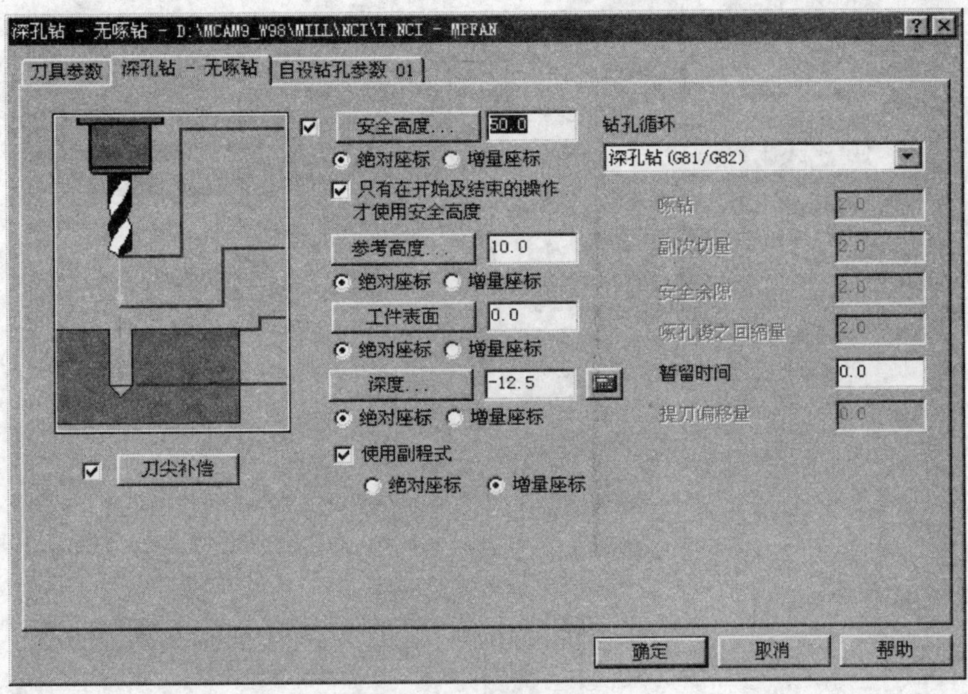

图 9-34　钻削参数设置

6）点击【确定】按钮，系统即按设置的参数生成相应的钻削路径。

二、钻削菜单

启动 MasterCAM 的铣削模块，顺序选择【回主功能表】→【刀具路径】，执行【钻孔】命令，出现如图 9-35 所示的钻削中心点管理器，其主要选项有：

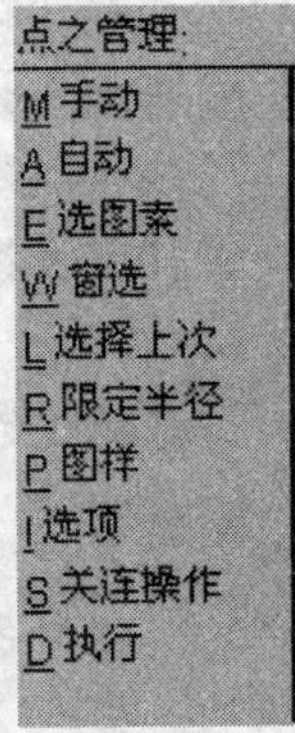

图 9-35　钻削中心点管理器

（1）手动　按绘制点的方法手动输入钻孔中心点；

（2）自动　依次选取第一点、第二点和最后一点后，系统自动选择一系列已存在的点作为钻孔中心点；

（3）选图素　以选取的几何对象的端点作为钻孔中心。

（4）窗选　以拾取窗口中的所有点作为钻孔点。

（5）选择上次　采用上一次选取的点及排列方式。

（6）限定半径　以选取圆或圆弧的圆心作为钻孔中心点。

（7）图样　以绘制网格点（Grid）或圆周点（Bolt Circle）的方法指定钻孔中心。

（8）选项　设置钻孔点的排列顺序，MasterCAM9 提供了 17 种 2D 排列方式、12 种螺旋排列方式和 16 种交叉排列方式。

三、钻削参数

1. 钻孔方式

MasterCAM9 提供了 20 种钻孔方式，包括 7 种标准方式和 13 种自定义方式，如图 9-36 所示。

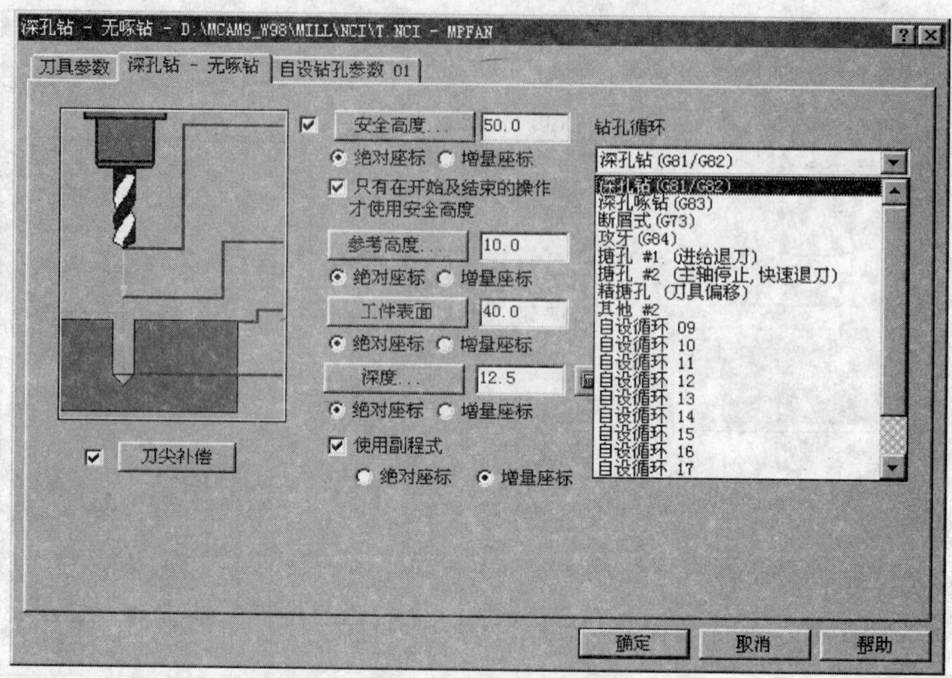

图 9-36 钻孔方式

常用的 7 种标准钻孔方式为:

(1) 深孔钻 孔深小于 3 倍刀具直径的一般钻孔或镗沉头孔。

(2) 深孔啄式钻 孔深一般大于刀具直径的 3 倍，特别适宜不易排屑的情况。

(3) 断屑式 孔深大于 3 倍刀具直径的断屑式深孔钻。

(4) 攻牙 攻左旋或右旋内螺纹孔。

(5) 镗孔#1 镗孔时以进给速率进刀和抬刀速率退刀，该法可得到较光滑的加工面且效率较高。

(6) 镗孔#2 镗孔时以进给速率进刀、主轴停止、快速退刀。

(7) 精镗孔（刀具偏移） 钻孔至孔底时，刀具旋转至设置的特定角度后停转退刀。

2. 刀尖偏移

在如图 9-36 所示中，选中【刀尖补偿】按钮前面的复选框，然后单击【刀尖补偿】按钮，出现如图 9-37 所示的钻头尖部补偿对话框，该对话框用于设置刀尖偏移的有关参数。

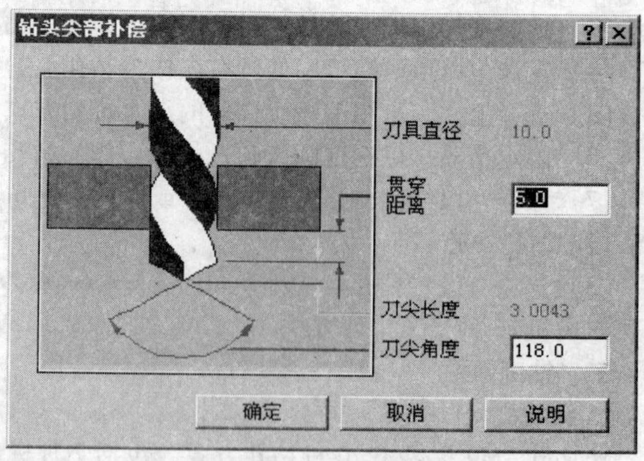

图 9-37 钻头尖部补偿

(1) 刀具直径 钻头的直径。

(2) 贯穿距离 钻孔时钻头穿

越工件的距离。

(3) 刀尖长度　尖的长度，根据刀尖角计算，经验值一般为0.3倍的钻头直径。

(4) 刀尖角度　刀尖的角度，通常为118°，该值一般用于计算刀尖的长度。

第七节　挖槽加工

本节详细介绍了 MasterCAM 机械加工中挖槽铣削的生成和挖槽铣削参数以及粗加工、精加工参数的设置，挖槽加工主要用于切除一个封闭外形所包围的材料或切削一个槽，学完本节后，应将挖槽铣削拓展为型腔、刻字等加工。

一、挖槽铣削生成

1）启动 MasterCAM 的铣削模块，顺序选择【回主功能表】→【刀具路径】，执行【挖槽】命令。

2）采用串联方式选取挖槽外形，然后选择【执行】命令。

3）系统弹出挖槽对话框，选择用于挖槽的刀具并设置相应的参数。

4）选择【挖槽参数】页标签，如图9-38所示设置相关参数。

5）选择【粗切/精修参数】页标签，并设置相关参数。

6）选择【确定】按钮，系统即按选择的外形、刀具及设置的参数生成挖槽刀具路径。

二、挖槽铣削参数

在挖槽对话框中，选择【挖槽参数】页标签，如图9-38所示。

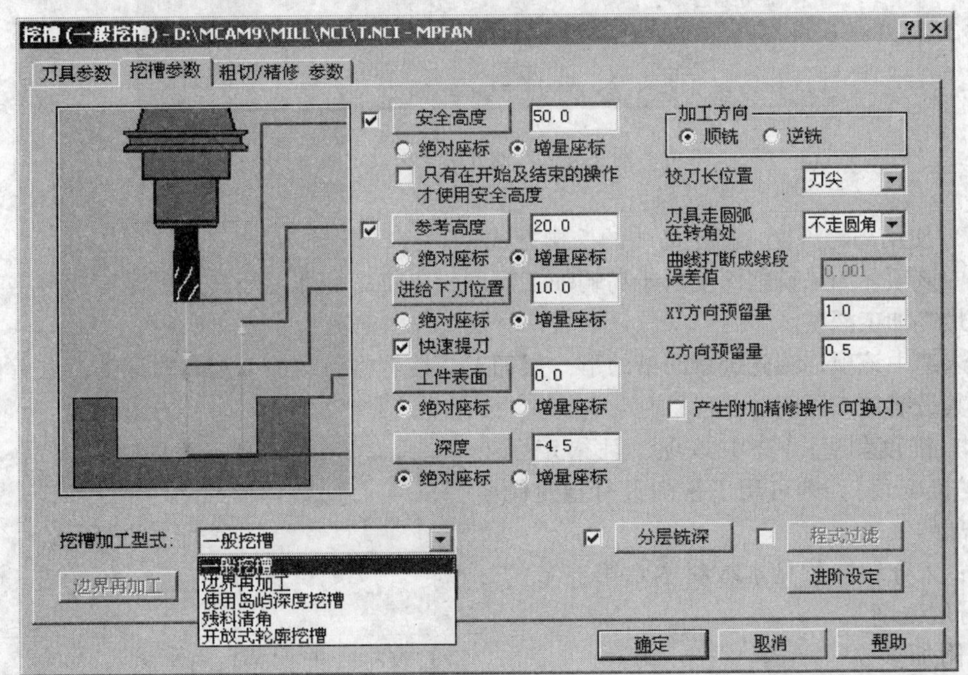

图9-38　挖槽参数设置

1. 挖槽加工型式

（1）一般挖槽 标准的挖槽方式，仅铣削定义凹槽内的材料，而不会对边界外或岛屿的材料进行铣削。

（2）边界再加工 在加工过程中只保证加工出选择的表面，而不考虑是否会对边界外或岛屿的材料进行铣削。

（3）使用岛屿深度挖槽 在加工过程中不会对边界外进行铣削，但可以将岛屿铣削至设置的深度。

（4）残料清角 清除挖槽加工剩余的材料。

（5）开放式轮廓挖槽 当选取的串联封闭时，选取以上四种加工方式；当选取的串联中有未封闭的串联时，仅能选择开放式轮廓挖槽加工方式。

2. 分层铣削

在图9-38中，选中【分层铣深】按钮前的复选框，然后单击【分层铣深】按钮，出现如图9-39所示的Z轴分层铣深设定对话框。

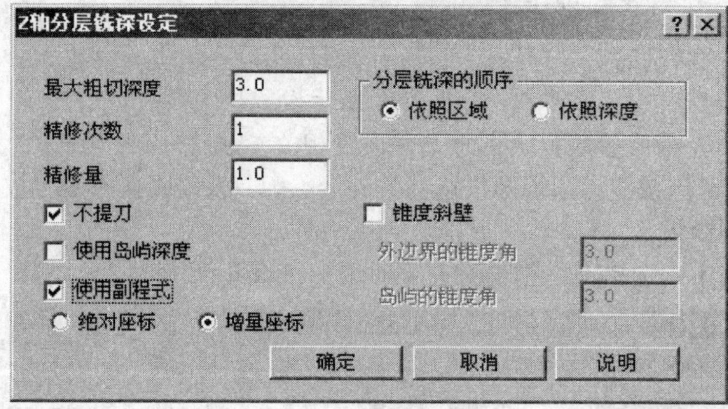

图9-39 Z轴分层铣深设定

（1）使用岛屿深度 指定岛屿的挖槽方式。

选中该项，如果铣削深度低于岛屿加工深度，先将岛屿加工至其加工深度，再将凹槽加工至其最终加工深度。

若未选中该项，则先进行凹槽的下一层加工，接着将岛屿加工至岛屿深度，最后将凹槽加工至其最终加工深度。

（2）锥度斜壁 选中该项，且指定了【岛屿的锥度角】，则可用于铣削具有指定倾斜角的岛屿。

注：未介绍参数见本教材本章第五节的“五、分层铣削”。

3. 附加参数

在图9-38中，单击【进阶设定】按钮，出现如图9-40所示的进阶设定对话框，该对话框用来设置挖槽刀具路径的残料加工量及螺旋挖槽刀具路径的迭加量。

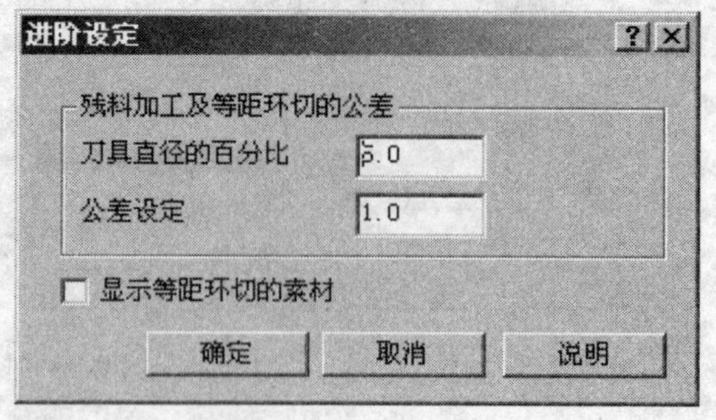

图9-40 进阶设定

（1）刀具直径的百分比　通过输入与刀具直径的百分比来输入残料加工量。

（2）公差设定　通过直接输入误差值来输入残料加工量。

三、粗加工参数

在如图 9-38 所示的挖槽对话框中选择【粗切/精修参数】页标签，然后如图 9-41 所示选中【粗切】前面的复选框，则在挖槽加工中，先进行粗加工。

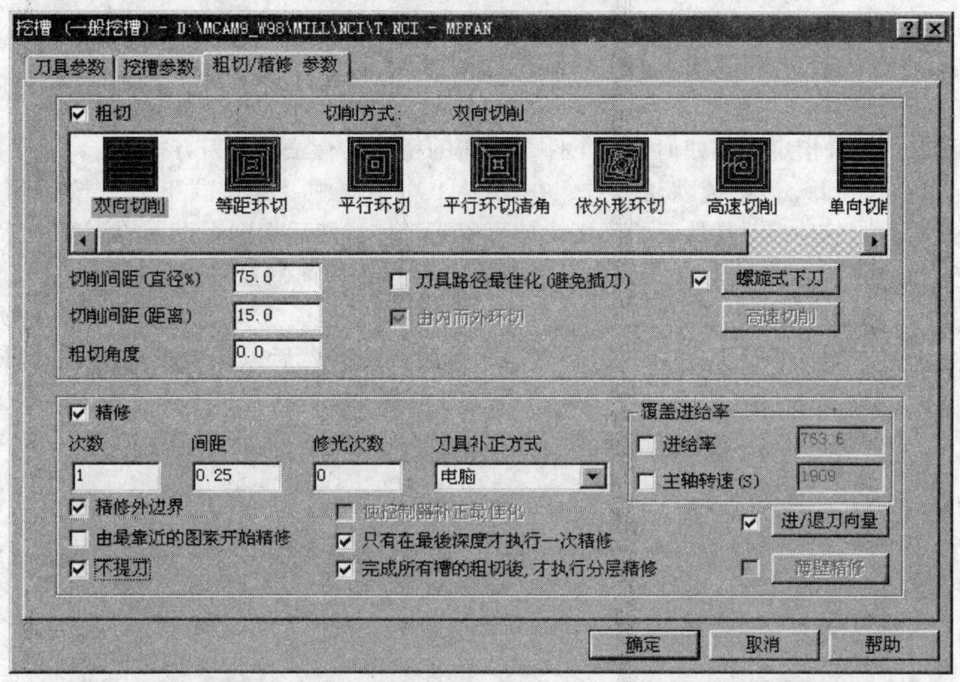

图 9-41　挖槽粗切/精修参数设置

1. 切削方式

如图 9-41 所示，Mastercam9 提供了 8 种挖槽切削方式：双向切削、等距环切、平行环切、平行环切并清角、依外形环切、高速切削、单向切削、螺旋切削，这 8 种切削方式又分为直线切削和螺旋切削两大类：

（1）直线切削　直线切削包括双向切削和单向切削：

1）双向切削。双向切削按来回的直线刀具路径粗切凹槽。粗切角度决定了刀具路径的方向和挖槽刀具路径的起点。粗切角度是从正 X 轴量起，逆时针方向为正，顺时针方向为负。

2）单向切削。单向切削的路径基本同双向切削，所不同的是按同一个方向切削。

（2）螺旋切削　螺旋切削以挖槽中心或特定挖槽起点开始起刀，并沿着挖槽壁螺旋切削。螺旋切削包括以下 6 种切削方式：

1）等距环切。以等距螺旋的切削方式产生挖槽路径。

2）平行环切。以平行螺旋的切削方式产生挖槽路径。

3）平行环切并清角。以平行螺旋并清角的切削方式产生挖槽路径。

4）依外形环切。以沿外形螺旋的切削方式产生挖槽路径。

5）高速切削。通过指定环半径、间距，以高速螺旋的切削方式产生挖槽路径。

6）螺旋切削。以圆形螺旋的切削方式产生挖槽路径。

2. 切削间距

切削间距是指两条挖槽路径间的距离，由下列两参数决定：

(1) 切削间距（直径%） 根据刀具直径百分比来指定切削间距。

(2) 切削间距（距离） 直接输入间距数值指定切削间距。

注：以上两参数，只要输入其中一值，系统会自动计算出另一值。

3. 下刀方式

下刀方式用来指定刀具如何进入工件，凹槽的粗加工有三种下刀方式：

(1) 垂直下刀 为系统默认方式，在图 9-41 中不选中【螺旋式下刀】按钮前的复选框。此方式下加工时，刀具从起始高度快速直落于工件，然后切削至设置的深度。

(2) 螺旋下刀 在图 9-41 中选中【螺旋式下刀】按钮前的复选框，然后单击【螺旋式下刀】按钮，弹出【螺旋/斜插式下刀之参数设定】对话框，选择【螺旋式下刀】页标签，如图 9-42 所示。此方式下加工时，刀具直落于起始高度，然后以螺旋下降的方式切削至设置的深度。

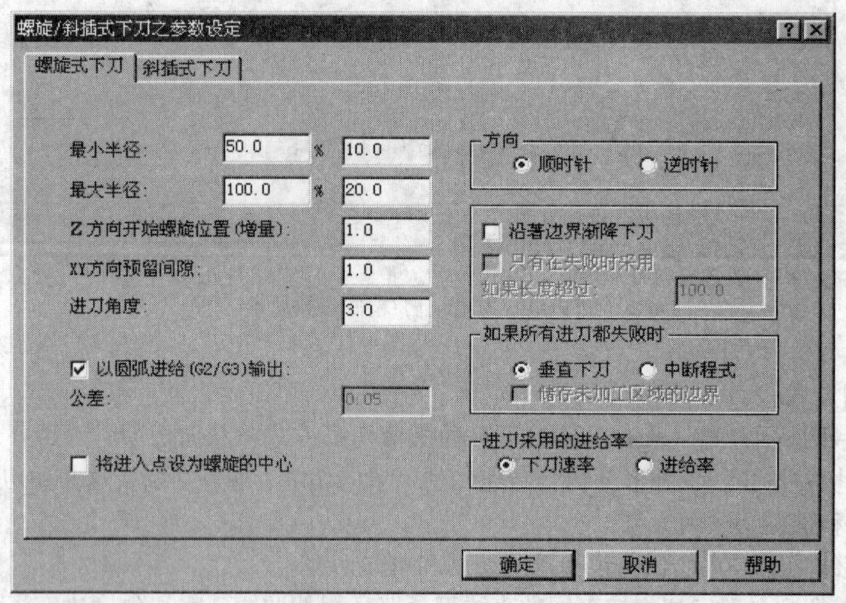

图 9-42 螺旋式下刀对话框

1）最小半径。螺旋的最小半径。

2）最大半径。螺旋的最大半径。

3）Z 方向开始螺旋位置。开始螺旋进刀时距工件表面的 Z 向安全高度。

4）XY 方向预留间隙。螺旋槽与凹槽在 X 向和 Y 向预留的安全距离。

5）进刀角度。螺旋下刀时螺旋线与 XY 面的夹角。进刀角度决定进刀路径的长度，角度越小，螺旋线的圈数越多，进刀刀具路径就愈长，一般设置在 5°～20°之间。

6）以圆弧进给（G2/G3）输出。选中该项，进刀路径采用圆弧刀具路径；未选中该项，按【公差】输入框中设置的误差转换为线段刀具路径。

7）将进入点设为螺旋的中心。选中该项，以串联的起点作为螺旋刀具路径的圆心点。

8）方向。螺旋下刀的方向，可设置为顺时针或逆时针。

9）沿着边界渐降下刀。选中该项而未选中【只有在失败时采用】时，设定刀具沿边界移动；选中该项且选中【只有在失败时采用】时，仅当螺旋下刀不成功时，设定刀具沿边界移动。

10）如果所有进刀都失败时。当所有螺旋下刀尝试均失败后，设定系统为【垂直下刀】或【中断程序】。

11）进刀采用的进给率。当选中【下刀速率】时，采用刀具的 Z 向进刀量；当选中【进给率】时，采用刀具的 X、Y 向水平切削进刀量。

（3）斜插式下刀　在图 9-42 中选择【斜插式下刀】页标签，如图 9-43 所示。

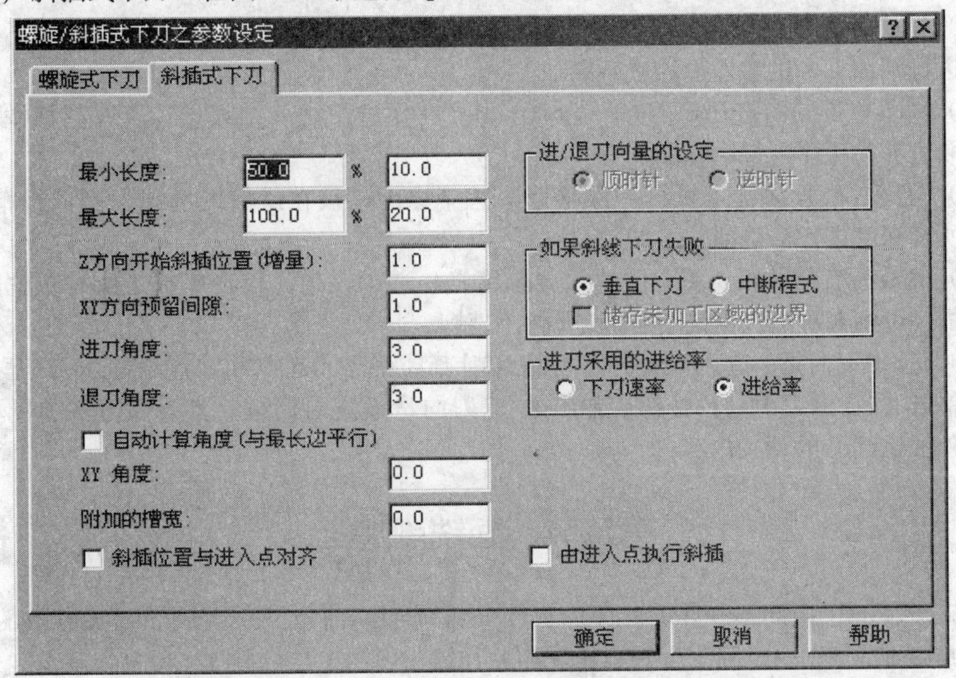

图 9-43　斜插式下刀对话框

1）最小长度。进刀路径的最小长度。

2）最大长度。进刀路径的最大长度。

3）Z 方向开始斜插位置。斜线进刀时距工件表面的 Z 向安全高度。

4）XY 方向预留间隙。进刀线与粗加工后凹槽在 X 向和 Y 向的安全距离。

5）进刀角度。刀具插入的角度。

6）退刀角度。刀具插出的角度。

7）自动计算角度（与最长边平行）。选中该项，斜插进刀在 XY 轴方向的角度由系统自动决定；未选中该项，斜插进刀在 X、Y 轴方向的角度由【XY 角度】输入框的数值决定。

8）附加的槽宽。刀具每一次快速下刀时填加的额外刀具路径。

9）斜插位置与进入点对齐。选中该项，斜插刀具路径的进刀点与串联的存在点对齐。

10）进/退刀向量的设定。斜线下刀的方向，可设置为顺时针或逆时针。

11）如果无法执行斜线下刀时。当所有斜线下刀尝试均失败后，设定系统为【垂直下刀】或【中断程序】。

12）进刀采用的进给率。当选中【下刀速率】时，采用刀具的 Z 向进刀量；当选中【进给率】时，采用刀具的 X、Y 向水平切削进刀量。

四、精加工参数

在图 9-41 中选择【精修】前面的复选框，则在挖槽粗加工完成后可进行精修加工。

主要参数如下：

（1）次数　精加工次数。

（2）间距　精加工时每次的背吃刀量。

（3）精修外边界　未选中该项时，仅对岛屿边界进行精加工；选中该项时，不仅对岛屿边界进行精加工，也对外边界进行精加工。

（4）由最靠近的图素开始精修　选中该项，在靠近粗铣削结束点位置开始精铣削，否则按选取边界的顺序进行精铣削。

（5）只有在最后深度才执行一次精修　选中该项，仅在最后的铣削深度进行精铣削，否则在所有深度进行精铣削。

（6）完成所有槽的粗切后，才执行分层精修　选中该项，仅在完成了所有粗铣削后进行精铣削，否则在每一次粗铣削后都进行精铣削。

（7）进/退刀向量　选中该项，可在精切削刀具路径的起点和终点增加进刀/退刀刀具路径。单击【进/退刀向量】按钮，弹出进/退刀向量设定对话框，其设置方法参见本章第五节“外形铣削”的相关内容。

第八节　面铣削加工

本节详细介绍了 MasterCAM 机械加工中面铣削加工的意义、生成和相关参数的设置，还对面加工的特例——全圆深度铣削作了相关介绍。面加工是机械加工的基本环节，通过本节学习应具备面加工的基本能力。

一、面铣削刀具路径生成

1. 面铣削加工的意义

面铣削主要用于加工工件的表面。毛坯加工时，为了保证加工表面的平面度、光洁度和整个零件的精度等要求，一般皆要将毛坯表面铣去一定厚度。面加工时可以对整个工件表面进行铣削加工，也可以通过选取串联来定义面铣削的区域。

2. 面铣削加工的操作步骤

1）启动 MasterCAM 的铣削模块，顺序选择【回主功能表】→【刀具路径】，执行【平面铣削】命令。

2）采用串联方式选取面铣削轮廓，然后选择【执行】命令。

3）系统弹出如图 9-44 所示的【平面铣削】对话框，选择用于面铣削的刀具，并设置相关参数。

4）选择【面铣加工参数】页标签，并设置相关参数。

5）选择【确定】按钮，系统即可按选择的外形、刀具及设置的参数生成面铣削刀具路径。

二、面铣削参数设置

在【平面铣削】对话框中，选择【面铣加工参数】页标签，如图 9-44 所示。

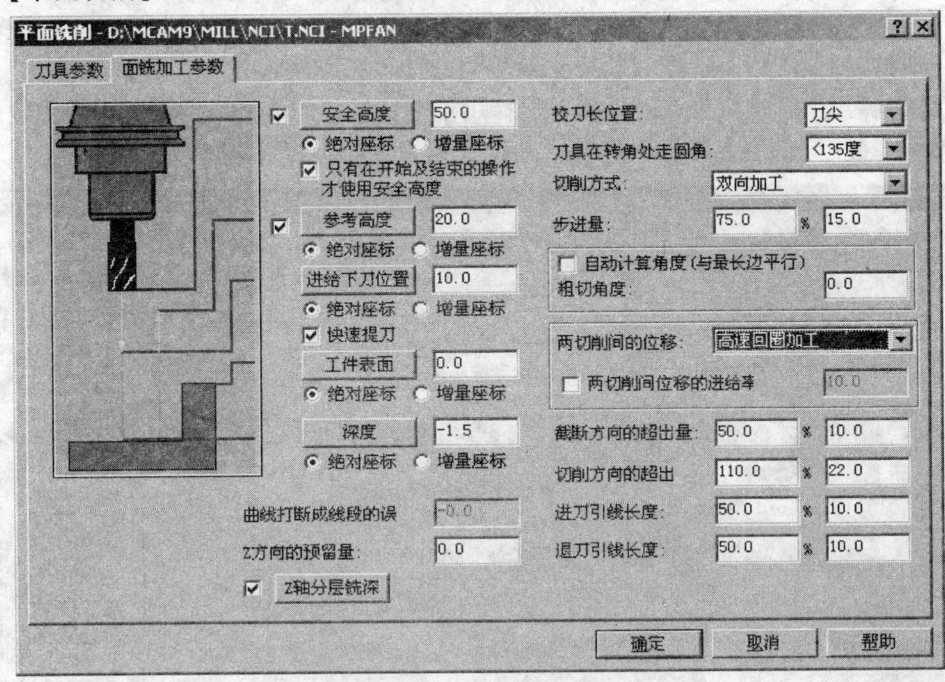

图 9-44 面铣加工参数设置

1. 切削方式

在【面铣加工参数】页标签中，选择【切削方式】对应的下拉列表框，该框用来选择平面铣削方式。

（1）双向加工 刀具在加工时可以来回走刀。

（2）单向加工——逆铣 刀具仅沿一个方向走刀，加工中刀具旋转方向与工件移动方向相反。

（3）单向加工——顺铣 刀具也沿一个方向走刀，但加工中刀具旋转方向与工件移动方向相同。

（4）一层次 仅铣削一次，刀具路径的位置为几何模型中心位置，这时刀具直径必须大于或等于需进行面铣削加工模型的宽度。

2. 其他参数

（1）截断方向的超出量 垂直刀具路径方向的超出量。

（2）切线方向的超出量 沿刀具路径方向的超出量。

（3）进刀引线长度 在进刀点前附加的刀具路径长度。

（4）退刀引线长度 在退刀点后附加的刀具路径长度。

三、全圆深度铣削

全圆深度铣削仅能以圆弧或圆为几何模型生成刀具路径。全圆铣削刀具路径由切入路径、圆路径和切出路径组成。

1. 全圆铣削刀具路径生成

1）启动 MasterCAM 的铣削模块，顺序选择【回主功能表】→【刀具路径】→【下一步】→【全圆路径】，执行【全圆铣削】命令。

2）选择圆弧或圆后，选择【执行】命令。

3）系统弹出全圆铣削参数对话框，选择用于全圆铣削的刀具，并设置相关参数。

4）选择【全圆铣削参数】页标签，并设置相关参数，如图 9-45 所示。

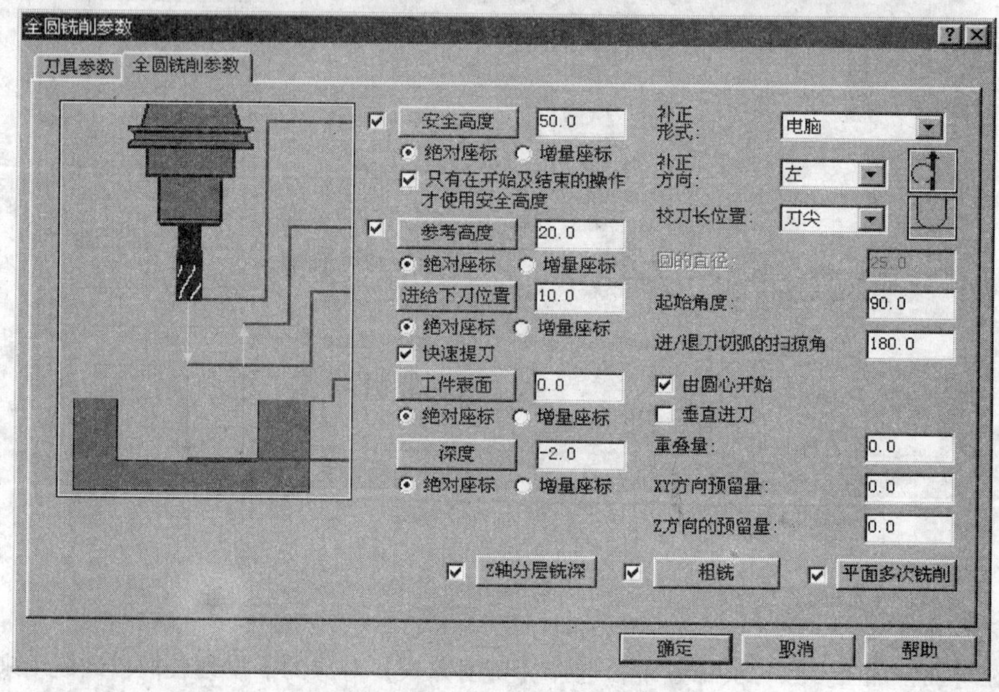

图 9-45 全圆铣削参数设置

5）选择【确定】按钮，系统即可按选择的圆、刀具及设置的参数生成全圆铣削刀具路径。

2. 全圆铣削刀具路径参数设置

（1）圆直径 选取圆或圆弧的直径。

（2）起始角度 圆刀具路径的起始角度。

（3）进/退刀切弧的扫掠角 刀具路径中进刀、退刀切弧的角度，其值应小于 180°。

（4）由圆心开始 选取该项，以圆心作为刀具路径的起点，直线移到进刀圆弧刀具路径的起点；未选取该项，以刀具路径的起点为进刀圆弧刀具路径的起点。

（5）垂直进刀 选取该项，在进刀/退刀圆弧刀具路径起点/终点处增加一段垂直圆弧的直线刀具路径。

第九节 二维刀具路径加工实例

本节以槽轮板为例，讲述了 MasterCAM9 自动编程软件从绘图、生成刀具路径到产生最终 NC 代码的全过程。通过本节的学习，可掌握 MasterCAM 自动编程软件的基本思想体系，从而使所学知识系统化。

一、槽轮板图样

槽轮板图样及尺寸，如图 9-46 所示。

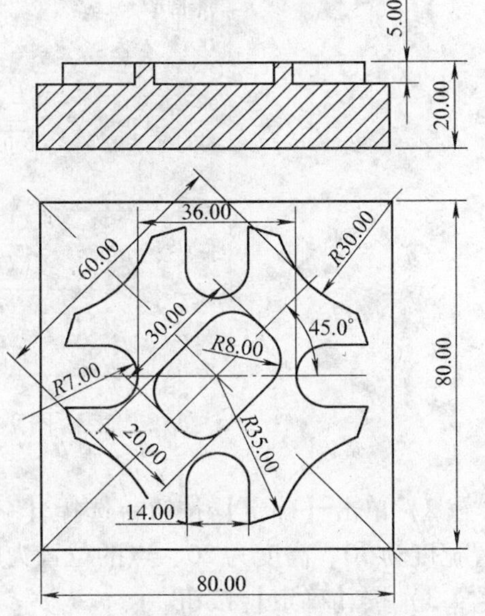

图 9-46 槽轮板图样

二、创建基本图形

1. 毛坯轮廓绘制

1）启动 MasterCAM 的铣削模块，顺序选择【回主功能表】→【绘图】→【矩形】→【一点】后，出现如图 9-47 所示的绘制矩形对话框。

2）如图 9-47 所示设置宽度为 80、高度为 80、点的位置为中心位置。

3）按【确定】按钮。

4）在拾取点方式下，选择【原点】后，按 ESC 键结束矩形绘制，效果如图 9-48 所示。

2. ϕ70 圆绘制

1）顺序选择【回主功能表】→【绘图】→【圆弧】→【点直径圆】。

2）在“请输入直径”的提示栏内，键入直径值 70 后回车。

3）选择【原点】后，按 ESC 键结束 ϕ70mm 圆的绘制。

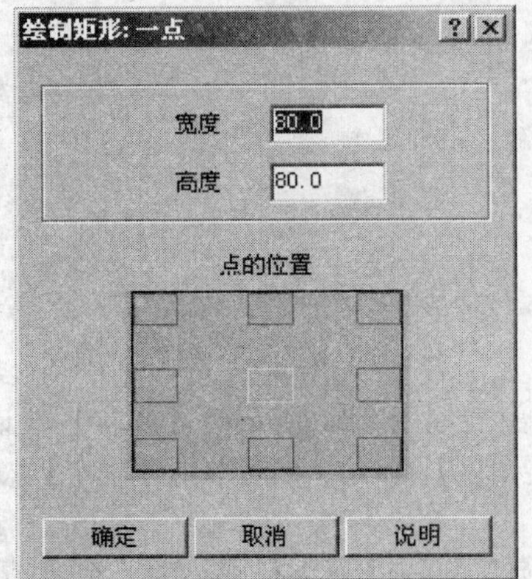

图 9-47 绘制矩形对话框

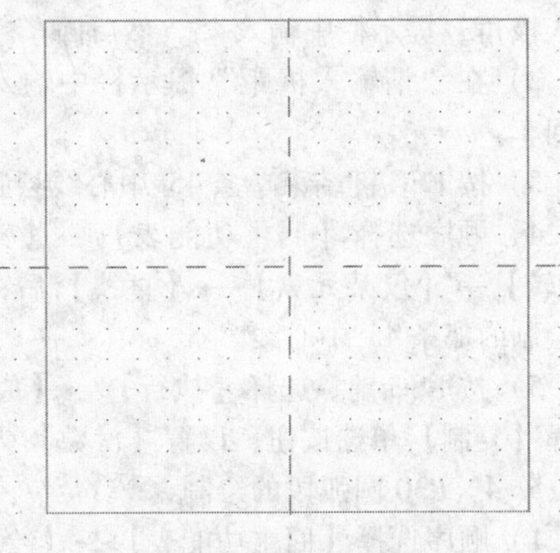
图 9-48 毛坯轮廓

3. 圆角矩形绘制

1）顺序选择【回主功能表】→【绘图】→【矩形】→【选项】后，出现如图 9-49 所示【矩形的选项】对话框，并设置【角落导圆角】值为 8、【旋转】值为 45。

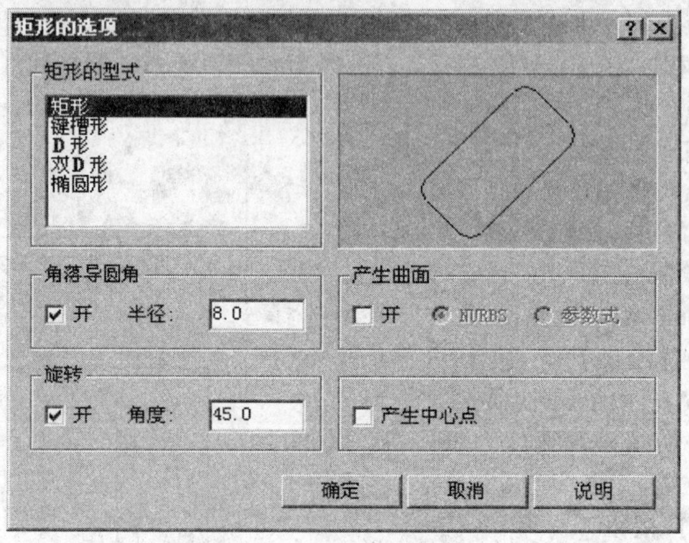

图 9-49 矩形的选项对话框

2）单击【确定】按钮→选择【一点】后，出现如图 9-47 所示的绘制矩形对话框，设置宽度为 30、高度为 20、点的位置为中心位置。

3）按【确定】按钮。

4）选择【原点】后，按 ESC 键结束圆角矩形绘制，效果如图 9-50 所示。

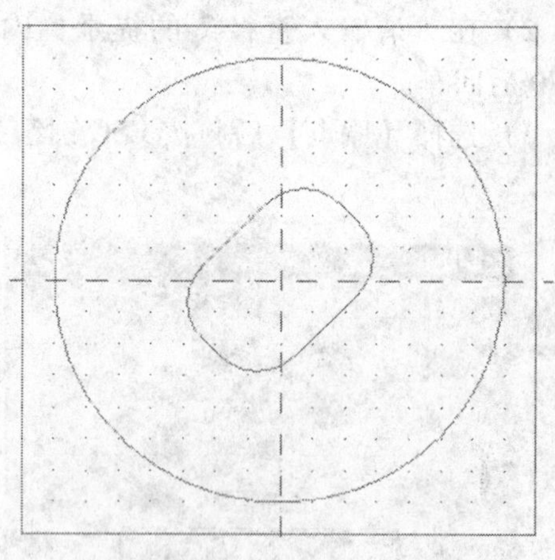

图 9-50 圆角矩形绘制后的效果

4. 45°中心线绘制

1）顺序选择【回主功能表】→【绘图】→【直线】→【极坐标线】→【原点】后，在“请输入极角”提示栏中输入 45，然后回车。

2）在“请输入极距”提示栏中输入 60，然后回车。

3）按 ESC 键结束单条 45°中心线绘制。

4）顺序选择【回主功能表】→【转换】→【旋转】→【仅某元素】→【直线】后，拾取刚才绘制的那条 45°中心线。

5）按 ESC 键→选择【执行】→【原点】后，出现如图 9-51 所示的【旋转】对话框，选择【复制】单选按钮，设置【次数】为 3、【旋转角度】为 90，然后单击【确定】按钮。

5. 4 × R30 圆弧段的绘制

1）顺序选择【回主功能表】→【绘图】→【圆弧】→【点半径圆】后，在“请输入半径”提示栏中输入 30，然后回车。

2）在【抓点方式】次菜单中，选择【端点】。

3）拾取45°线。

4）再重复2）、3）步骤三次后，按ESC键后效果如图9-52所示。

5）顺序选择【回主功能表】→【修整】→【打断】→【在交点处】→【窗选】→【矩形】后，分别框选图9-52中的4个$R30$mm和1个$\phi70$mm的圆。

6）选择【执行】命令。

7）顺序选择【回主功能表】→【删除】→【仅某图素】→【圆弧】后，拾取欲删除的圆弧段。

8）按ESC键结束4×$R30$mm圆弧段的绘制，效果如图9-53所示。

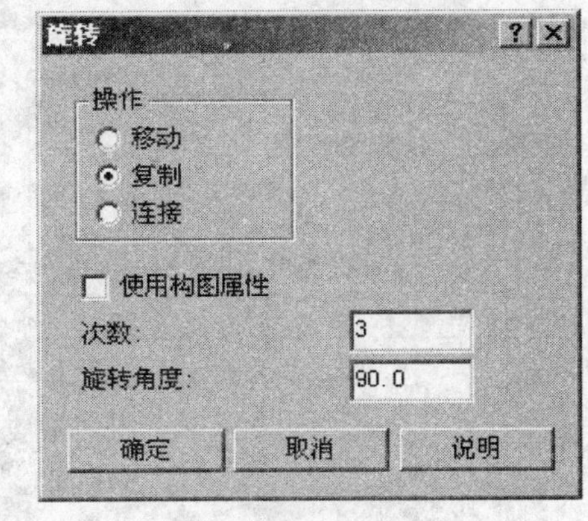

图9-51 旋转对话框

6. $\phi14$mm开口槽的绘制

1）顺序选择【回主功能表】→【绘图】→【圆弧】→【三点画弧】后，在“请输入第一点”提示栏中输入“25，7”，然后回车。

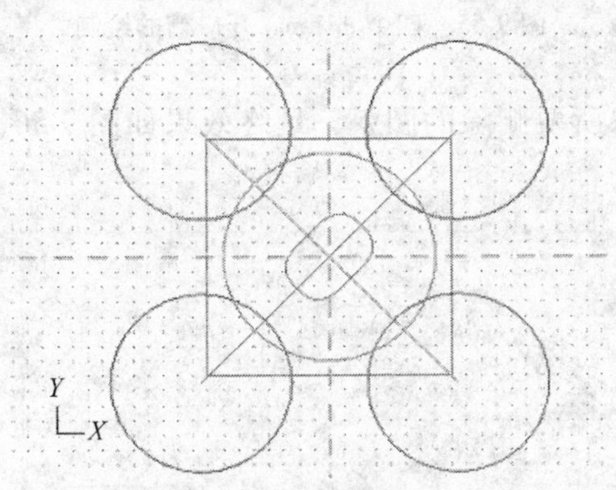

图9-52 4×$R30$mm圆的绘制

图9-53 4×$R30$mm圆弧段的绘制效果

2）在“请输入第二点”提示栏中输入“18，0”，然后回车。

3）输入“25，-7”作为第三点坐标，然后按ESC键。

4）顺序选择【回主功能表】→【绘图】→【直线】→【水平线】→【端点】后，拾取刚才绘制的圆弧，然后拉出一定长度的水平线，回车。

5）再拾取刚才绘制的圆弧，拉出第二条水平线，至一定长度后回车，效果如图9-54所示。

6）顺序选择【回主功能表】→【转换】→【旋转】→【窗选】→【矩形】后，框选$\phi14$mm的半圆和两条水平线。

7）选择【执行】→【原点】后，出现如图9-51所示的【旋转】对话框，选择【复制】单选按钮，设置【次数】为3、【旋转角度】为90，然后单击【确定】按钮，效果如图9-55所示。

8）顺序选择【回主功能表】→【修整】→【打断】→【在交点处】→【窗选】→【矩形】后，框选欲打断的任意一组水平线和与它们相交的$\phi70$mm的圆弧。

9）框选其他的水平线和与它们相交的 ϕ70mm 的圆弧，然后选择【执行】命令。

10）顺序选择【回主功能表】→【删除】→【仅某图素】→【直线】后，拾取所要删除的直线，按 ESC 键。

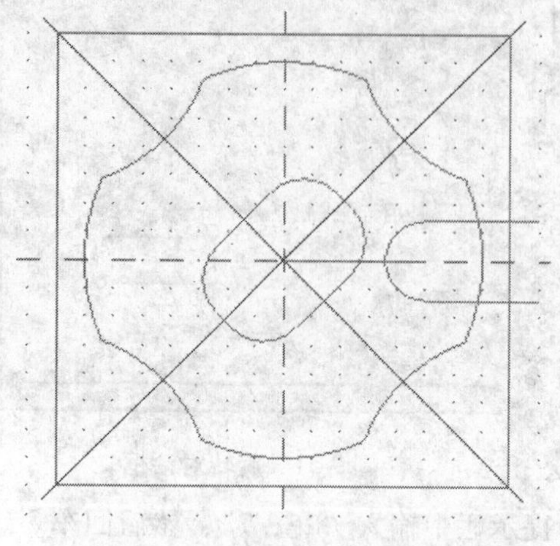

图 9-54 一个 ϕ14mm 开口槽的绘制

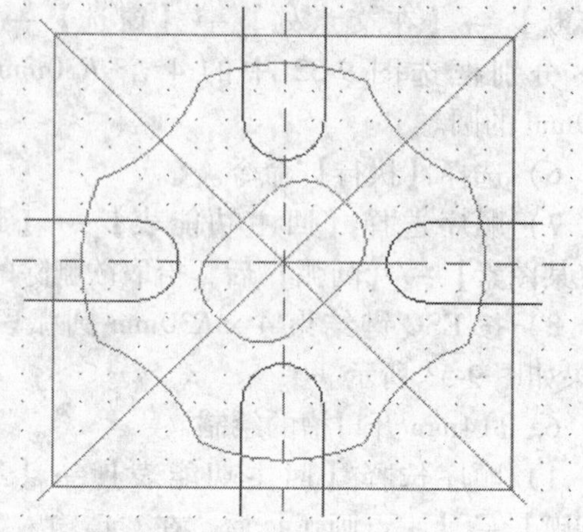

图 9-55 四个 ϕ14mm 开口槽的绘制

11）选择【仅某图素】→【圆弧】后，拾取所要删除的圆弧，最终效果如图 9-56 所示。

三、设置毛坯外形尺寸、选择材料

1）顺序选择【回主功能表】→【刀具路径】→【工作设定】后，弹出如图 9-57 所示的【工作设定】对话框，设置 X 为 80、Y 为 80、Z 为 21（多 1mm 为平面铣削加工量），选择【显示素材】前的复选框。

2）选择【安全区域】前的复选框后，单击【安全区域】按钮，设置对话框中的 X 为 120、Y 为 120、Z 为 50。

3）选择【材质】组框中的［...］命令按钮，在弹出的材料库中选择 STEEL mm—A2—225BHN，按【确定】键后完成材料选择。

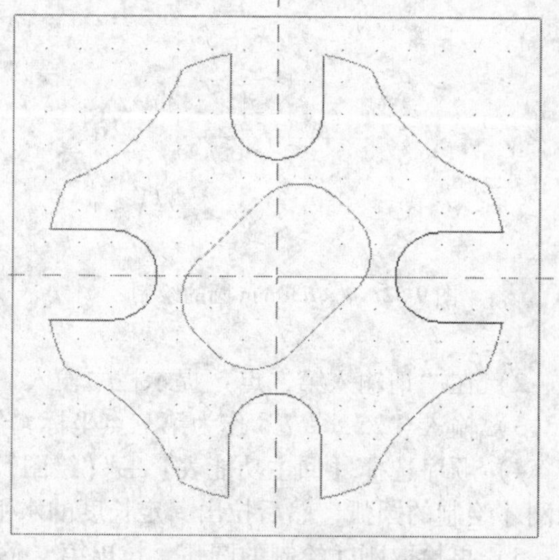

图 9-56 槽轮板绘制效果

4）在【工作设定】对话框中，按【确定】键完成工作设定。

四、选择刀具、设置刀具参数

1. 选择刀具

1）顺序选择【回主功能表】→【公用管理】→【定义刀具】→【目前的】后，弹出【刀具管理】对话框，在对话框中右击鼠标，选择【从资料库中取得刀具…】，在弹出的刀具库对话框中选择直径为 10mm 的平刀（1 号）。

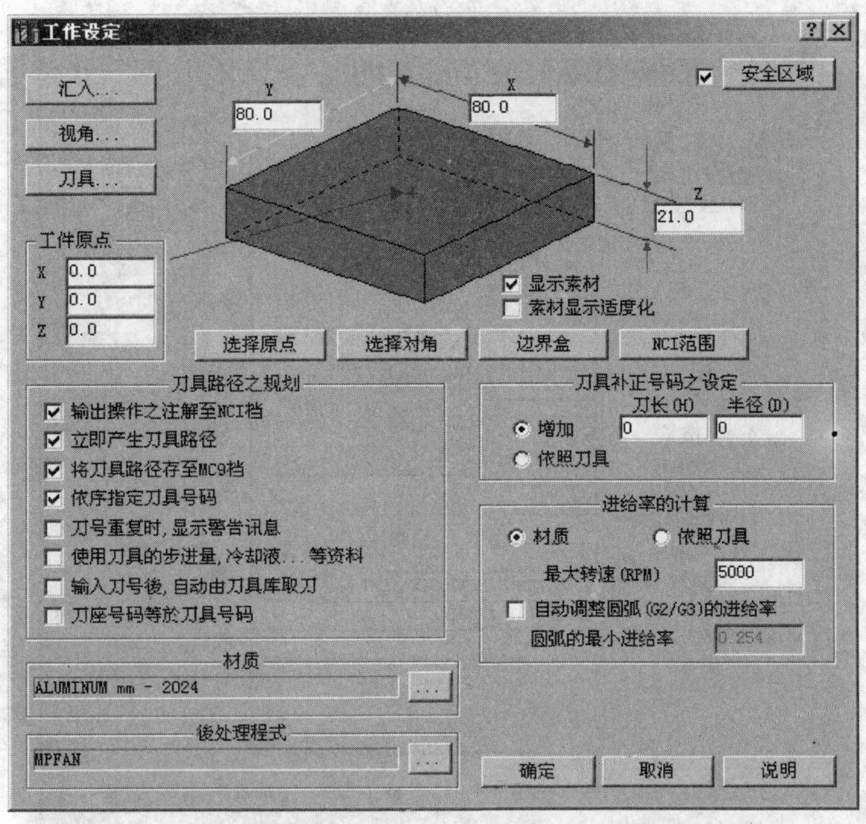

图 9-57 工作设定对话框

2）同样，在刀具库中再选择直径为 5mm 的平刀（2 号）。

上两步操作后【刀具管理】的效果，如图 9-58 所示。

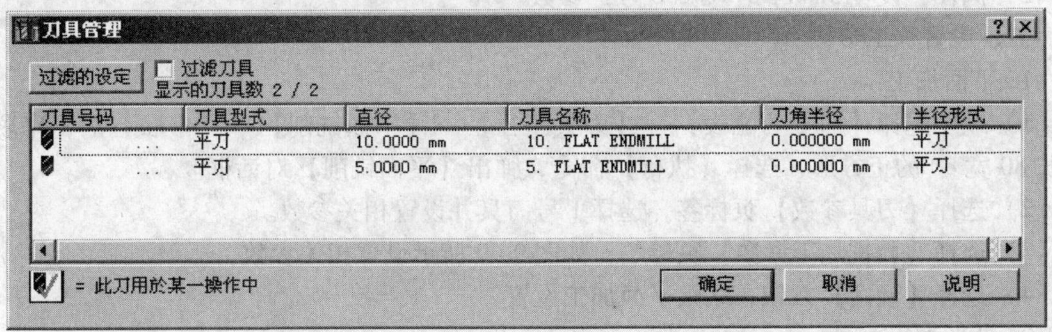

图 9-58 刀具管理

2. 设置刀具参数

1）在图 9-58 的【刀具管理】对话框中选择 10mm 的平刀（1 号），单击鼠标右键，在弹出菜单中选择【编辑刀具…】，出现【定义刀具】对话框，选择【加工参数】页标签，如图 9-59 所示编辑参数，完成后单击【确定】按钮。

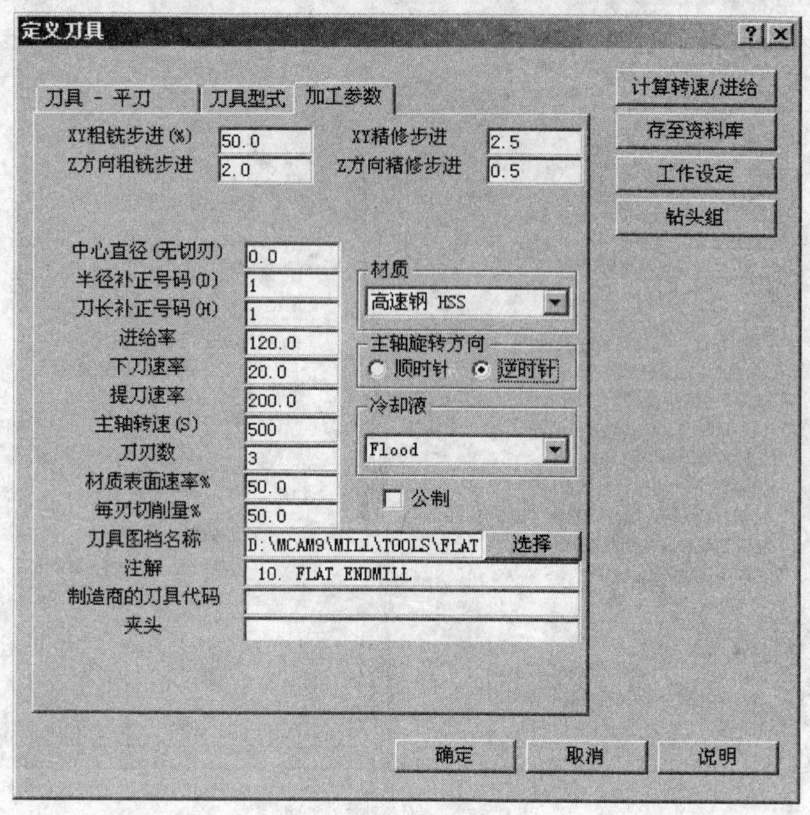

图 9-59 设置刀具参数

2）同样，设置5mm的平刀（2号）参数。

五、设置加工参数

1. 平面加工

1）顺序选择【回主功能表】→【刀具路径】→【平面铣削】→【串联】后，串联图中长80宽80的正方形，选择【执行】命令，弹出【平面铣削】对话框。

2）选择【刀具参数】页标签，选择1号刀具并设置相关参数。

3）选择【面铣加工参数】页标签，如图9-60所示设置相关参数。

4）选择【确定】按钮，结束平面加工设置。

2. 外形加工

1）顺序选择【回主功能表】→【刀具路径】→【外形铣削】→【串联】后，串联图中的外形轮廓，执行【结束选择】命令，选择【执行】命令，弹出【外形铣削】对话框。

2）选择【刀具参数】页标签，选择1号刀具并设置相关参数。

3）选择【外形铣削】页标签，设置相关的高度参数。

4）在【外形铣削】页标签中，选择【平面多次铣削】按钮，弹出【XY平面多次铣削设定】对话框，如图9-61所示设置相关参数。

5）在【外形铣削】页标签中，选择【Z轴分层铣深】按钮，弹出【Z轴分层铣深设

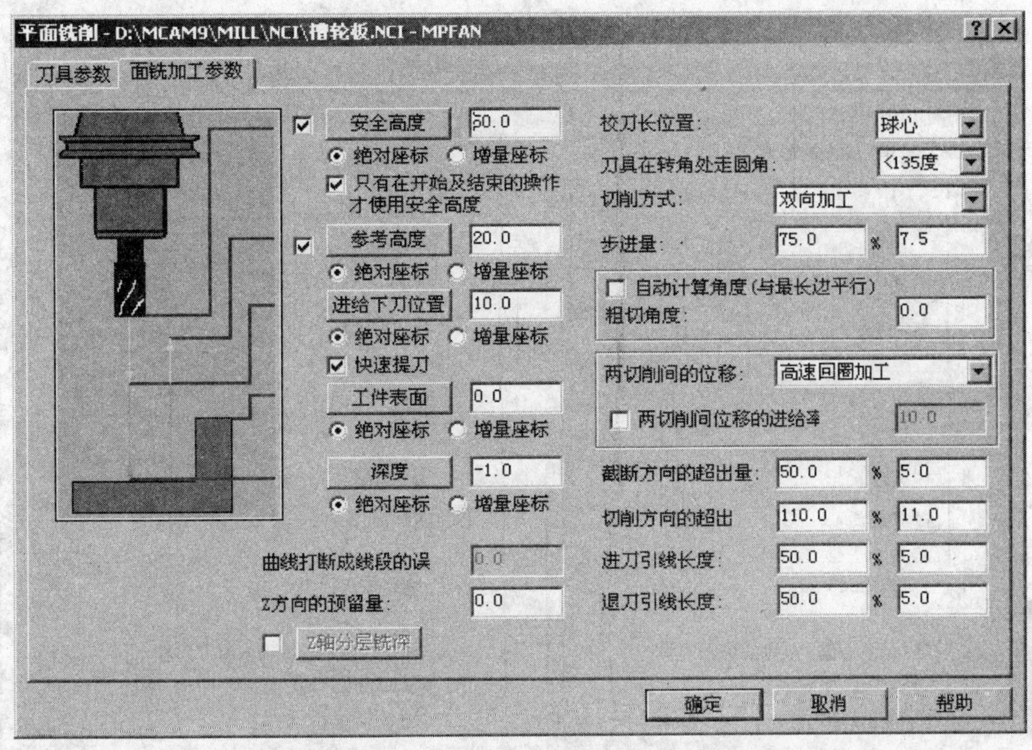

图 9-60 平面加工参数设置

定】对话框，如图 9-62 所示设置相关参数。

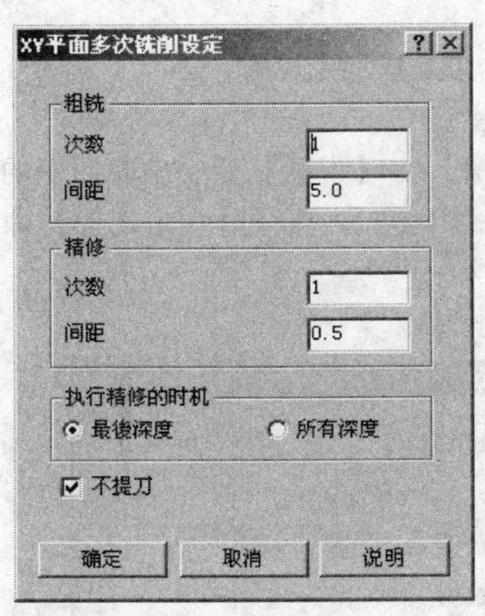

图 9-61 *XY* 平面多次铣削设定

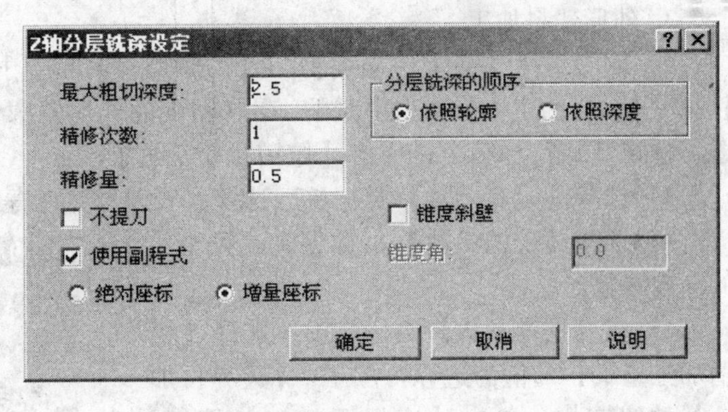

图 9-62 *Z* 轴分层铣深设定

6）在【外形铣削】页标签中，选择【进/退刀向量】按钮，弹出【进/退刀向量设定】对话框，如图 9-63 所示设置相关参数。

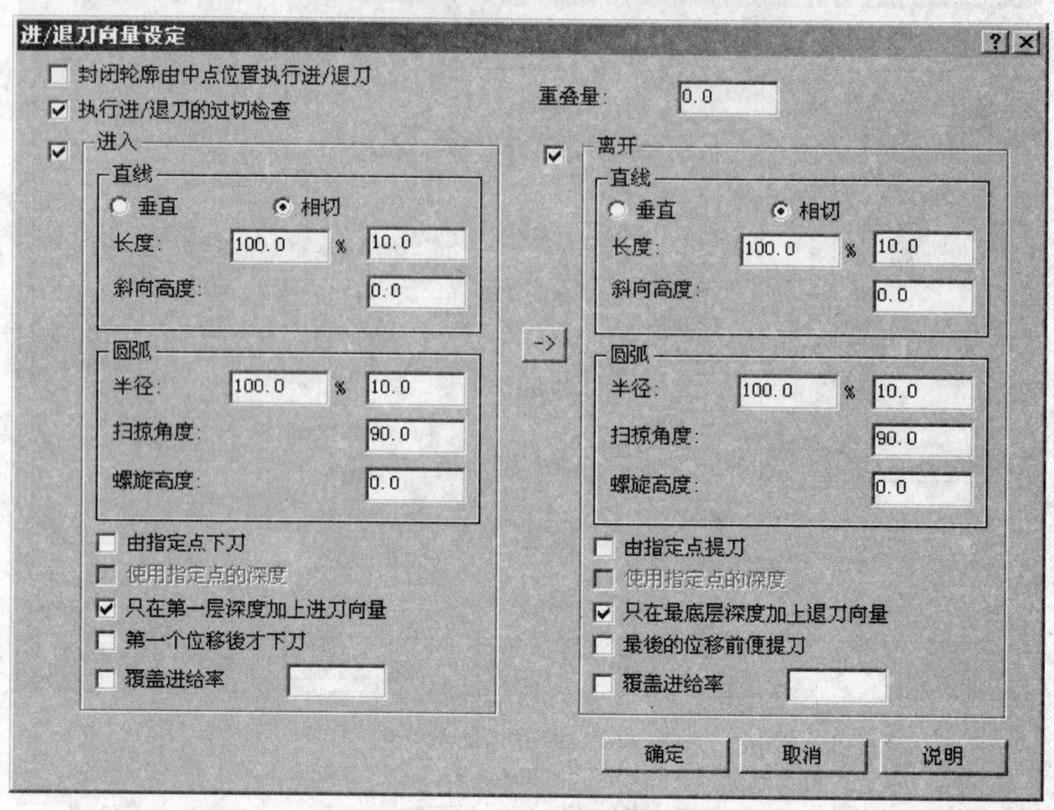

图 9-63 进退刀向量设定

7）在【外形铣削】对话框中，选择【确定】按钮，结束外形加工设置。

3. 外形残料加工

1）顺序选择【回主功能表】→【刀具路径】→【挖槽】→【串联】后，串联图中的长 80、宽 80 的正方形作为串联 1，串联图中的外形轮廓作为串联 2，执行【结束选择】命令，选择【执行】命令，弹出【挖槽】对话框。

2）选择【刀具参数】页标签，选择 1 号刀具并设置相关参数。

3）选择【挖槽参数】页标签，设置相关的高度参数。

4）在【挖槽参数】页标签中，选择【挖槽加工型式】的值为边界再加工，【边界再加工】按钮变黑，单击【边界再加工】按钮，弹出【边界再加工】对话框，如图 9-64 所示设置相关参数。

5）在【挖槽参数】页标签中，选择【分层铣深】按钮，弹出【Z 轴分层铣深设定】对话框，如图 9-65 所示设置相关参数。

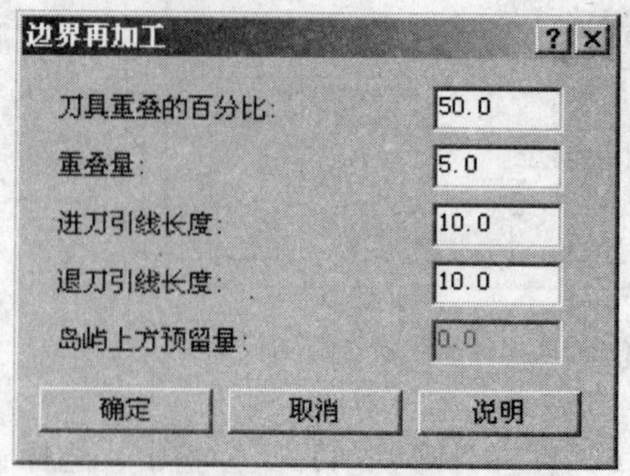

图 9-64 边界再加工

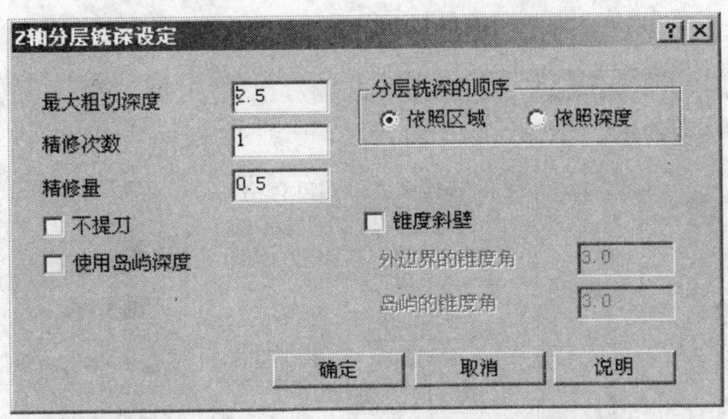

图 9-65　分层铣深设定

6）选择【粗切/精修参数】页标签，如图 9-66 所示设置相关参数。

7）选择【确定】按钮，结束外形残料加工设置。

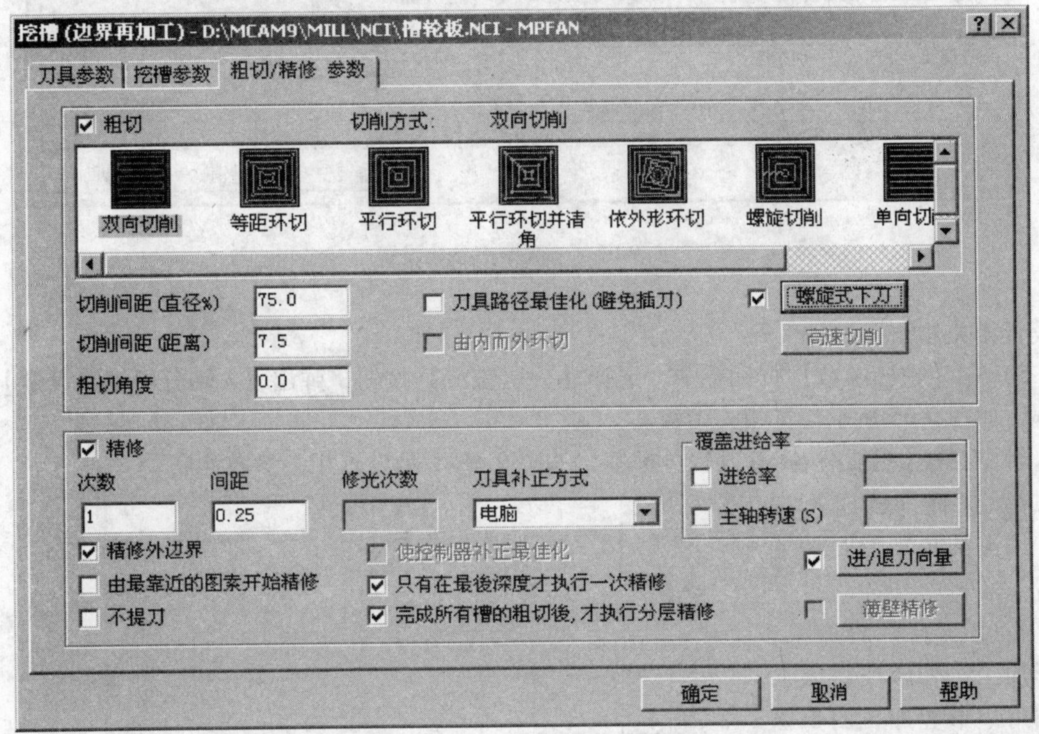

图 9-66　粗切、精修参数设置

4. 圆角矩形腔加工

1）顺序选择【回主功能表】→【刀具路径】→【挖槽】→【串联】后，串联图中的圆角矩形，执行【结束选择】命令，选择【执行】命令，弹出【挖槽】对话框。

2）选择【刀具参数】页标签，选择 2 号刀具并设置相关参数。

3）选择【挖槽参数】页标签，设置相关的高度参数。

4）在【挖槽参数】页标签中，选择【挖槽加工型式】的值为一般挖槽，如图 9-67 所

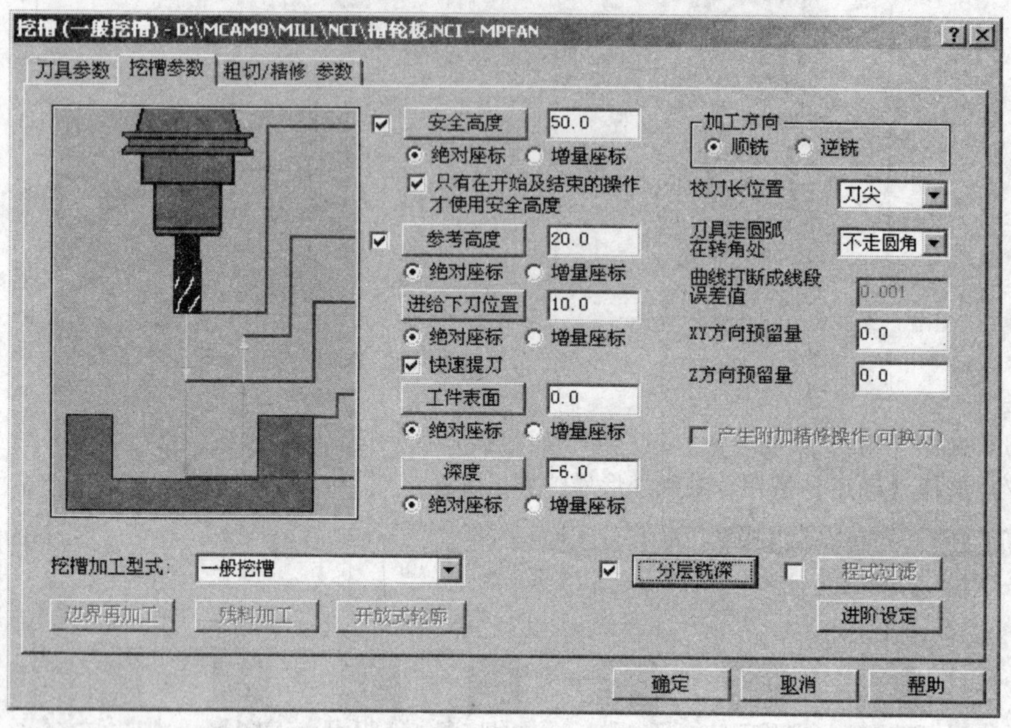

图 9-67 一般挖槽参数设置

示设置相关参数。

5）在【挖槽参数】页标签中，选择【分层铣深】按钮，弹出【Z 轴分层铣深设定】对话框，如图 9-65 所示设置相关参数。

6）选择【粗切/精修参数】页标签，如图 9-66 所示设置相关参数。

7）选择【确定】按钮，结束圆角矩形腔加工设置。

经过以上平面加工、外形加工、外形残料加工和圆角矩形腔加工四步骤设置的刀具路径效果，如图 9-68 所示。

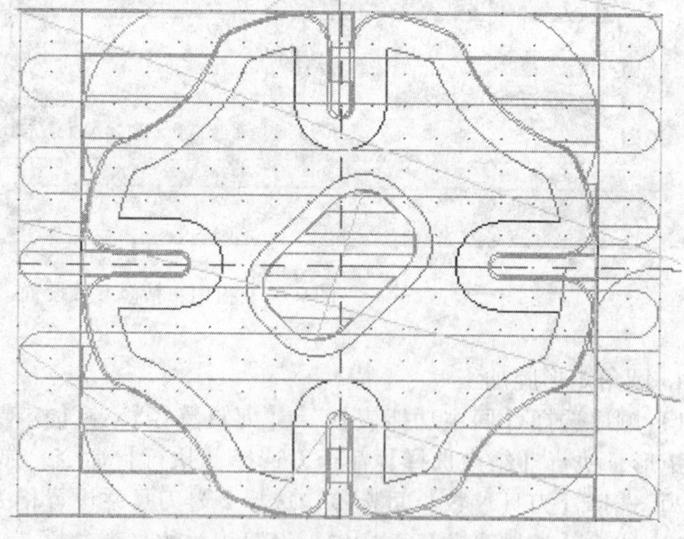

图 9-68 刀具路径效果

六、校核刀具路径、进行实体加工模拟

1. 校核刀具路径

1）顺序选择【回主功能表】→【刀具路径】→【操作管理】后，弹出

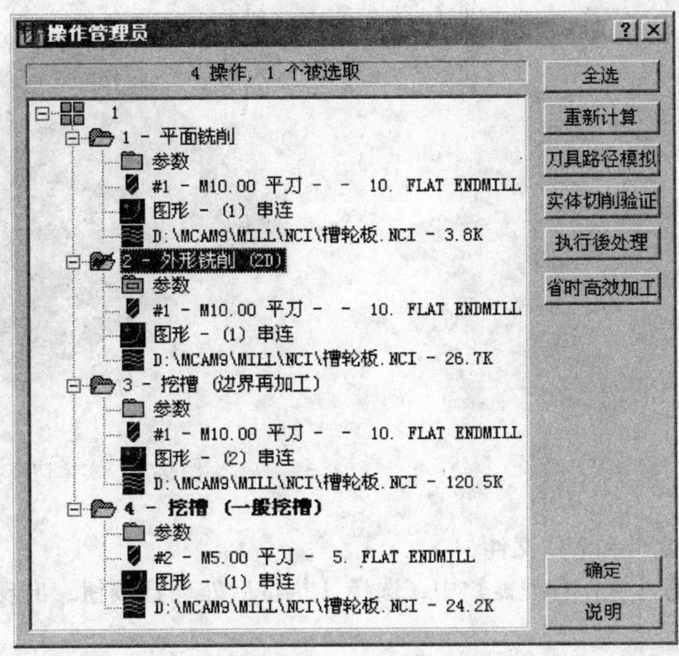

图 9-69 操作管理器

如图 9-69 所示的【操作管理器】对话框。

2）在【操作管理器】中，单击【全选】按钮选择所有的刀具路径。

3）选择【操作管理器】中的【刀具路径模拟】按钮，如图 9-70 所示设置【刀具路径模拟】次菜单，然后选择【自动执行】，开始校核刀具路径，效果如图 9-72 所示（为了便于观察，图示为去掉了面加工的效果）。

2. 实体切削验证

在图 9-69 的【操作管理器】中，选择【实体切削验证】按钮，在出现的实体切削验证界面中，选择如图 9-71 所示的 ▶ 按钮，开始刀具路径的实体切削验证，效果如图 9-73 所示。

图 9-70 刀具路径模拟菜单

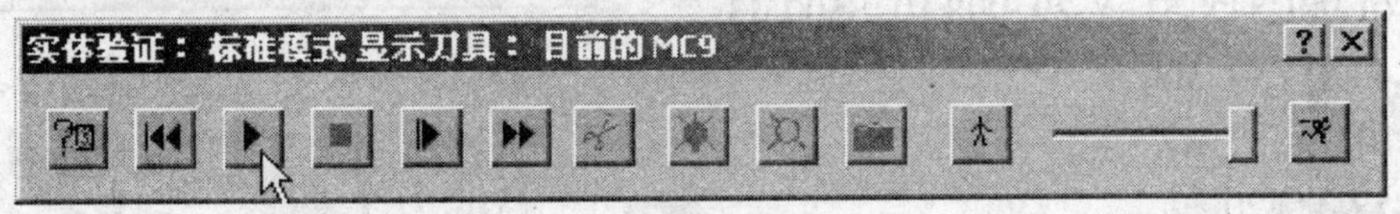

图 9-71 实体切削控制按钮

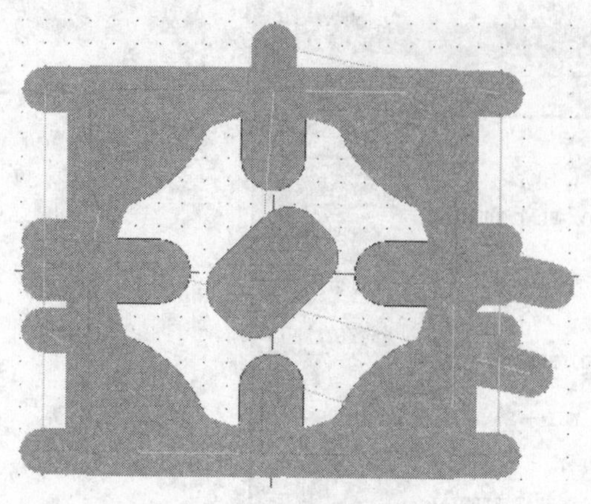

图 9-72 校核刀具路径

图 9-73 实体切削验证效果

七、创建 NCI 文件和 NC 文件

1）在图 9-69 的【操作管理器】中，选择【执行后处理】按钮，出现如图 9-74 所示的【后处理程式】。

2）如图 9-74 所示，设置创建 NC 文件的信息。

3）选择【确定】按钮，指定 NC 文件名称，然后选择【保存】按钮。

系统生成的适用于 FANUC 系统的部分 NC 代码如下：

```
%
O0001（主程序）
（PROGRAM NAME-槽轮板）
（DATE = DD-MM-YY-05-03-07 TIME = HH：MM-22：28）
N10G21
N12G0G17G40G49G80G90
（TOOL-1 DIA. OFF. -1 LEN. -1 DIA. -10.）
N14T1M6
N16G0G90G54X-51. Y-39. 998A0. S500M3
N18G43H1Z50. M8
N20Z10.
N22G1Z-1. F20.
N24X46. F120.
N26G3Y-32. 726R3. 636
…
```

後处理程式
目前使用的後处理程式 更改後处理程式
MPFAN. PST
输出MC9档的摘要 摘要内容
NCI档
储存NCI档 编辑
覆盖
询问
输出刀具面相对於WCS
NC档
储存NC档 编辑
覆盖
询问
NC档的副档名
. nc
传送
将NC程式传至机台 传输参数
确定 取消 说明

图 9-74 后处理程式

```
N2010G1X7. 425Y10. 253
N2012G3X-. 354R5. 5
N2014G0Z50.
N2016M5
N2018G91G28Z0. M9
N2020G28X0. Y0. A0.
N2022M30

O1001（子程序 1）
N84G91
N86G2X-2. 727Y-8. 471R40. 5
N88X-3. 095Y-2. 902R5. 5
N90G3X-14. 387Y-14. 387R24. 5
N92G2X-2. 902Y-3. 095R5. 5
…
N162G1X9. 293
N164G2X5. 389Y-6. 6R5. 5
N166M99

O1002（子程序 2）
N436G91
N438G2X-2. 693Y-8. 366R40.
N440X-2. 814Y-2. 639R5.
N442G3X-14. 68Y-14. 68R25.
N444G2X-2. 639Y-2. 814R5.
…
N510G1X-9. 293
N512G3Y-4. R2.
N514G1X9. 293
N516G2X4. 899Y-6. R5.
N518M99
%
```

复习思考题

一、基础知识题

1. 生成 CNC 控制器可以解读的 NC 码，需要哪几步？各步的功能是什么？
2. 刀具轨迹验证时，如何定义毛坯？
3. 在 MasterCAM9 中，如何根据实际刀具定义刀具参数？
4. 简述操作管理器的主要功能。

5. 深度分层和外形分层铣削时，粗加工的次数和进刀量是如何定义的？
6. 简述二维和三维外形铣削刀具路径生成的区别。
7. 生成刀具路径时，如何验证其正确性，如何生成NC码？

二、上机实训

1. 根据图9-75所示和加工要求，选择合适的毛坯和刀具，完成该零件的面铣削、外形铣削。

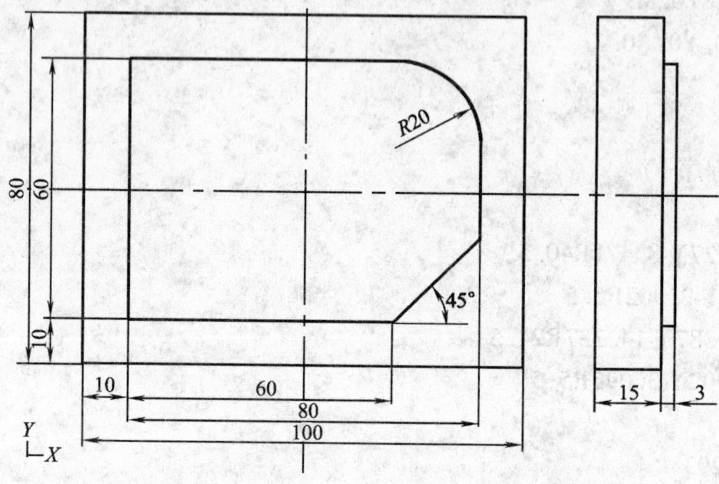

图9-75 面、外形铣削习题

2. 如图9-76所示一个长度为70mm，宽度为60mm，圆角半径为10mm，深度为3mm的凹槽，凹槽中有一矩形岛屿，请选择刀具完成挖槽铣削。

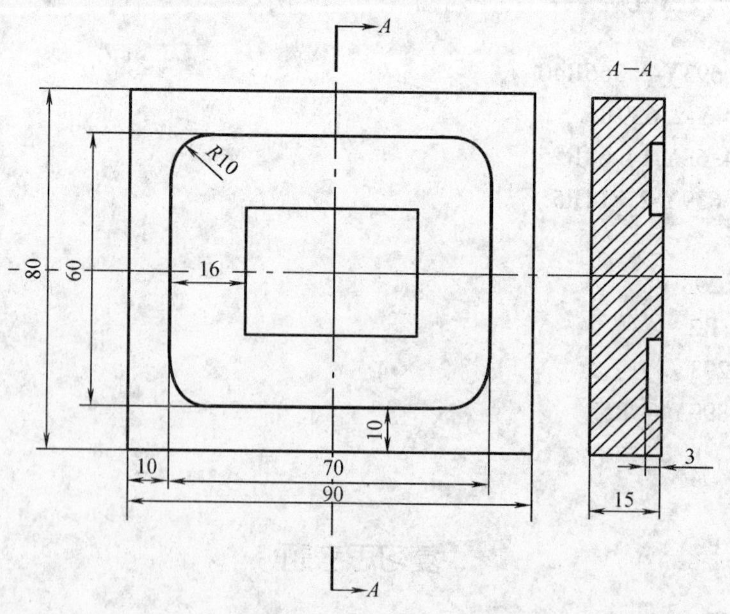

图9-76 凹槽铣削习题

3. 如图9-77所示，*XY*平面上2行2列排列的孔，孔深为10mm，参考点坐标为*X*5.0*Y*10.0，请选择刀具完成钻削（镗孔）加工。

4. 根据图 9-78 所示，请完成面铣削、外形铣削、挖槽加工和钻孔加工，毛坯和所需刀具根据图形和加工要求自己选择。

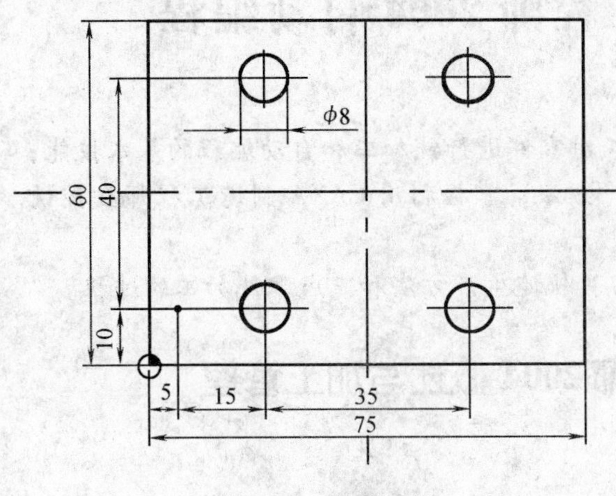

图 9-77 钻削习题

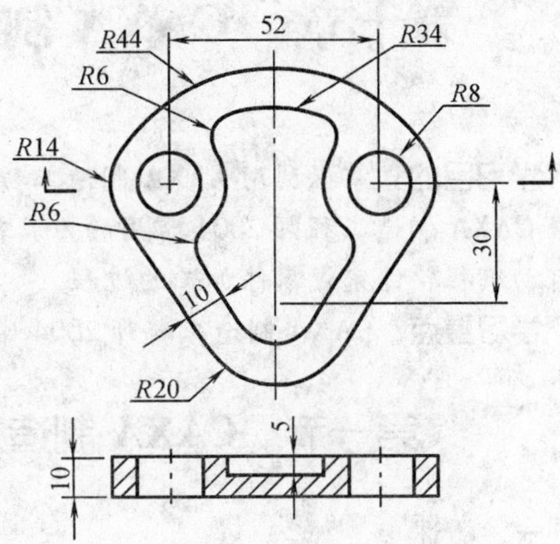

图 9-78 综合加工习题

5. 根据图 9-79 所示，完成以下各题：

1）加工此零件该如何定义毛坯？

2）加工此零件需要哪些刀具，该如何设置每把刀具的参数？

3）简述完成上述零件的加工在操作管理器中该如何安排刀具路径的顺序（工艺过程）。

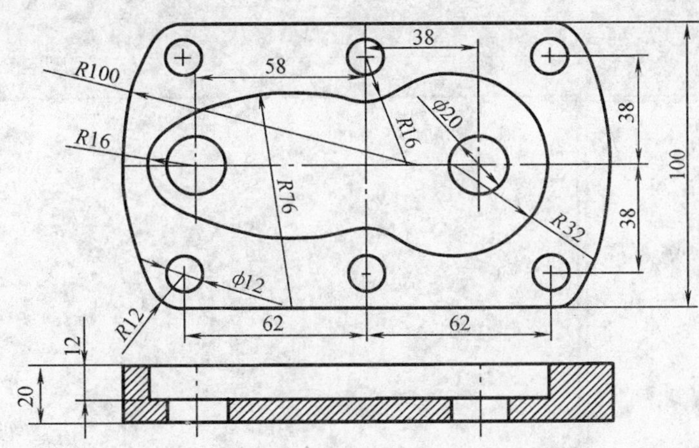

图 9-79 MasterCAM 加工习题

第十章　CAXA 制造工程师 2004 自动编程

学习目的：掌握利用 CAXA 制造工程师 2004 对零件进行铣加工和自动编程的基本技能；掌握 CAXA 制造工程师 2004 常用的刀具轨迹生产方法；掌握利用 CAXA 制造工程师数控铣削自动编程软件完成零件加工的过程。

学习重点：CAXA 制造工程师 2004 常用的刀具轨迹生产方法和完成零件加工的过程。

第一节　CAXA 制造工程师 2004 概述与加工管理

一、概述

1. 界面

CAXA 制造工程师 2004 是一款国内优秀的计算机设计与辅助制造（CAD/CAM）软件，软件界面如图 10-1 所示。

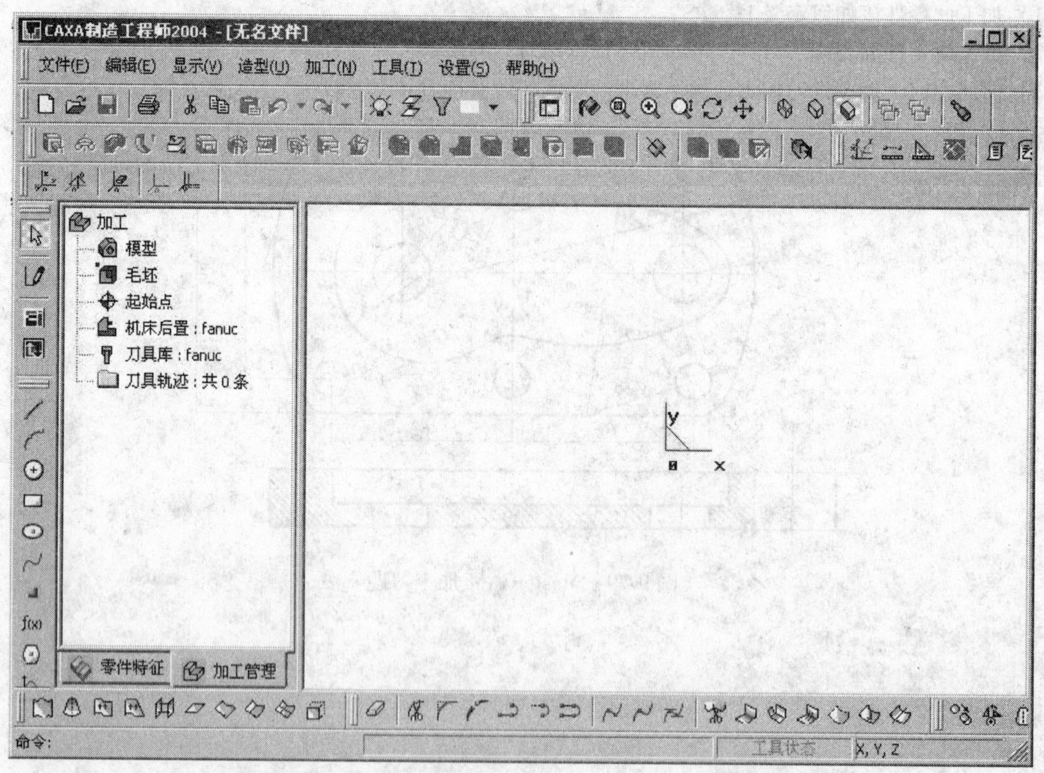

图 10-1　CAXA 制造工程师 2004 界面

2. 特点

CAXA 制造工程师 2004 提供了线框造型、曲面造型、实体造型（特征造型）及混合造型（曲面和实体）的方法；具有生成加工刀具轨迹、NC 代码以及 NC 代码校验和加工仿真的功能。

CAXA 制造工程师2004 生成的 NC 代码，可使用通用的或者专用的数据传递软件，利用计算机和数控系统的 RS232C 串口，把数据传递给数控系统。如果数控系统支持 DNC 功能，数据传递软件还能实现直接控制数控机床加工全过程的功能，解决了广大 NC 代码因数控系统的储存空间不够必须分段的问题，使加工过程的控制非常容易。

二、加工管理

利用 CAXA 制造工程师生成的 NC 代码前，或模拟加工之前，需要掌握以下基本知识点：

1. 模型

模型一般表达为系统存在的实体和所有曲面的总和。模型主要用于刀路的仿真过程。在轨迹仿真器中，模型可以用于仿真环境下的干涉检查。

（1）操作　双击如图 10-1 所示的轨迹树栏“模型”图标，打开如图 10-2 所示的模型参数设置窗口。

（2）参数说明　【几何精度】用于描述模型的几何精度。

图 10-2　模型参数设置

在造型时，模型的曲面是光滑连续（法矢连续）的，如球面是一个理想的光滑连续的面，这样的理想模型，我们称几何模型。但在加工时，是不可能完成这样一个理想的几何模型。所以，一般地，我们会把一张曲面离散成一系列的三角片。由这一系列三角片所构成的模型，我们称加工模型。加工模型与几何模型之间的误差，我们称为几何精度。

顺便提一下，加工精度是按轨迹加工出来的零件与加工模型之间的误差，当加工精度趋近于 0 时，轨迹对应的加工件的形状就是加工模型了（忽略残留量）。

2. 毛坯

系统的毛坯一般为方块形状。

（1）操作　双击如图 10-1 所示的轨迹树栏“毛坯”图标，打开如图 10-3 所示的定义毛坯窗口。

（2）参数说明

1）锁定。【锁定】按键使用户不能设定毛坯的基准点、大小、毛坯类型等，这是为了防止设定好的毛坯数据不小心被改变而设置的。

2）毛坯定义。系统提供了三种毛坯定义的方式：

【两点方式】　通过拾取毛坯的两个角点（与顺序、位置无关）来定义毛坯。

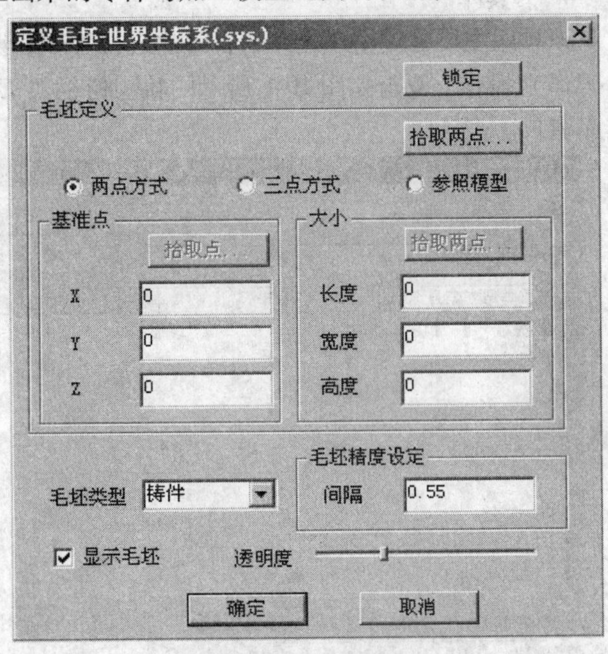

图 10-3　定义毛坯窗口

【三点方式】 通过拾取基准点和定义毛坯大小的两个角点（与顺序、位置无关）来定义毛坯。

【参照模型】 系统自动计算模型的包围盒，以此作为毛坯。

3）基准点。基准点是毛坯在世界坐标系（. sys.）中的左下角点。

注意：基准点决定毛坯的位置；两个角点只是用来确定毛坯的大小。

4）大小。“大小”栏中的长度、宽度、高度是毛坯在 X 方向、Y 方向、Z 方向的尺寸。

5）毛坯类型。【毛坯类型】下拉栏中提供铸件、精铸件、锻件、精锻件、棒料、冷作件、冲压件、标准件、外购件、外协件、其他等毛坯的类型，主要是写工艺清单时需要。

3. 起始点

设定全局刀具起始点的位置。

（1）操作 双击如图 10-1 所示的轨迹树栏“起始点”图标，打开如图 10-4 所示的刀具起始点窗口。

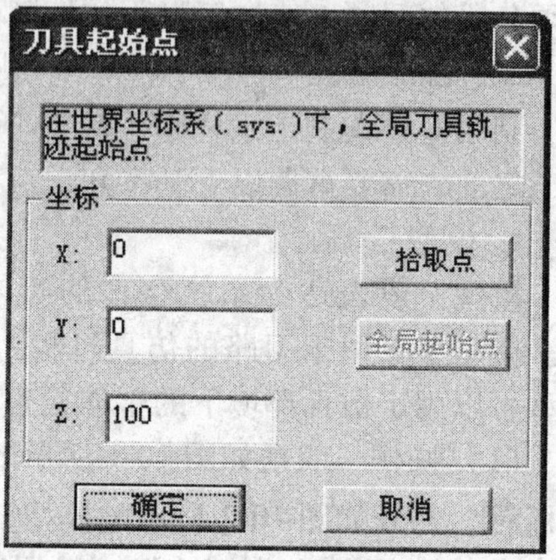

图 10-4 刀具起始点显示窗口

（2）参数说明

1）提示。说明起始点所在的加工坐标系。

2）坐标。用户可以通过输入或者单击【拾取点】按钮来设定刀具起始点。

注意：计算轨迹时默认以全局刀具起始点作为刀具起始点，计算完毕后，用户可以对该轨迹的刀具起始点进行修改。【全局起始点】按钮此处不可用。

4. 刀具库

刀具库主要是对用户定义的各刀具进行管理和设置。

（1）操作。双击如图 10-1 所示的轨迹树栏“刀具库”图标，打开如图 10-5 所示的刀具库窗口。

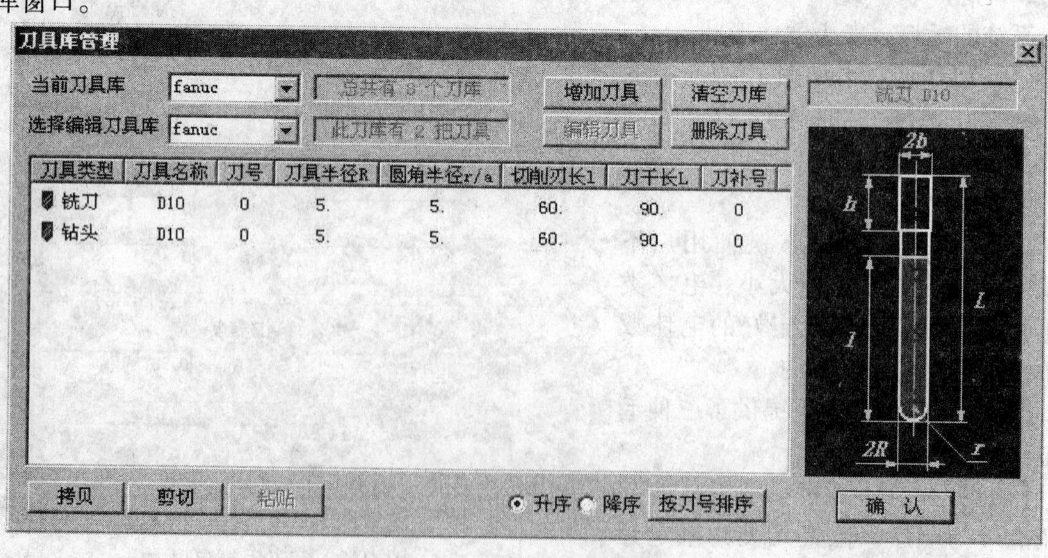

图 10-5 刀具库管理窗口

（2）参数说明

【当前刀具库】 设定当前使用的机床的刀具库。

【选择编辑刀具库】 选择某机床的刀具库，然后可以对其进行增加刀具，清空刀库等编辑操作。

【增加刀具】 增加新的刀具到编辑刀具库。

【清空刀库】 删除编辑刀具库中的所有刀具。

【编辑刀具】 对编辑刀具库中选中的刀具进行参数修改。

【删除刀具】 删除编辑刀具库中选中的刀具。

刀具列表显示编辑刀具库中的所有刀具及其相关的主要参数。

一般操作对编辑刀具库中的选中刀具进行【复制】、【剪切】、【粘贴】、排序（【升序】、【降序】）等操作。

注意：刀具编辑不能取消，所以在作【删除刀具】、【清空刀库】等操作时一定要小心。

5. 机床后置

生成加工刀具轨迹、NC 代码前，必须设置相应的机床。不同的机床、不同的系统，编制的 NC 代码格式也不同，也就是在利用 CAXA 制造工程师软件生成数控程序前，需要进行后置处理。后置设置功能包括两方面的功能：机床信息和后置设置两部分。

（1）机床信息 操作：双击如图 10-1 所示的轨迹树栏“机床后置”图标，打开如图 10-6 所示的机床后置窗口。

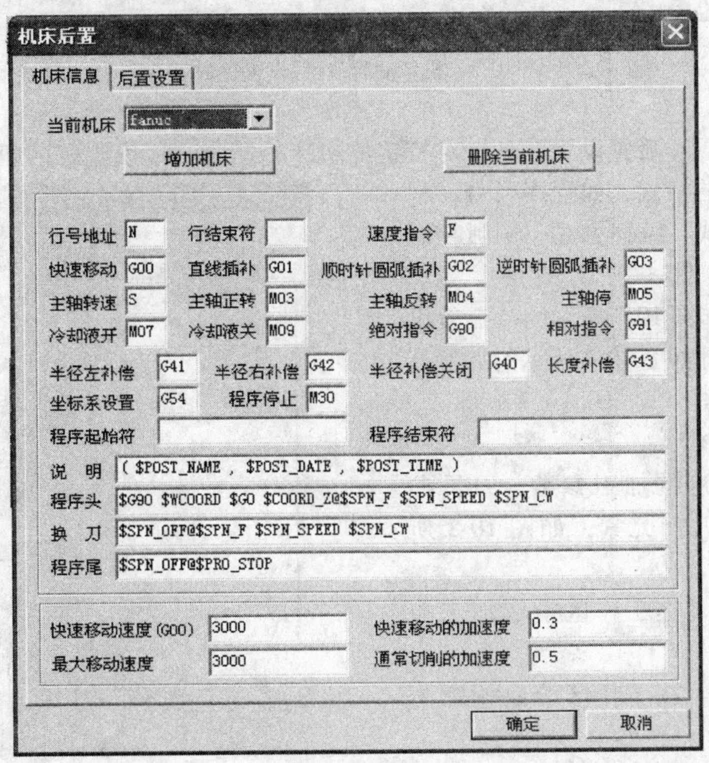

图 10-6 机床后置-机床信息参数表

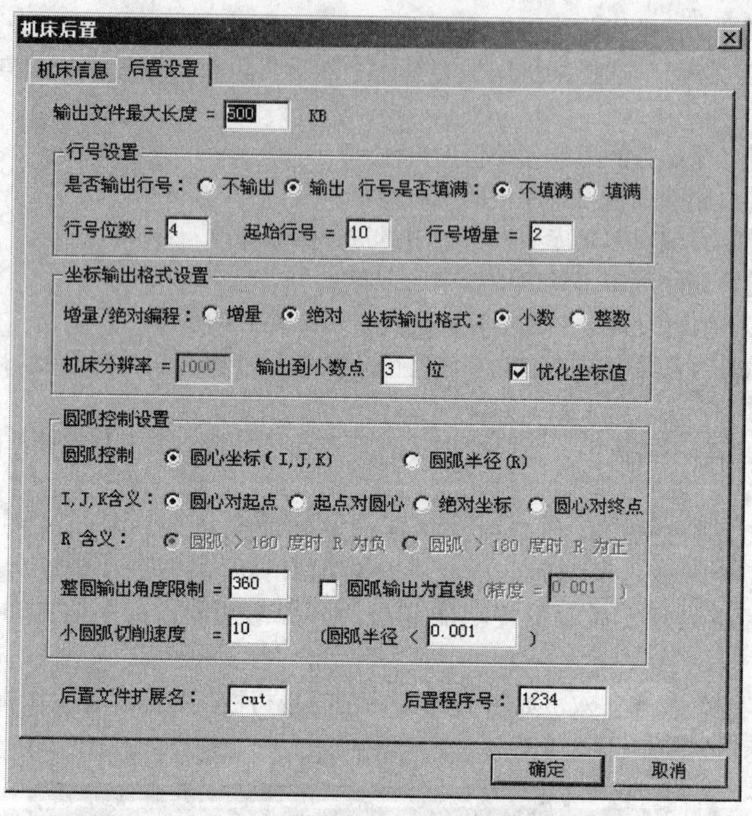

图 10-7 机床后置-后置设置参数表

（2）后置设置 后置设置就是针对特定的机床，结合已经设置好的机床配置，对后置输出的数控程序的格式，如程序行号、程序大小、数据格式、编程方式、圆弧控制方式等进行设置。

操作：单击如图 10-6 所示的“后置设置”页标签，打开如图 10-7 所示的后置处理对话框。

6. 刀具轨迹

更改刀具轨迹的加工参数、刀具参数、起开始点和几何元素，如图 10-8 所示。

【加工曲面】 在工作区拾取加工曲面。

【轮廓曲线】 在工作区拾取轮廓曲线。

注意：根据不同的加工功能有的按钮

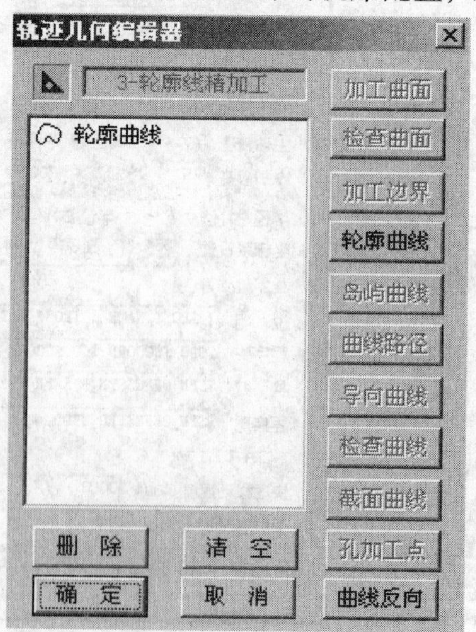

图 10-8 轨迹几何编辑器窗口

可能灰显，表明该项操作不对该功能开放。

7. 轨迹树操作

主要完成轨迹重置、轨迹移动、轨迹参数复制、刀具参数复制等。

操作：在如图 10-1 所示的界面中，当“加工管理”页标签被选中（ 加工管理 按钮凸起）时，如轨迹已生成，要对轨迹进行编辑，可单击“刀具轨迹”项，则显示“轨迹树”，在轨迹树中拾取需改变的一个或多个刀具轨迹后，单击鼠标右键，显示如图 10-9 所示的弹出菜单。

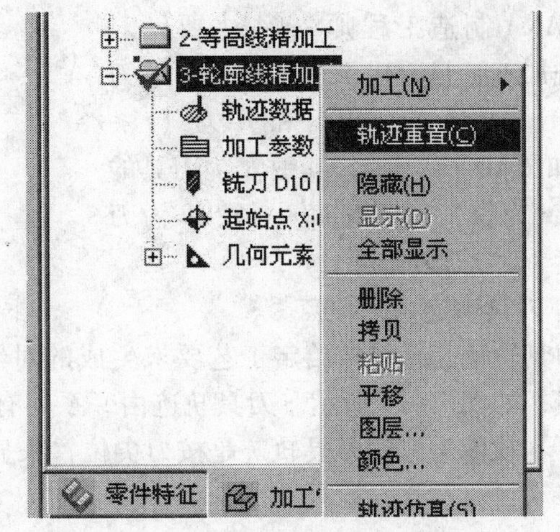

图 10-9　轨迹重置设置

“轨迹重置”操作：在右键菜单的【轨迹重置】命令处单击鼠标左键，系统将按选中轨迹的顺序重新计算各个轨迹。

注意：轨迹图标左上角有一点，表示该轨迹的原因（加工参数、刀具参数和几何元素）之一发生了改变，而结果（轨迹数据）并没有作相应的改变，即提醒用户该轨迹需要调用“轨迹重置”命令重新生成轨迹数据，使原因与结果一致。

“轨迹重置”命令也可作用于无须重新生成的轨迹。

第二节　CAXA 制造工程师 2004 加工方法

数控编程人员在处理一些计算繁琐、手工编程困难或无法编写的程序时，可利用 CAXA 制造工程师 2004 软件顺利实现计算机自动编程。

CAXA 制造工程师 2004 实现数控铣削加工的过程为：① 读懂图样，建立工件模型（用曲线、曲面和实体表达工件）；② 根据工件形状，选择合适的加工方式，生成刀位轨迹；③ 生成 NC 代码，传给数控机床的 CNC 控制系统。

一、基本概念

1. 轮廓

轮廓是一系列首尾相接曲线的集合，如图 10-10 所示。

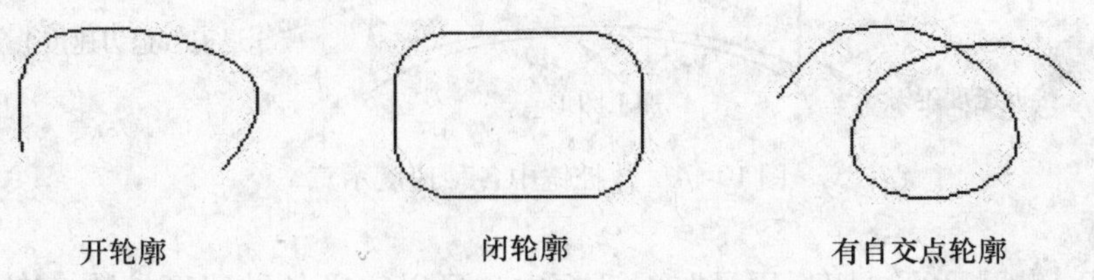

图 10-10　轮廓示意图

2. 区域和岛

区域是指由一个闭合轮廓围成的内部空间，其内部可以有“岛”。岛也是由闭合轮廓界定的。区域也可指外轮廓和岛之间的部分，如图 10-11 所示。

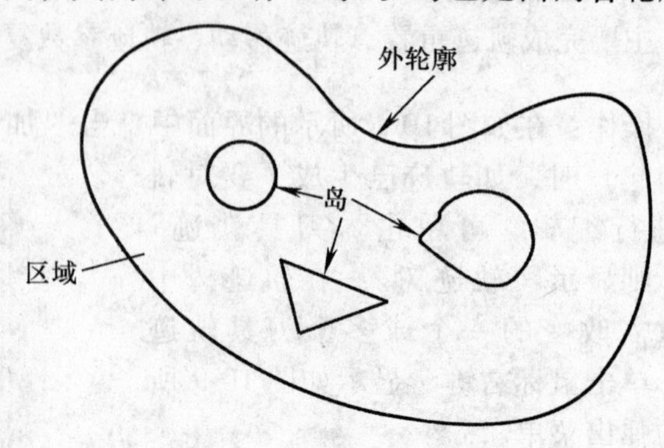

图 10-11 轮廓与岛的关系

3. 刀具

CAXA 制造工程师 2004 主要针对数控铣加工，目前提供三种铣刀：端刀（$r=0$）、球刀（$r=R$）和 R 刀（$r<R$），如图 10-12 所示，其中 R 为刀具的半径、r 为铣刀端部圆角半径、L 为刀杆长度、l 为刀刃长度。

4. 刀具轨迹、刀位点

刀具轨迹是系统按给定工艺要求生成的对给定加工工件（图形）进行切削时刀具进给的路线，如图 10-13 所示。刀具轨迹由一系列有序的刀位点和连接这些刀位点的直线或圆弧组成。本软件生成的刀具轨迹是按刀尖位置来显示的。

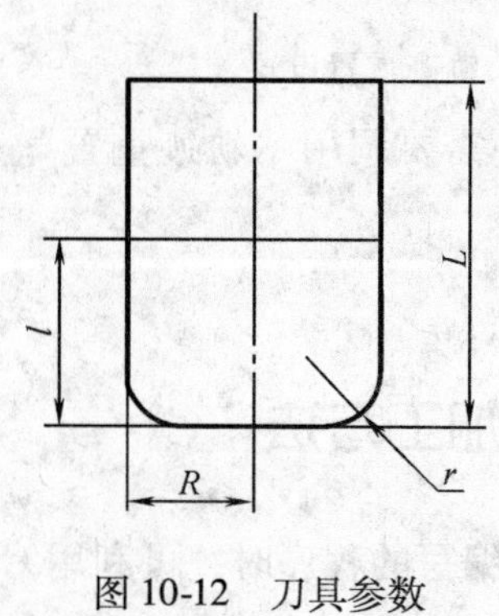

图 10-12 刀具参数

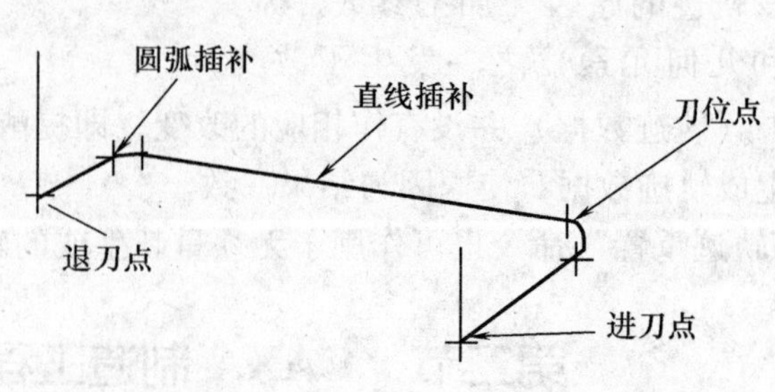

图 10-13 刀具轨迹和刀位点

5. 切削用量

数控铣中各种速度示意，如图 10-14 所示。

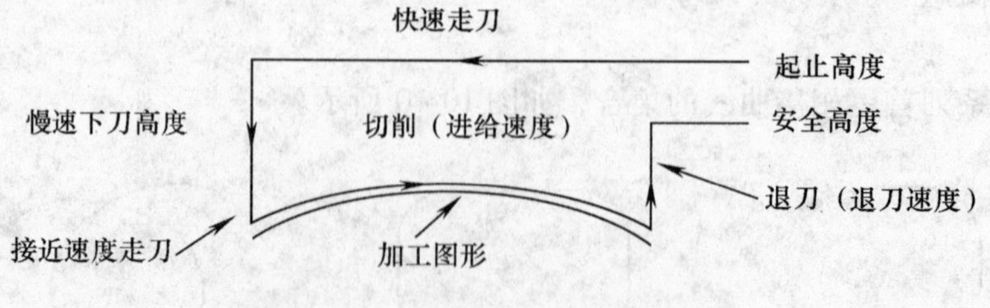

图 10-14 数控铣中各种速度示意

在如图 10-15 所示的“切削用量”对话框中，可以定义各种速度参数；在如图 10-16 所示的对话框中，可以定义下刀方式。

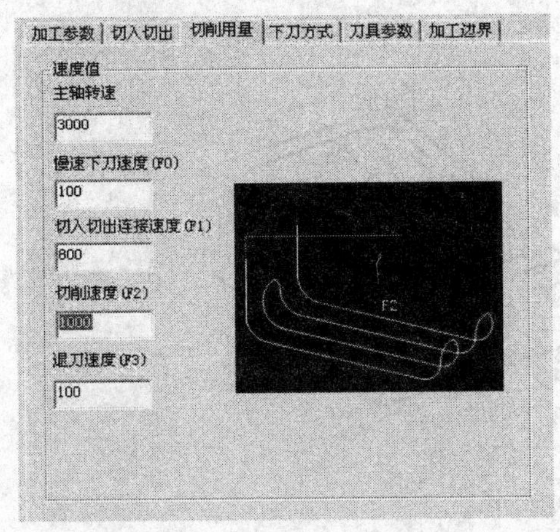

图 10-15　切削用量参数表

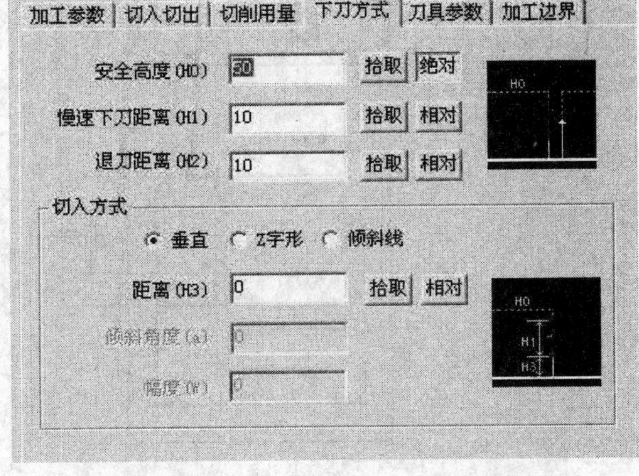

图 10-16　下刀方式参数表

6. 专业术语差别

在选择加工方法时，不要把机加工工艺安排中的“粗加工”和“精加工”的概念，与该软件提供的“粗加工”和“精加工”生成刀具轨迹的方法相混淆。因为，很多软件提供的“粗加工”或“精加工”方法，即能完成机加工的“粗加工”，又能完成机加工“精加工”。

二、切削加工方法

CAXA 制造工程师 2004 提供了 11 种两轴半铣削加工方法：区域式粗加工、等高线粗加工、插铣式粗加工、摆线式粗加工、导动线粗加工、等壁厚粗加工、深腔侧壁加工、区域式精加工、轮廓线精加工、等高线精加工、导动线精加工；同时还提供了 5 种三轴加工方法：参数线精加工、限制线精加工、扫描线精加工、三维偏置加工、浅平面精加工；同时又提供了槽加工和孔加工等多种加工方法。

在以上各种加工方法中，都要设置一些通用的选项，如刀具参数、机床参数、进退刀参数、下刀参数、清根参数等，这些参数都要根据不同的加工方法及工艺方案，进行合理选择。接下来就以加工实例为主，介绍常用的加工方法。

（一）区域式粗加工

【项目 10-1】加工如图 10-17 所示的模具型腔，毛坯为 100mm × 70mm × 25mm 的方料。

1. 加工方法分析

如图 10-17 所示的模具型腔属于区域中有岛且底面为平面的零件，可选用“区域式粗加工”的方法；铣削加工前，需要在坐标（0，0）处用 ϕ10mm 钻头钻一个深 19.8mm 的下刀工艺孔。

2. 工件坐标原点和装夹方法

为了与设计基准保持一致，将工件坐标原点选在零件底面中心处；采用平口白虎钳夹紧。

3. 建立实体模型

用 CAXA 制造工程师 2004 零件设计模块建立的实体模型，如图 10-18 所示。

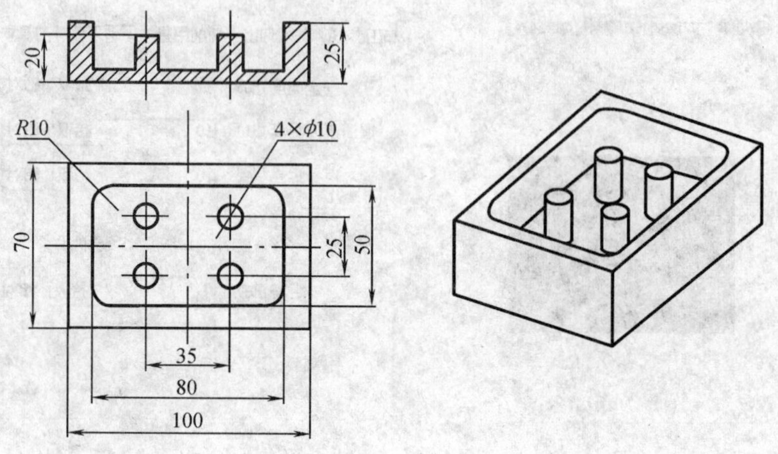

图 10-17 模具型腔零件图

4. 生成刀具轨迹

步骤：

1）实体边界拾取。单击“曲线工具”工具条上的“相关线”按钮 →【实体边界】，如图 10-19 所示，分别拾取区域轮廓和岛轮廓共 5 个。

图 10-18 实体造型图

图 10-19 实体边界

2）定义毛坯。可选用“参照模型”的方法：单击“加工”菜单，打开如图 10-3 所示的“定义毛坯”对话框。

3）单击“加工”菜单，再单击【区域式粗加工】选项，打开如图 10-20 所示的对话框，分别设置“加工参数”（见图 10-20）、“切入切出”（见图 10-21）、“切削用量”（见图 10-22）、“下刀方式”（见图 10-23）、“刀具参数”（见图 10-24）、“加工边界”（见图 10-25）各页标签中的各参数→完成后，单击【确定】按钮。

4）如图 10-26 所示，拾取区域轮廓→拾取任一指向的箭头→单击鼠标右键→如图 10-27 所示，分别拾取岛轮廓（4 个圆）和决定刀具走向的的箭头。

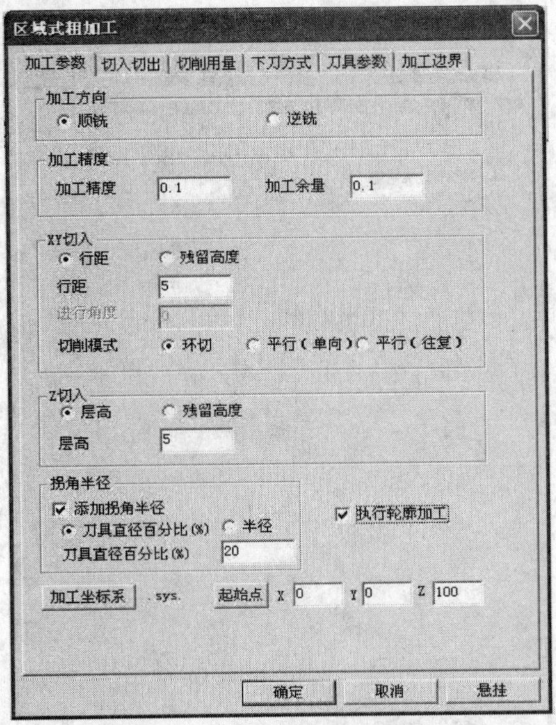

图 10-20　设置“加工参数”

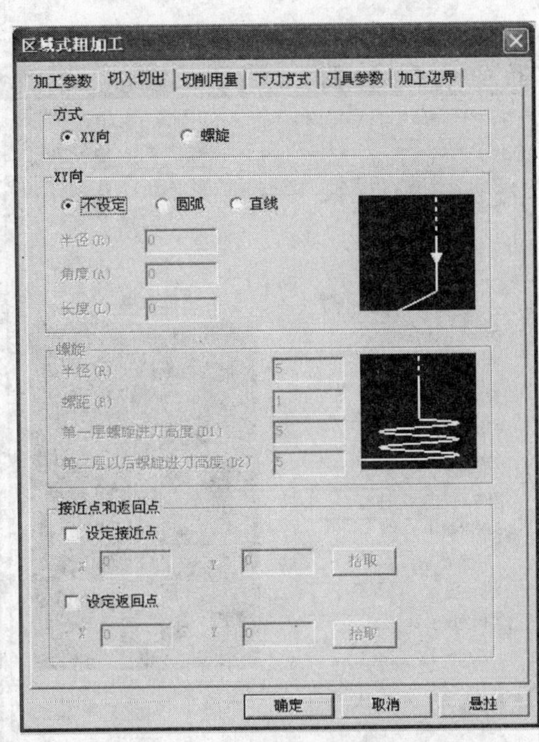

图 10-21　设置“切入切出”

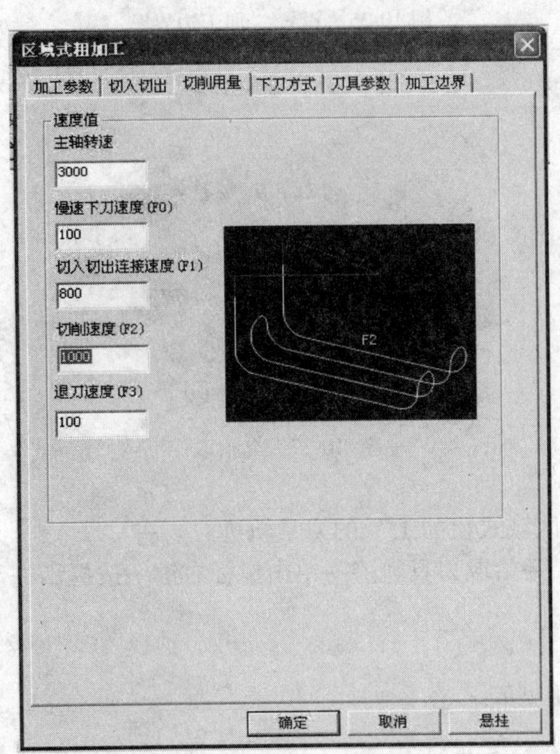

图 10-22　设置“切削用量”

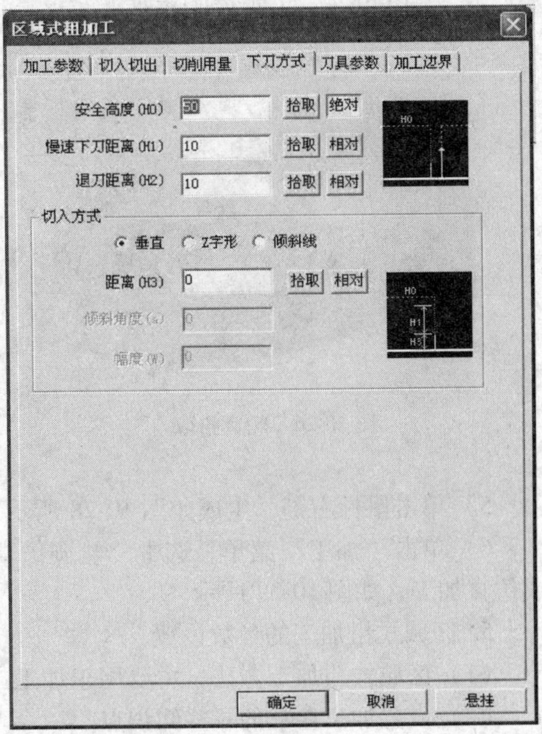

图 10-23　设置“下刀方式”

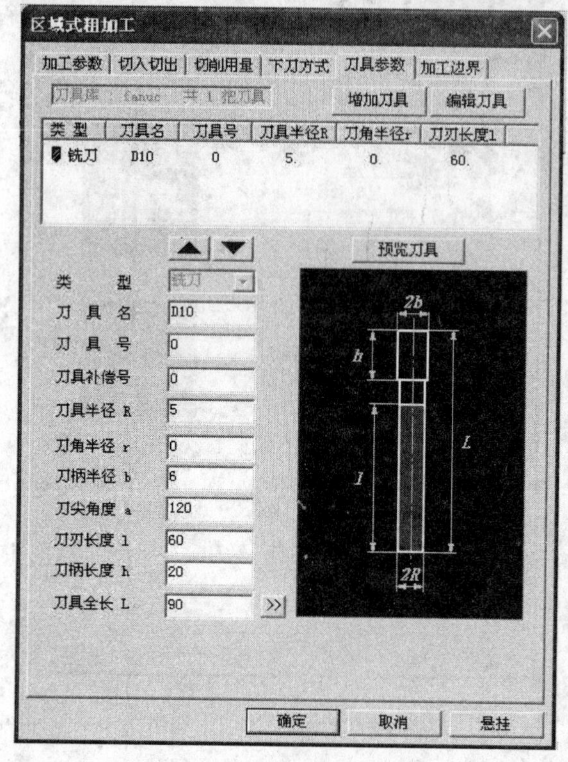

图 10-24 设置“刀具参数”

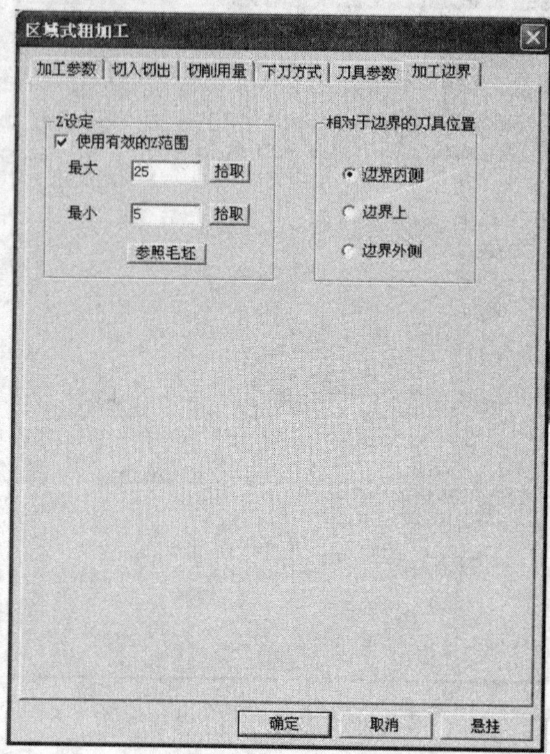

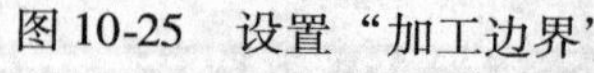
图 10-25 设置“加工边界”

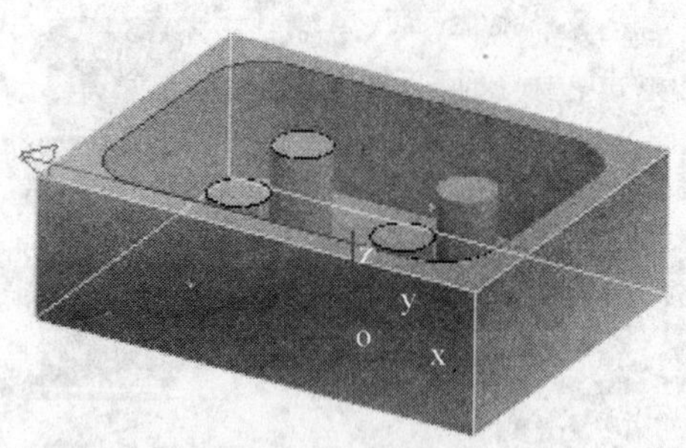

图 10-26 轮廓拾取

图 10-27 岛拾取

5）单击鼠标右键，生成如图 10-28 所示“区域式粗加工”的刀具轨迹。

6）单击“加工”菜单，选中“轨迹仿真”→拾取刀具轨迹→单击鼠标右键→按提示完成仿真加工，如图 10-29 所示。

5. 区域式粗加工的参数设置

（1）区域式粗加工方法　主要用于加工二维型腔。

（2）设置加工参数的一些知识点

1）轮廓加工。【执行轮廓加工】将在轨迹生成后，进行轮廓加工，如图 10-30 所示。

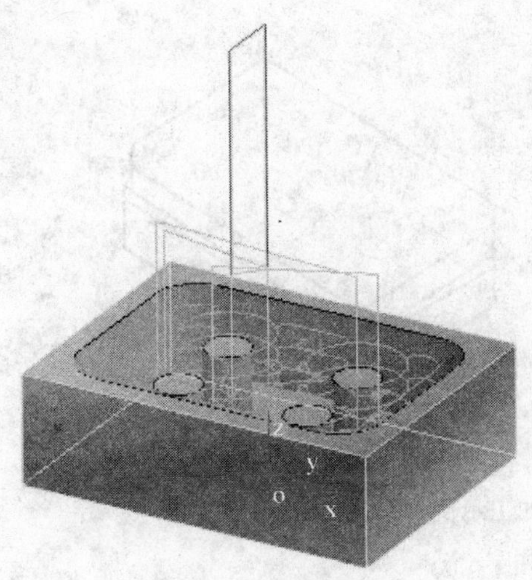

图 10-28 刀具轨迹生成

图 10-29 仿真加工效果

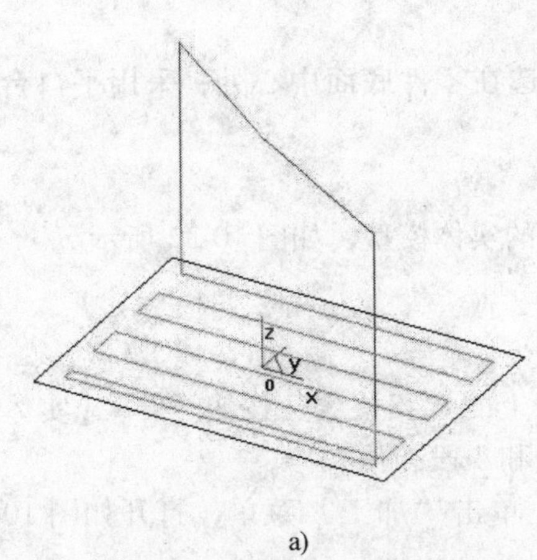

a)

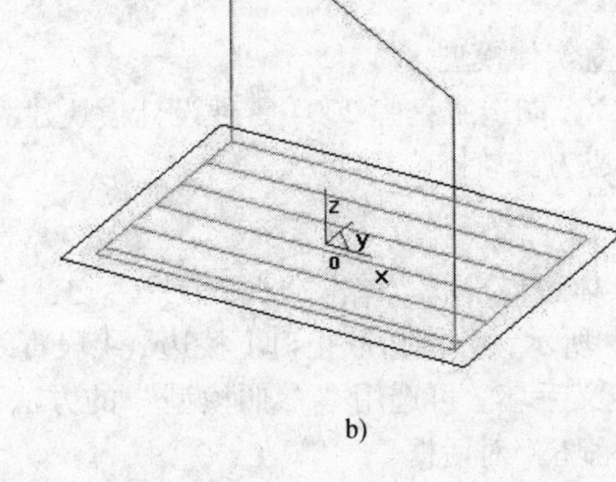

b)

图 10-30 轮廓加工

a）不执行轮廓加工时的轨迹 b）执行轮廓加工时的轨迹

2）走刀方式。

① 平行加工。刀具以平行走刀方式切削工件。可改变生成的刀位轨迹与 X 轴的夹角。可选择单向还是往复方式。

【单向】 刀具以单一的顺铣或逆铣方式加工工件。

【往复】 刀具以顺、逆混合方式加工工件。

②环切加工。刀具以环状走刀方式切削工件。可选择从里向外还是从外向里的方式。

（二）轮廓线精加工

【项目 10-2】加工如图 10-31 所示的凸模，毛坯为 120mm × 80mm × 25mm 的带圆角板料。

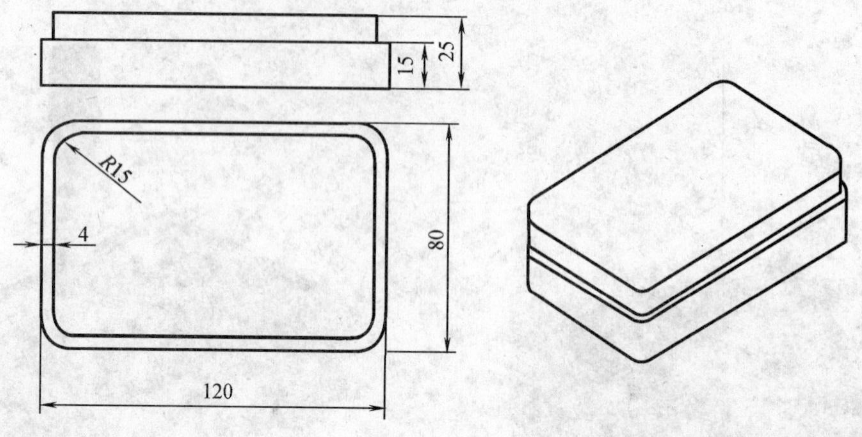

图 10-31 轮廓线精加工示例

1. 加工方法分析

图 10-31 所示的凸模需要加工外围轮廓，可选用 ϕ20mm 立铣刀沿止口的轮廓线走刀就能完成加工，选用“轮廓线精加工”加工方法最合适。

2. 工件坐标原点和装夹方法

为了与设计基准保持一致，将工件坐标原点选在零件底面中心处；采用平口台虎钳夹紧。

3. 建立实体模型

用 CAXA 制造工程师 2004 零件设计模块建立的实体模型，如图 10-32 所示。

4. 生成刀具轨迹

步骤：

1）实体边界拾取。单击“曲线工具”工具条上的“相关线”按钮 →【实体边界】，如图 10-33 所示，分别拾取止口上棱边（4 段直线和 4 段圆弧）。

2）定义毛坯。可选用“参照模型”的方法：单击“加工”菜单，打开如图 10-3 所示的“定义毛坯”对话框。

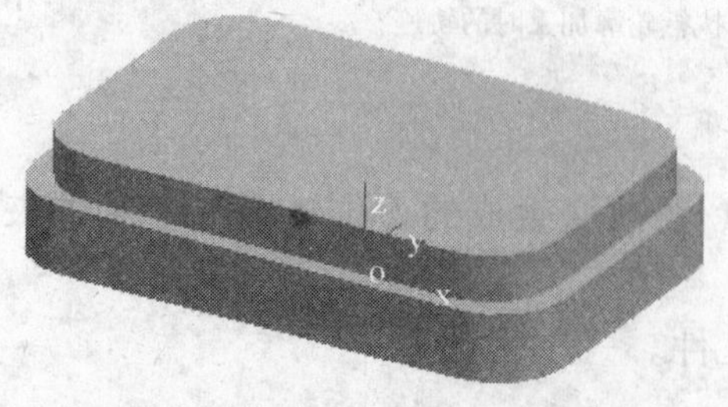

图 10-32 轮廓线精加工实体模型

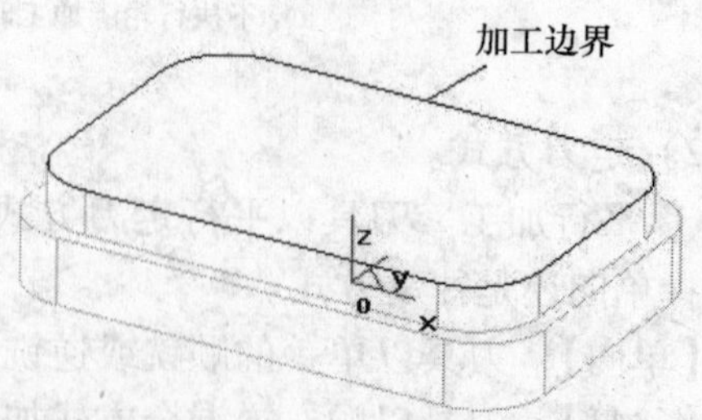

图 10-33 轮廓边界

3）单击“加工”菜单，再单击【轮廓线精加工】选项，打开如图 10-34 所示的对话框，分别设置“加工参数”（见图 10-34）、“切入切出”（见图 10-35）、“切削用量”（见图

10-36)、“下刀方式”（见图 10-37)、“刀具参数”（见图 10-38)、“加工边界”各页标签中的各参数→完成后，单击【确定】按钮。

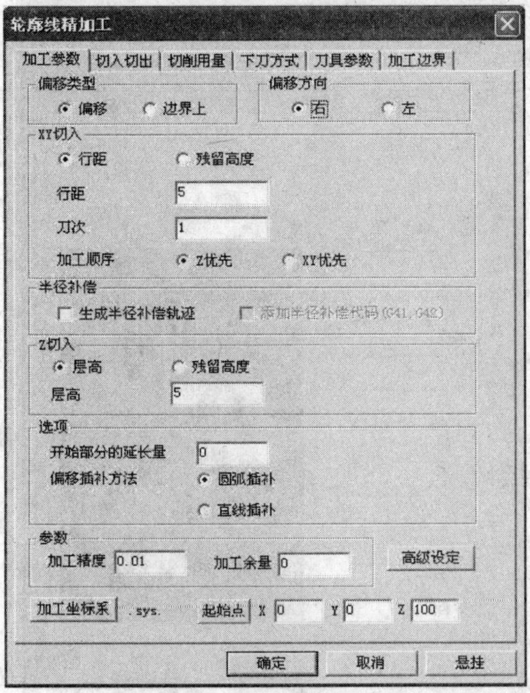

轮廓线精加工
加工参数 | 切入切出 | 切削用量 | 下刀方式 | 刀具参数 | 加工边界
偏移类型　偏移　边界上
偏移方向　右　左
XY切入　行距　残留高度
行距 5
刀次 1
加工顺序　Z优先　XY优先
半径补偿　生成半径补偿轨迹　添加半径补偿代码(G41, G42)
Z切入　层高　残留高度
层高 5
选项　开始部分的延长量 0
偏移插补方法　圆弧插补　直线插补
参数　加工精度 0.01　加工余量 0　高级设定
加工坐标系 .sys.　起始点 X 0 Y 0 Z 100
确定　取消　悬挂

图 10-34　设置“加工参数”

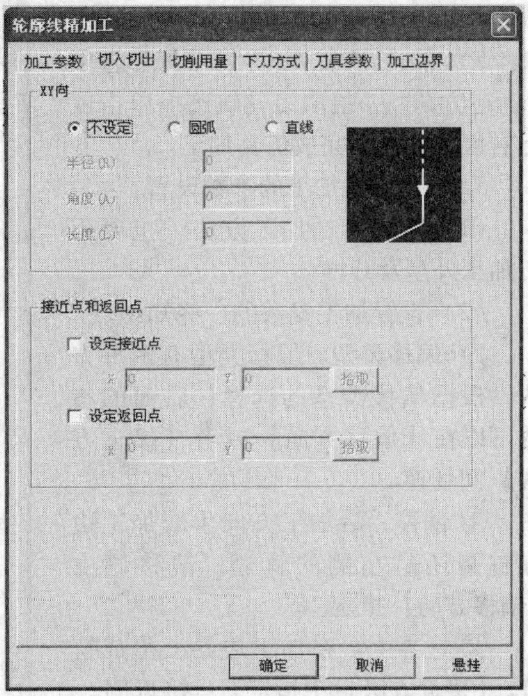

轮廓线精加工
加工参数 | 切入切出 | 切削用量 | 下刀方式 | 刀具参数 | 加工边界
XY向　不设定　圆弧　直线
半径(R) 0
角度(A) 0
长度(L) 0
接近点和返回点
设定接近点　X 0 Y 0 拾取
设定返回点　X 0 Y 0 拾取
确定　取消　悬挂

图 10-35　设置“切入切出”

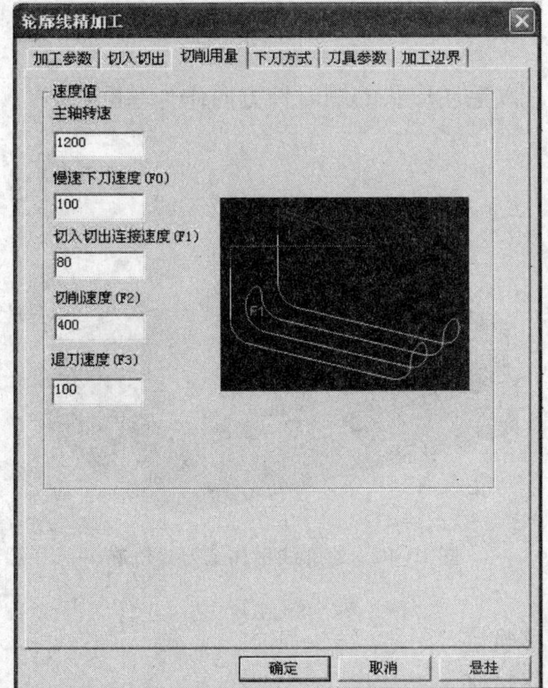

图 10-36　设置“切削用量”

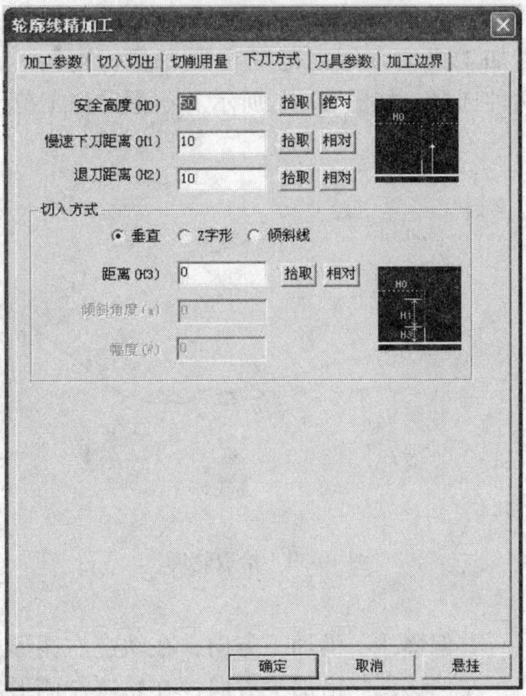

轮廓线精加工
加工参数 | 切入切出 | 切削用量 | 下刀方式 | 刀具参数 | 加工边界
安全高度(H0) 30　拾取　绝对
慢速下刀距离(H1) 10　拾取　相对
退刀距离(H2) 10　拾取　相对
H0
切入方式　垂直　Z字形　倾斜线
距离(H3) 0　拾取　相对
倾斜角度(a) 0
幅度(W) 0
H0 H1 H3
确定　取消　悬挂

图 10-37　设置“下刀方式”

4）如图 10-39 所示，拾取轮廓→拾取任一指向的箭头（决定加工时刀具走向）→单击鼠标右键，生成如图 10-40 所示“轮廓线精加工”的刀具轨迹。

5）单击“加工“菜单”，选中“轨迹仿真”→拾取刀具轨迹→单击鼠标右键→按提示完成仿真加工。

5. 轮廓线精加工的参数设置

（1）轮廓线精加工方法　主要用于加工外型及开槽。

（2）设置加工参数的一些知识点

1）偏移类型。偏移类型有两种方式，根据偏移类型的选择，后面的参数可以在【偏移方向】或者【接近方法】间切换。

① 偏移。沿加工方向生成加工边界右侧还是左侧的轨迹，偏移侧由【偏移方向】指定。

② 边界上。在加工边界上生成轨迹，【接近方法】中指定刀具接近侧。

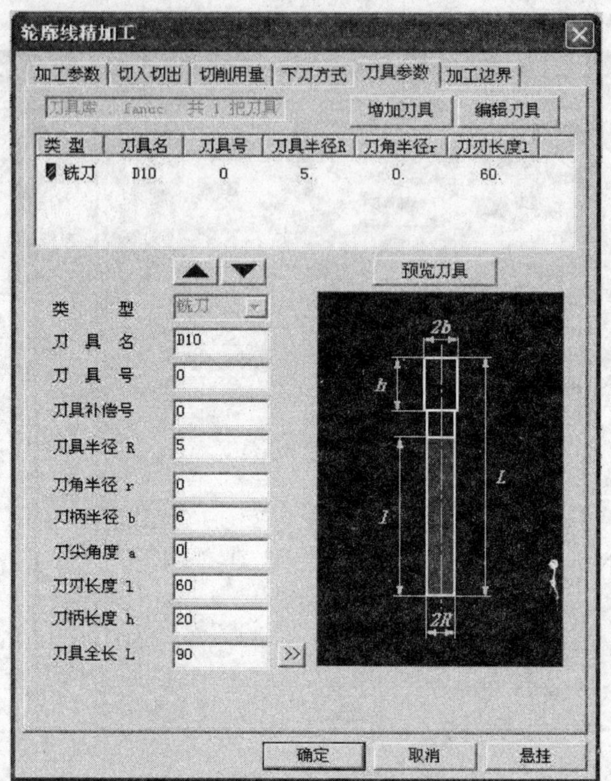

图 10-38　设置“刀具参数”

2）偏移方向。当“偏移类型”选择为“偏移”时，需设定偏移方向。沿加工方向，加工范围在哪一侧，有两种选择，如图 10-41 所示。不指定加工范围时，以毛坯形状的顺时针方向作为基准。

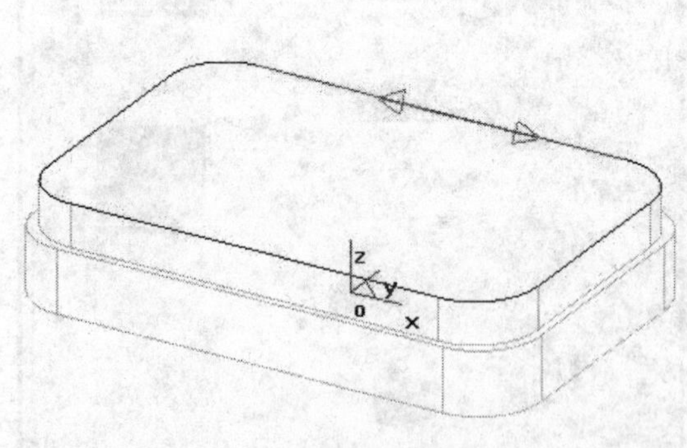

图 10-39　拾取轮廓

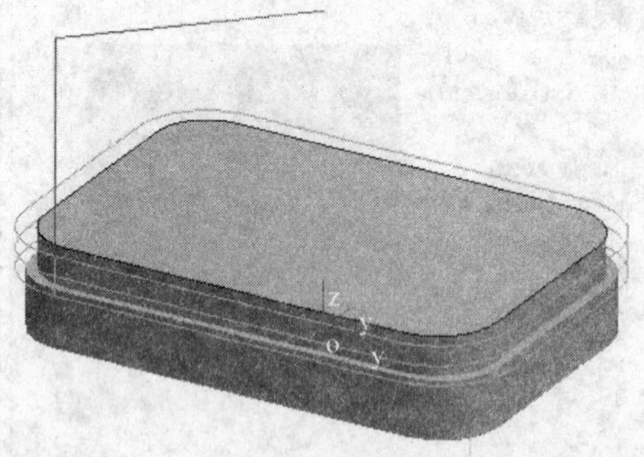

图 10-40　轮廓线精加工刀具轨迹

右偏移——沿加工方向，在轨迹右侧形成偏移轨迹。

左偏移——沿加工方向，在轨迹左侧形成偏移轨迹。

【项目 10-3】加工如图 10-42 所示垫片的三个槽，毛坯为中间带孔的 ϕ100mm × 10mm 的圆型板料。

1. 加工方法分析

图 10-42 所示垫片上的槽可以采用“区域式粗加工”或“轮廓线精加工”两种加工方法，但考虑到生成的代码文件大小问题，选用更小的“轮廓线精加工”方法。

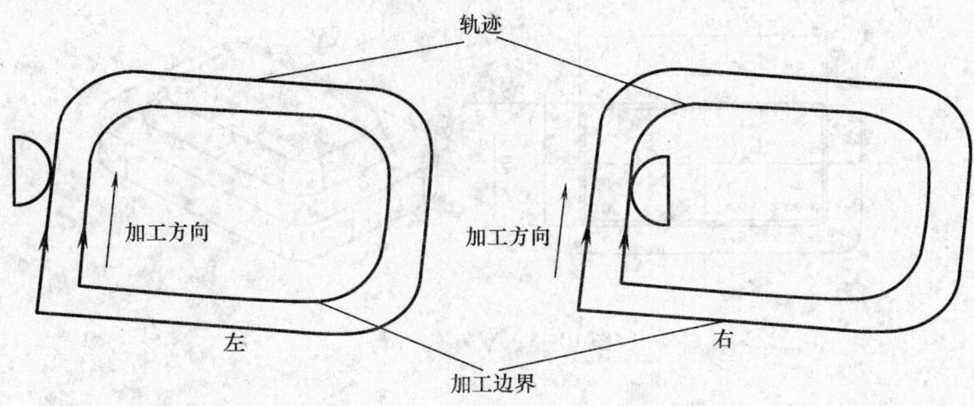

图 10-41　偏移轨迹

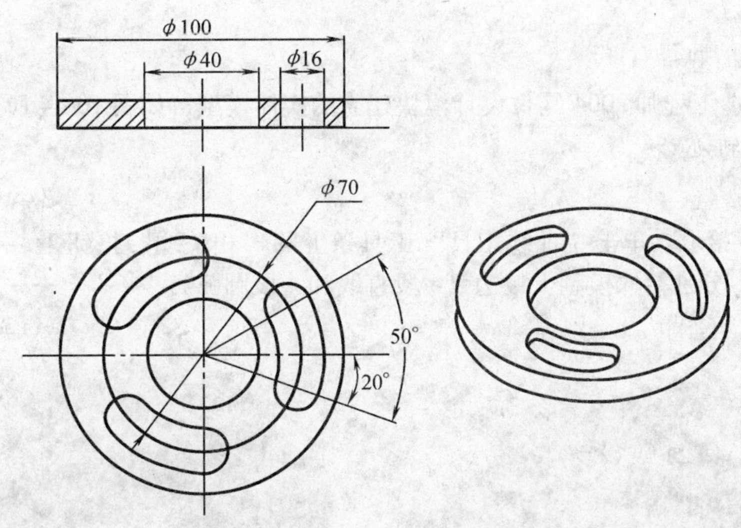

图 10-42　垫片零件图

2. 刀具轨迹生成过程（略）

（三）等高线粗加工

【项目 10-4】加工如图 10-43 所示的型芯，毛坯为 120mm × 80mm × 40mm 的带圆角板料。

1. 加工方法分析

图 10-43 所示的型芯需要加工外围轮廓，可选用 ϕ20mm 立铣刀沿外轮廓线走刀就能完成加工，但四个加工面都有 5°倾斜角，用“轮廓线精加工”方法不行，可选用能加工斜面和一般曲面的“等高线粗加工”。

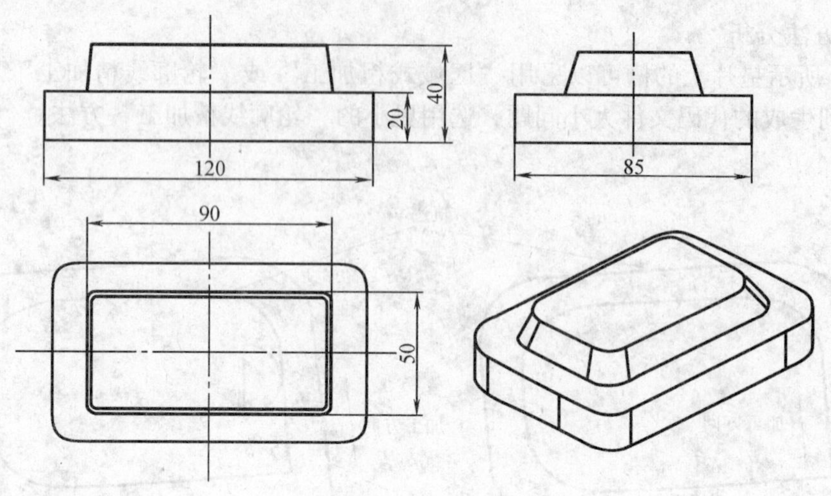

图 10-43 型芯零件图

2. 工件坐标原点和装夹方法

为了与设计基准保持一致，将工件坐标原点选在零件底面中心处；采用平口台虎钳夹紧。

3. 建立实体模型

用 CAXA 制造工程师 2004 零件设计模块建立的实体模型，如图 10-44 所示。

4. 生成刀具轨迹

步骤：

1）实体边界拾取。单击“曲线工具”工具条上的“相关线”按钮 →【实体边界】，如图 10-45 所示，分别拾取模型上棱边（4 段直线和 4 段圆弧）。

图 10-44 型芯实体模型

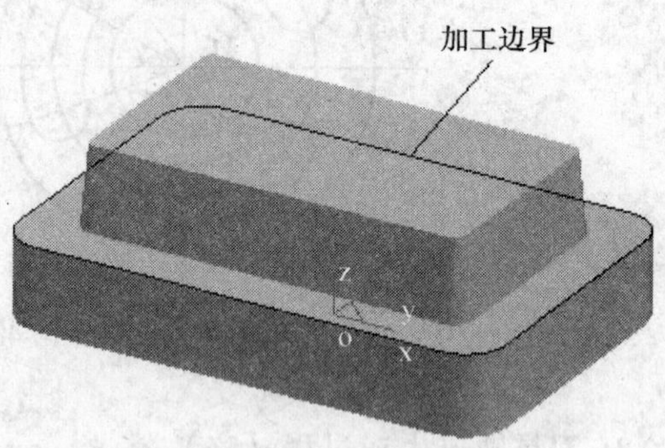

图 10-45 拾取型芯模型上棱边

2）定义毛坯。可选用“参照模型”的方法：单击“加工”菜单，打开如图 10-3 所示的“定义毛坯”对话框。

3）单击“加工”菜单，再单击【等高线粗加工】选项，打开如图 10-46、图 10-47 所示的对话框，分别设置“加工参数 1”、“加工参数 2”页标签中的各参数→单击【确定】按钮。

注："切入切出"、"切削用量"、"下刀方式"、"刀具参数"、"加工边界"页标签中各参数的设置，参见前面内容，自行设定，此处省略。

等高线粗加工
切削用量　加工边界　刀具参数
加工参数 1　加工参数 2　切入切出　下刀方式
加工方向
○ 顺铣　⊙ 逆铣
Z切入
⊙ 层高　层高 5
最小层间距 0.1
○ 残留高度　最大层间距 1
XY切入
⊙ 行距　○ 残留高度
行距 5
前进角度 0
切削模式　⊙ 环切　○ 单向　○ 往复
行间连接方式
⊙ 直线　○ 圆弧　○ S形
加工顺序
⊙ Z优先　○ XY优先
拐角半径
□ 添加拐角半径
⊙ 刀具直径百分比(%)　○ 半径
刀具直径百分比(%) 20
镶片刀的使用
□ 使用镶片刀具
选项
删除面积系数 0.1
删除长度系数 0.1
参数
加工精度 0.1　加工余量 0
确定　取消　悬挂

图 10-46　设置"加工参数 1"

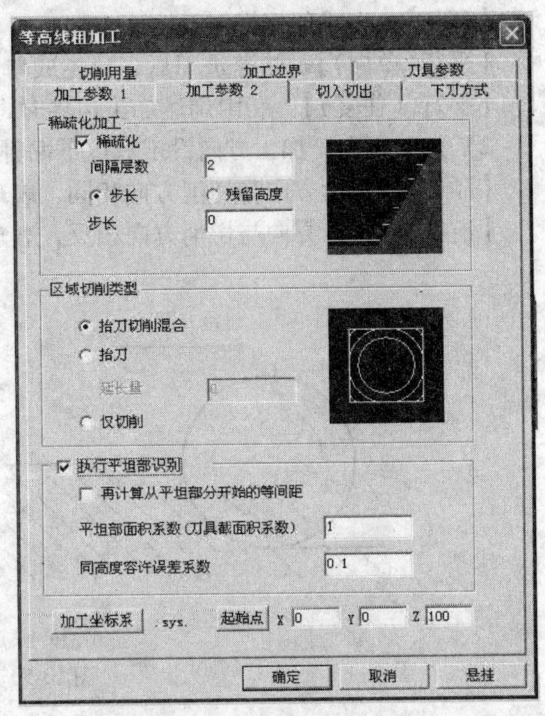

图 10-47　设置"加工参数 2"

4）拾取实体→单击鼠标右键→如图 10-48 所示，拾取加工边界→拾取任一指向的箭头，生成如图 10-49 所示"等高线粗加工"的刀具轨迹。

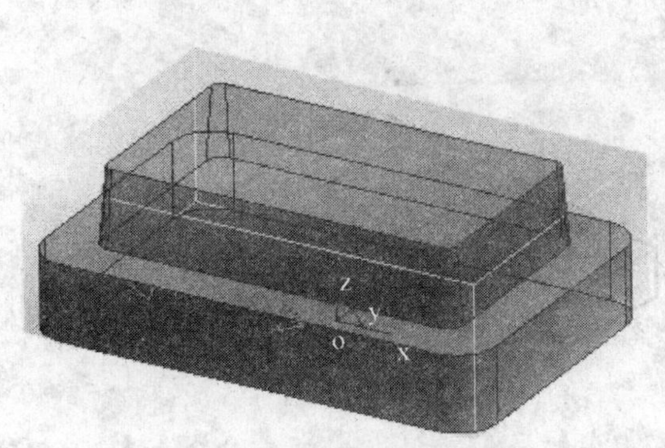

图 10-48　拾取加工边界

图 10-49　等高线粗加工的刀具轨迹

5）单击"加工"菜单，选中【轨迹仿真】→拾取刀具轨迹→单击鼠标右键→按提示完成仿真加工。

5. 等高线粗加工的参数设置

(1) 等高廓线粗加工　按等高距离下降，一层层加工，适用于较陡面的加工。

（2）设置加工参数的一些知识点

1）切削模式。*XY* 切削模式设定有以下三种选择：

【环切】 生成环切粗加工轨迹。

【平行(单向)】 快速进刀后，只生成单方向的加工轨迹。

【平行（往复)】 切削到达加工边界时，切削转向，沿相反方向继续加工。

2）加工方向。加工方向设定有以下两种选择。

【顺铣】 进给方向与切削方向相同，表现为由外向内切削材料，如图 10-50 所示。

【逆铣】 进给方向与切削方向相反，表现为由内向外切削材料，如图 10-50 所示。

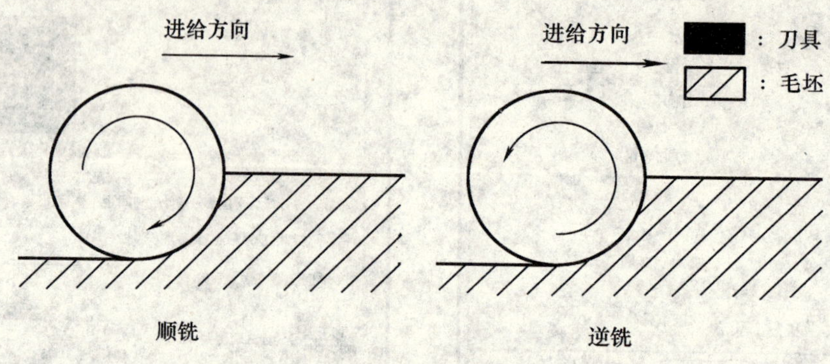

图 10-50 加工方向

（四）区域式精加工

【项目 10-5】 加工如图 10-51 所示的冲孔凸模，毛坯为 120mm ×80mm ×30mm 的板料。

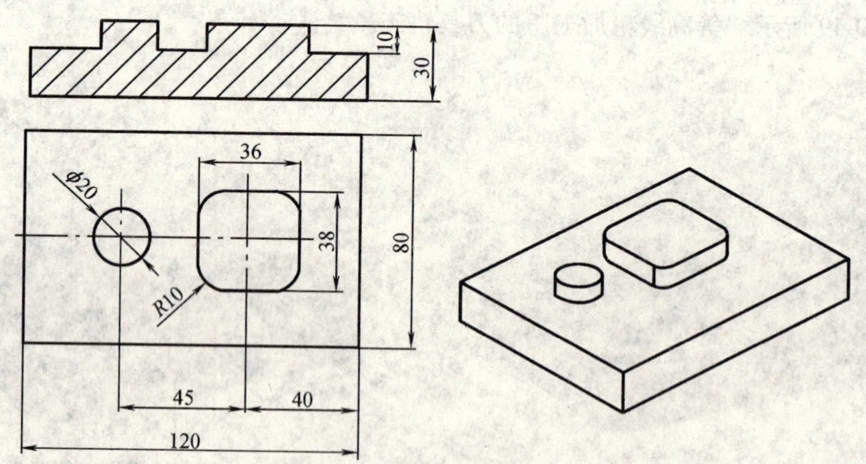

图 10-51 冲孔凸模零件图

1. 加工方法分析

图 10-51 所示凸模属于典型的轮廓套轮廓（区域中有岛）零件，可以采用“等高线粗加工”或“区域式粗加工”，但考虑到生成的代码文件大小问题，选用“区域式精加工”

方法。

2. 刀具轨迹生成过程（略）

（五）导动线精加工

【项目 10-6】加工图 10-52 所示的锻模型腔，毛坯为 85mm×65mm×25mm 的板料。

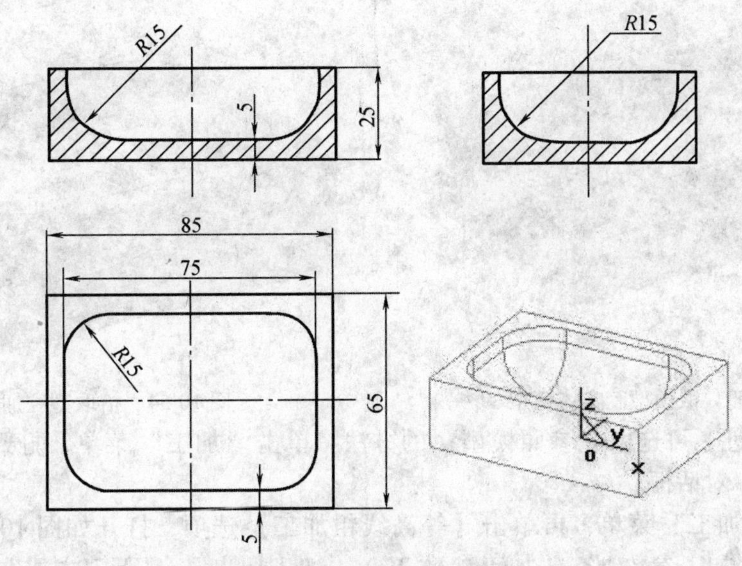

图 10-52　锻模型腔零件图

1. 加工方法分析

图 10-52 所示锻模型腔，底部有一部分为曲面，粗加工只有采用“等高线粗加工”一种方法，精加工有属于两轴半的“等高线精加工”或“导动线精加工”方法；有属于三轴的“限制线精加工”、“三维偏置加工”和“参数线精加工”方法。先介绍“导动线精加工”方法。

2. 加工方案

1）锻模曲面粗加工，采用“等高线粗加工”。

2）锻模底面加工，采用“区域粗加工”。

3）锻模型腔曲面精加工，采用“导动线精加工”。

3. 加工过程

先在坐标（0，0）处用 ϕ10mm 钻头钻一个深 19.5mm 的孔→用 ϕ10mm 端刀粗加工→用 ϕ10mm 球刀精加工。

4. 工件坐标原点和装夹方法

为了与设计基准保持一致，将工件坐标原点选在零件下表面中心处；用毛坯底面、侧面定位，台虎钳夹紧。

5. 建立实体模型

用 CAXA 制造工程师 2004 零件设计模块建立的实体模型，如图 10-53 所示。

注意：为了把“粗、精加工”分开，生成的刀具轨迹便于管理，采用“图层”：单击“层设置”图标→建立 3 个新图层，【名称】分别为“等高粗”、“区域粗”、“导动线精”→选取“等高粗”图层→单击【当前图层（C）】按钮→单击【确定】按钮。

6. 生成刀具轨迹

步骤：

1）实体边界拾取。单击“曲线工具”工具条上的“相关线”按钮→【实体边界】，如图 10-54 所示，拾取型腔加工边界。

图 10-53 锻模型腔实体模型

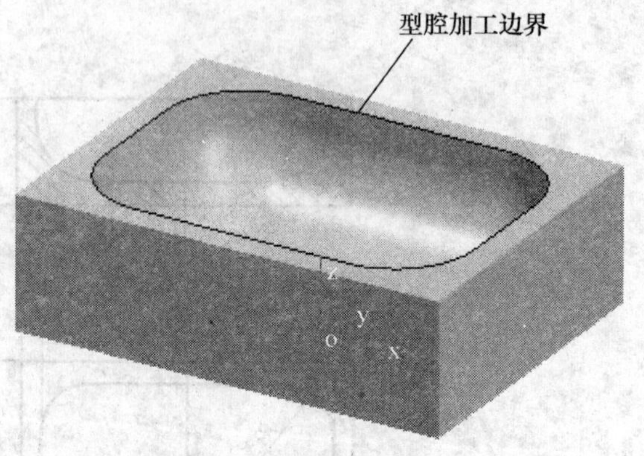

图 10-54 拾取型腔加工边界

2）定义毛坯。可选用“参照模型”的方法：单击“加工”菜单，打开如图 10-3 所示的“定义毛坯”对话框。

3）单击“加工”菜单，再单击【等高线粗加工】选项，打开如图 10-55 所示的对话框，分别设置“加工参数 1”、“加工参数 2”、“切入切出”、“下刀方式”、“切削用量”、“加工边界”、“刀具参数”页标签中的各加工参数→单击【确定】按钮。

4）拾取实体→单击鼠标右键→拾取型腔加工边界→拾取任一指向的箭头，生成如图 10-56 所示的“等高线粗加工”的刀具轨迹。

5）单击“层设置”图标→选取“区域粗”图层→单击【当前图层（C）】按钮→双击“等高粗”图层下的“可见”（可见性）→单击【确定】按钮。

6）单击“相关线”图标→【实体边界】→如图 10-57 所示，拾取底面加工边界。

7）单击“加工”菜单，再单击【区域式粗加工】选项，打开如图 10-58 所示的对话框，分别设置“加工参数 1”、“加工参数 2”、“切入切出”、“下刀方式”、“切削用量”、“加工边界”、“刀具参数”页标签中的各加工参数→单击【确定】按钮。

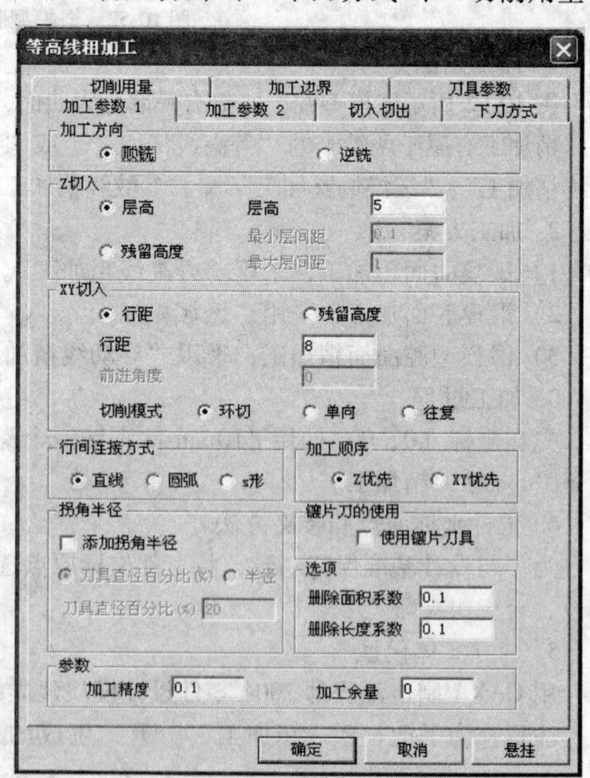

图 10-55 等高线粗加工加工参数 1 设置

图 10-56　“等高粗”轨迹

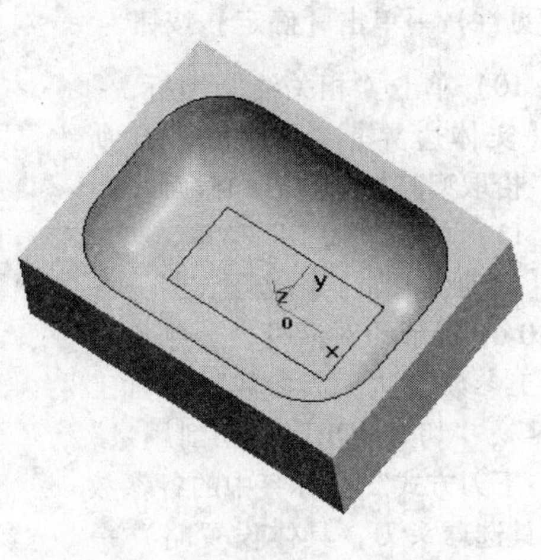

图 10-57　拾取底面加工边界

8）拾取底面加工边界→拾取任一指向的箭头→单击鼠标右键→单击鼠标右键，生成如图 10-59 所示“区域式粗加工”的刀具轨迹。

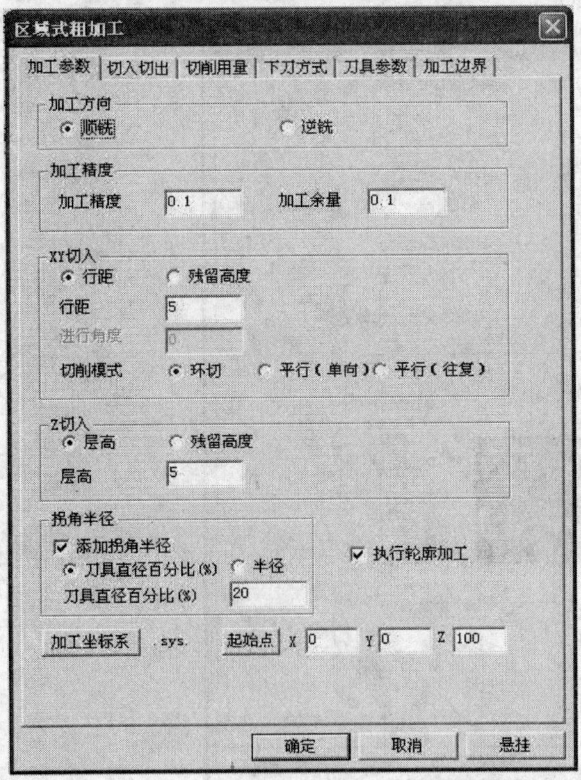

区域式粗加工
加工参数 | 切入切出 | 切削用量 | 下刀方式 | 刀具参数 | 加工边界
加工方向
◉ 顺铣　○ 逆铣
加工精度
加工精度 0.1　加工余量 0.1
XY切入
◉ 行距　○ 残留高度
行距 5
进行角度 0
切削模式 ◉ 环切　○ 平行（单向）○ 平行（往复）
Z切入
◉ 层高　○ 残留高度
层高 5
拐角半径
☑ 添加拐角半径
◉ 刀具直径百分比(%)　○ 半径
刀具直径百分比(%) 20
☑ 执行轮廓加工
加工坐标系 .sys.　起始点 X 0　Y 0　Z 100
确定　取消　悬挂

图 10-58　区域粗加工——加工参数设置

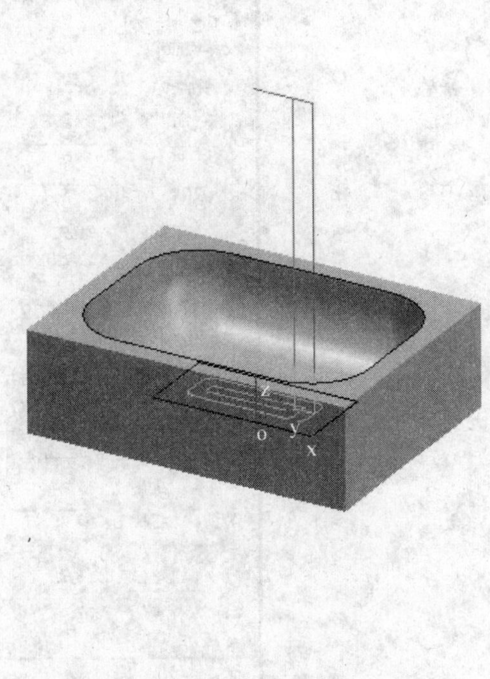

图 10-59　“区域粗”轨迹

9）单击“层设置”图标→选择“导动线精”图层→单击【当前图层（C）】按钮→双击“区域粗”图层下的“可见”（可见性）→单击【确定】按钮。

10）单击“相关线”图标→【实体边界】→如图 10-60 所示，拾取型腔加工边界和截面线。

11）单击“加工”菜单，再单击【导动线精加工】选项，打开如图 10-61 所示的对话框，分别设置“加工参数”、“刀具参数”、“加工边界”、“切入切出”、“切削用量”和“下刀方式”页标签中的各参数（刀具选球头刀，具体设置略）→单击【确定】按钮。

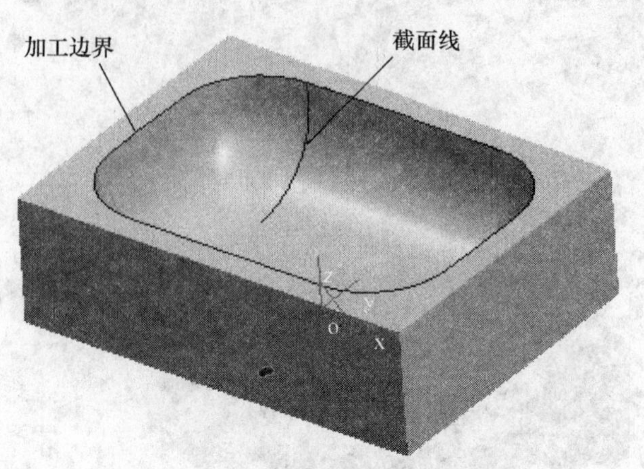

图 10-60 拾取型腔加工边界和截面线

12）如图 10-62 所示，拾取加工边界→拾取指向右侧的箭头→右击→如图 10-63 所示，拾取截面线→拾取指向的箭头→单击鼠标右键，生成图 10-64 所示“导动线精加工”的刀具轨迹。

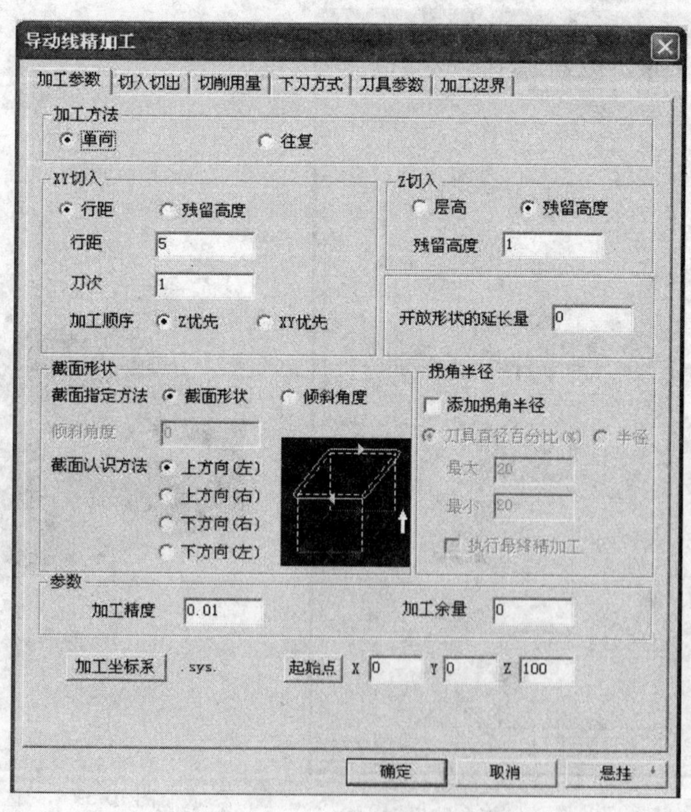

图 10-61 导动线精加工

图 10-62 拾取加工边界

图 10-63 拾取截面线

13）单击“层设置”图标→选取“主图层”→单击【当前图层（C）】按钮→双击“等高粗”图层下的“不可见”（可见性）→双击“区域粗”图层下的“不可见”（可见性）→单击【确定】按钮，如图 10-65 所示。

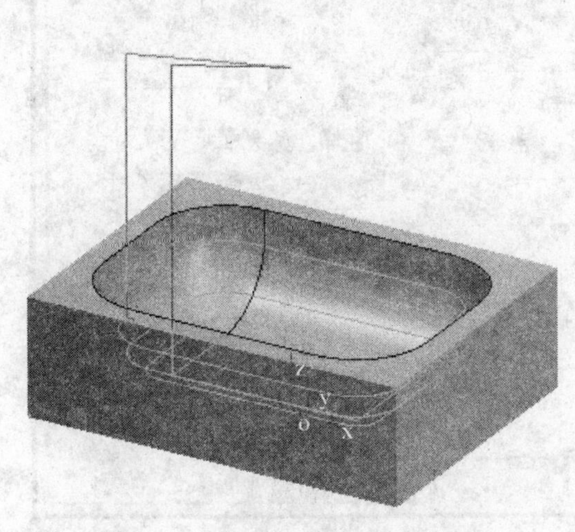

图 10-64 “导动线精加工”刀具轨迹

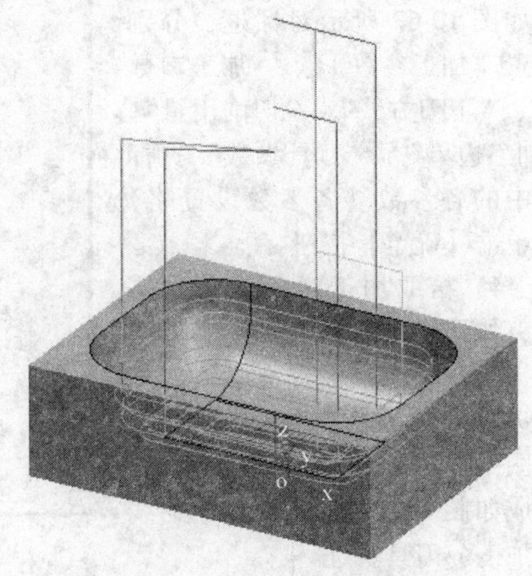

图 10-65 型腔加工轨迹

14）单击“加工”菜单，选中“轨迹仿真”→拾取刀具轨迹→单击鼠标右键→按提示完成仿真加工。

（六）等高线精加工

1. 加工方法分析

用“等高线精加工”法，对如图 10-52 所示的锻模型腔侧壁进行精加工。

2. 加工方案

1）锻模曲面粗加工，采用“等高线粗加工”。

2）锻模底面加工，采用“区域粗加工”。

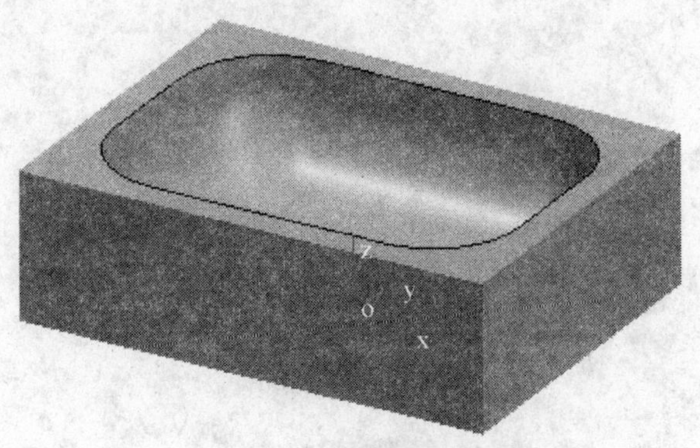

图 10-66 拾取型腔加工边界

3）锻模型腔侧壁加工，采用“等高线精加工”。

3. 生成“等高线精加工”刀具轨迹

步骤：

1）单击“层设置”图标→建立“等高精”图层→选取“等高精”图层→单击【当前图层（C）】按钮→使其他图层都“不可见”→单击【确定】按钮。

2）单击“相关线”图标→【实体边界】→如图 10-66 所示，拾取型腔加工边界。

3）单击“加工”菜单，再单击【等高线精加工】选项，打开如图 10-67 所示对话框，分别设置“加工参数 1”、“加工参数 2”、“下刀方式”、“切削用量”、“加工边界”、“刀具参数”页标签中的各参数（各参数设置略）→单击【确定】按钮。

4）拾取加工对象→单击实体，如图 10-68 所示。→根据系统提示，单击鼠标右键→拾取加工边界→拾取任一指向的箭头，如图 10-69 所示→单击鼠标右键，生成如图 10-70 所示的“等高线精加工”刀具轨迹。

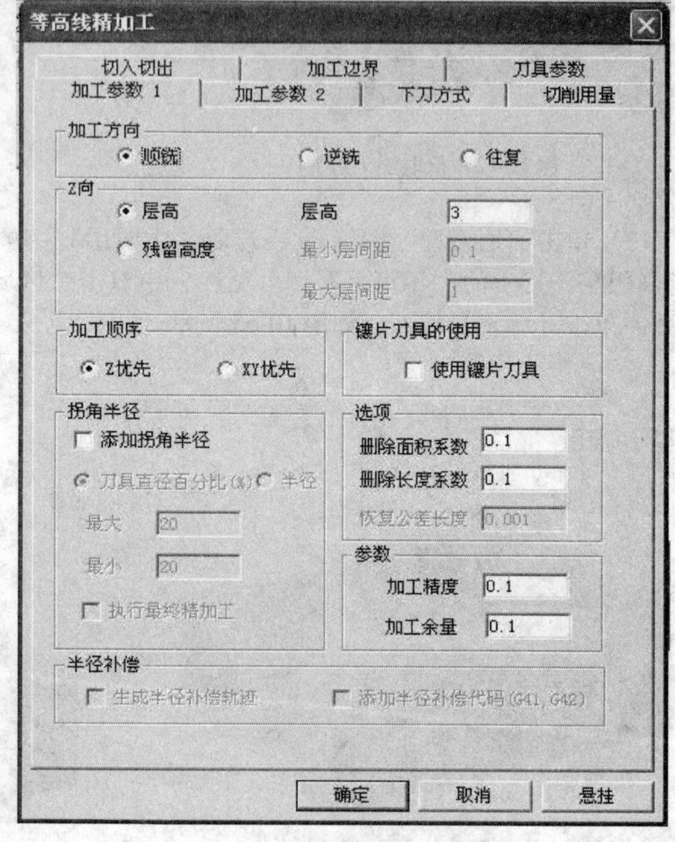

图 10-67 等高精加工参数设置

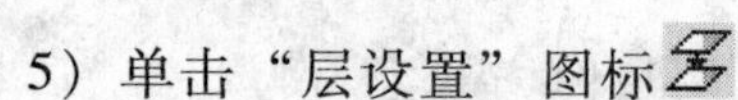

5）单击“层设置”图标→选取“主图层”→单击【当前图层（C）】按钮→双击“等高粗”图层的“不可见”（可见性）→双击“区域粗”图层的“不可见”（可见性）→单击【确定】按钮，如图 10-71 所示。

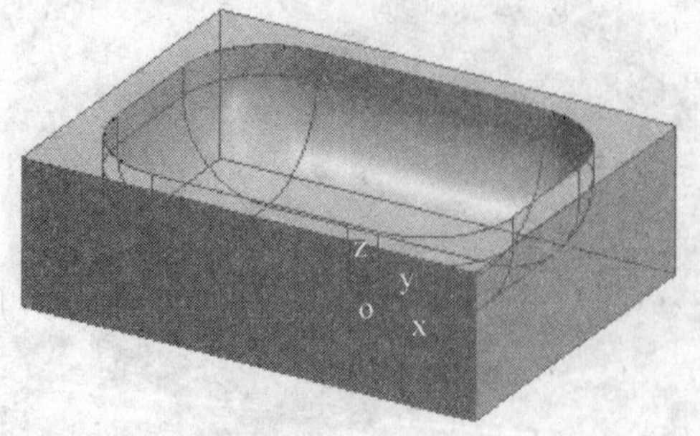

图 10-68 拾取实体

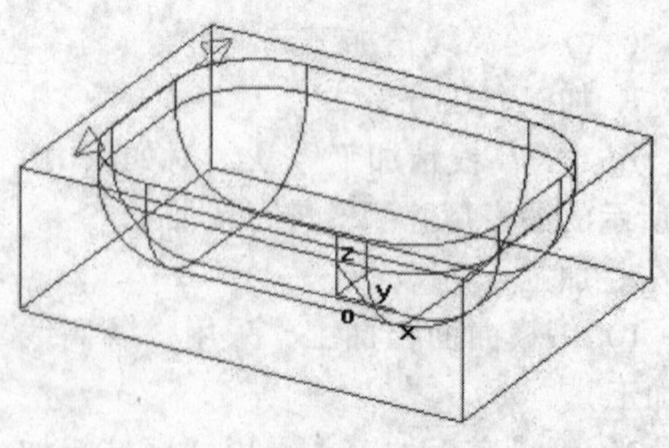

图 10-69 拾取箭头

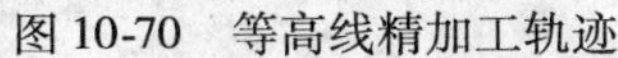
图 10-70 等高线精加工轨迹

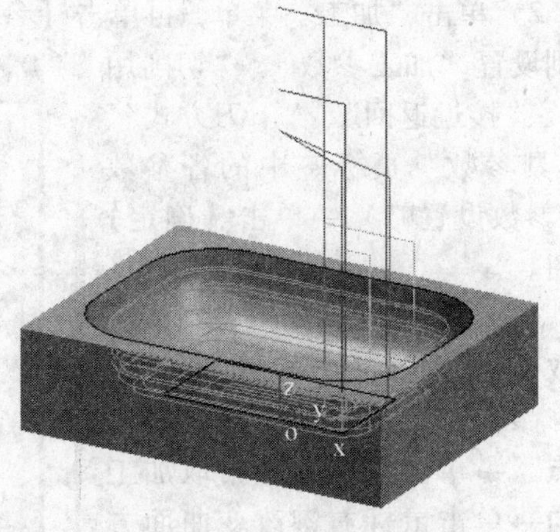

图 10-71 最终加工轨迹

6）单击“加工”菜单，选中“轨迹仿真”→拾取刀具轨迹→单击鼠标右键→按提示完成仿真加工。

（七）参数线精加工

1. 加工方法分析

用“参数线精加工”法，对图 10-52 所示的锻模型腔侧壁进行精加工。

2. 加工方案

1）锻模曲面粗加工，采用“等高线粗加工”。

2）锻模底面加工，采用“区域粗加工”。

3）锻模型腔侧壁加工，采用“参数线精加工”。

3. 生成“等高线精加工”刀具轨迹

步骤：

1）单击“层设置”图标→建立“参数精”图层→选取“参数精”图层→单击【当前图层（C）】按钮→使其他图层都“不可见”→单击【确定】按钮，如图 10-72 所示。

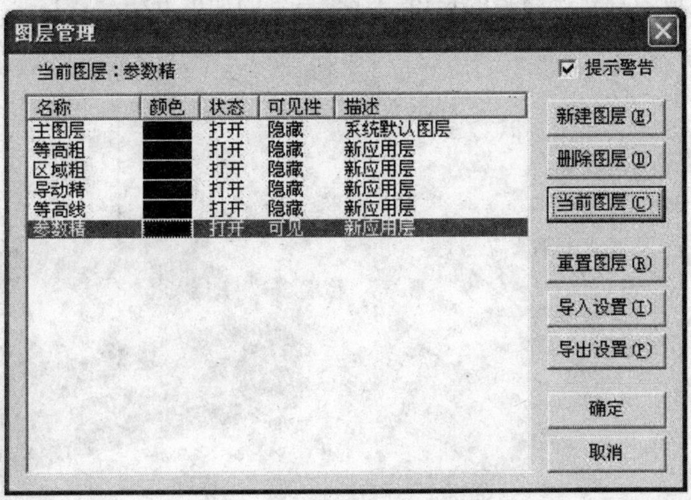

图层管理

当前图层：参数精　　☑ 提示警告

名称	颜色	状态	可见性	描述
主图层		打开	隐藏	系统默认图层
等高粗		打开	隐藏	新应用层
区域粗		打开	隐藏	新应用层
导动精		打开	隐藏	新应用层
等高线		打开	隐藏	新应用层
参数精		打开	可见	新应用层

新建图层(E)　删除图层(D)　当前图层(C)　重置图层(R)　导入设置(I)　导出设置(P)　确定　取消

图 10-72 图层设置

2）单击“加工”菜单，再单击【参数线精加工】选项，打开如图10-73所示对话框，分别设置“加工参数”、“切削用量”、“接近返回”、“下刀方式”、“刀具参数”页标签中的各参数（各参数设置略）→单击【确定】按钮。

图10-73 参数线设置

3）拾取加工对象→分别依次拾取8个加工曲面，如图10-74所示。→根据系统提示，拾取“进刀点”→单击鼠标右键拾取加工方向→单击鼠标右键改变曲面方向→单击鼠标右键拾取干涉面→单击鼠标右键，生成如图10-75所示“参数线精加工”刀具轨迹。

4）单击“加工”菜单，选中“轨迹仿真”→拾取刀具轨迹→单击鼠标右键→按提示完成仿真精加工。

三、知识要点

1）“参数线精加工”是沿曲面的参数线方向产生三轴刀具轨迹，可以对单个或多个曲面进行加工，加工时需选取“加工曲面”。

2）“导动线精加工”需拾取“加工边界”和“截面线”。

3）“等高线精加工”需选取“加工边界”。

CAXA2004制造工程师软件提供了多种刀具轨迹生成方法，在使用时，需根据被加工零件的结构特点及生成刀具轨迹路径的长短，选择适合的加工方法。

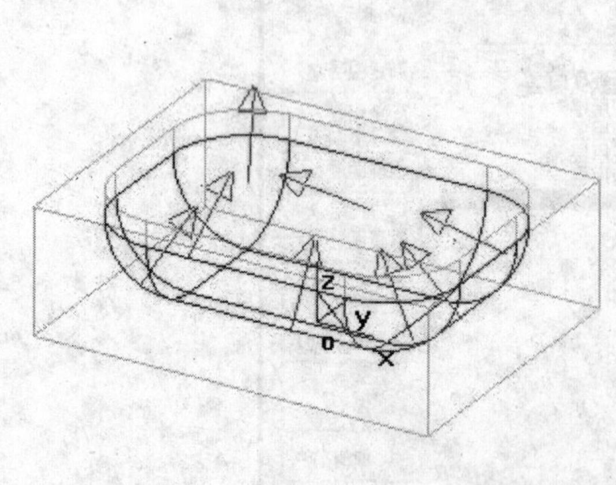

图10-74 拾取8个加工曲面

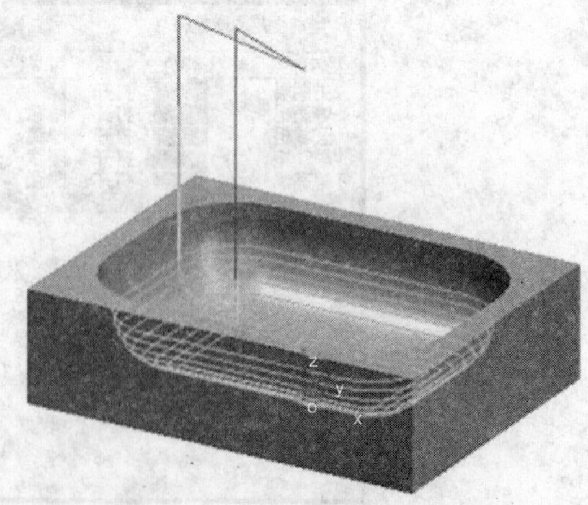

图10-75 “参数线精加工”刀具轨迹

第三节　CAXA 制造工程师 2004 后置处理

后置处理就是根据特定的数控机床，把 CAM 软件生成的刀具轨迹转化为机床指令代码——程序，生成的指令可以直接输入机床用于加工。由于数控系统的差别，CAM 软件可以针对不同的机床，设置不同的机床参数和特定的程序格式，同时还可以对生成的机床代码的正确性进行校核。

一、机床信息

单击“加工”菜单，选【后置处理】选项，再单击【后置设置】，打开如图 10-6 所示对话框。

1. 增加机床

增加机床就是针对不同的机床、不同的数控系统，设置特定的数控代码、数控程序格式及参数，并生成配置文件。生成数控程序时，系统根据该配置文件的定义，生成用户所需要的特定代码格式的加工指令。

点击【增加机床】，输入新的机床名称，进行信息配置。

2. 机床配置

机床配置包括设置相应于机床的各种指令地址、要生成的 G 代码程序格式以及机床动作的一些工艺参数。

（1）程序格式设置　程序格式设置就是对 G 代码各程序段格式进行设置。用户可以对以下程序段格式进行设置：程序起始符号、程序结束符号、程序说明、程序头、程序尾、换刀段。

设置方式：字符串、宏指令@字符串、宏指令，其中宏指令为：$+宏指令串；@号为换行标志；若是字符串则输出它本身；$号输出空格。

（2）程序说明　程序说明部分是对程序的名称，与此程序对应的零件名称编号、编制日期和时间等有关信息的记录。程序说明部分是为了管理的需要而设置的。有了这个功能项目，用户可以很方便地进行管理。比如要加工某个零件时，只需要从管理程序中找到对应的程序编号即可，而不需要从复杂的程序中去一个一个地寻找需要的程序。

例如：（N126—60231，$POST_NAME，$POST_DATE，$POST_TIME），将在生成的后置程序的程序说明部分输出如下说明：（N126—60231，O1261，2007. 3. 25，15:30:30）。

（3）程序头　针对特定的数控机床来说，其数控程序开头部分都是相对固定的，包括一些机床信息，如机床回零，工件零点设置，主轴起动以及切削液开启等。

说明：若快速移动指令为 G00，那么，$G0 的输出结果为 G00；同样$COOL_ON 的输出结果为 M07；$PRO_STOP 为 M30；……，依此类推。

例如：“$G90 $WCOORD $G0 $COORD_Z@G43H01@$SPN_F $SPN_SPEED $SPN_CW”，在后置文件中的输出内容为：“G90 G54 G00Z30.00G43H011 S500 M03”。

（4）换刀　换刀指令执行系统换刀，由用户根据机床设定。换刀后系统要提取一些有关刀具的信息，以便需要时进行刀具补偿。

（5）速度设置　该项设置的速度、加速度值主要用于输出工艺清单上的加工时间所用。

(6) G代码程序示例 见表10-1给出了按照Fanuc系统程序格式设置，后置处理所生成的数控程序（其中111. CUT是生成的NC文件名）。

表10-1 后置处理生成的Fanuc程序示例

程 序	说 明	程 序	说 明
%	程序起始符号	N30T02;	换2号刀
(111. CUT,2007. 3. 25,9:15:30)	程序说明	N31G43H02;	2号刀具长度补偿
N10G90G54;	选择坐标系	N32M03S100;	起动主轴
N11T01;	选取1号刀	N33G00X-6. 129Y-3. 627;	程序(快速定位)
N12G00Z30. 000G43H01;	1号刀具长度补偿	……	
N14M03S100;	起动主轴	N44G49M05;	关闭主轴(程序尾)
N16X-42. 6Y-1. 100;	程序(快速定位)	N46G28Z0. 0;	机床回零
……		N48X0. 0Y0. 0;	
N26G00Z30. 000;	退刀	N46M30	程序结束
N28M05;	关闭主轴	%	程序结束符

二、后置设置

后置设置是针对特定的机床，结合设置好的机床信息，对后置输出的数控程序的格式，如程序段的行号、程序大小、数据格式、圆弧控制方式、编程方式等进行设置。单击如图10-6所示的对话框的“后置设置”页标签，打开如图10-7所示的对话框。其主要参数项：

1. 输出文件最大长度

输出文件最大长度可以对数控程序的大小进行控制，以KB（千字节）为单位。当输出的代码文件长度大于规定长度时，系统自动分割文件。例如：当输出的G代码文件post. cut超过规定的长度时，就会自动分割为post0001. cut，post0002. cut，post0003. cut，post0004. cut，……

2. 行号设置

在输出代码中控制行号的一些参数设置。

3. 坐标输出格式设置

坐标输出格式设置决定数控程序中数值的格式：小数输出还是整数输出；机床分辨率就是机床的加工精度，如果机床精度为0. 001mm，则分辨率设置为1000，以此类推；输出小数位数可以控制加工精度，但不能超过机床精度，否则是没有实际意义的。

4. 圆弧控制设置

圆弧控制设置主要控制圆弧的编程方式，即是采用圆心编程方式还是采用半径编程方式。

(1) 圆心编程方式 当采用圆心编程方式时，圆心坐标（I，J，K）有四种含义：

1）绝对坐标：采用绝对编程方式，圆心坐标（I，J，K）的坐标值为相对于工件零点绝对坐标系的绝对值。

2）圆心对起点：I、J、K 的含义为圆心坐标相对于圆弧起点的增量值。

3）起点对圆心：I、J、K 的含义为圆弧起点坐标相对于圆心坐标的增量值。

4）圆心对终点：I、J、K 的含义为圆心坐标相对于圆弧终点坐标的增量值。

按圆心坐标编程时，圆心坐标的各种含义是针对不同的数控机床而言。不同机床之间其圆心坐标编程的含义不同，但对于特定的机床其含义只有其中一种。

（2）半径编程方式　当采用半径编程时，通过半径正、负的区别方法来控制圆弧是劣圆弧还是优圆弧。圆弧半径 R 的含义表现为以下两种：

1）优圆弧：圆弧大于等于 180°，R 为负值。

2）劣圆弧：圆弧小于 180°，R 为正值。

这里要特别注意的是：用 R 来编程时，不能输出整圆，因为过一点可以做无数个圆，圆心的位置无法确定，所以在用 R 编程时，一定要把【整圆输出角度限制】值设为小于 360°。

（3）其他圆弧控制参数设置　【整圆输出角度限制】是整圆的输出选项，有的机床对整圆不认识，此时需要将整圆打散成几段，若整圆输出角度限制为 90°，则将整圆打散为 4 段；若为 360°，则对整圆限制没有限制。绝大多数机床没有限制，所以缺省值是 360°。

【圆弧输出为直线】是指将圆弧按精度离散成直线段输出。有的机床不认圆弧，需要将圆弧离散成直线段，精度由用户输入。

5. 后置文件扩展名和程序号

后置文件扩展名用于控制所生成的数控程序文件的扩展名。有些机床对数控程序要求有扩展名，有些机床没有这个要求，应视不同的机床而定。

后置程序号是记录后置设置的程序号，不同的机床其后置设置不同，所以采用程序号来记录这些设置，以便于用户日后使用。

三、生成 G 代码

生成 G 代码就是按照当前机床类型的配置要求，把已经生成的刀具轨迹转化成 G 代码数据文件，即 CNC 数控程序。后置生成的数控程序是三维造型的最终结果，有了数控程序就可以直接输入机床进行数控加工。

四、校核 G 代码

校核 G 代码就是把生成的 G 代码文件反读进来，生成刀具轨迹，以检查生成的 G 代码的正确性。如果反读的刀位文件中包含圆弧插补，需用户指定相应的圆弧插补格式，否则可能得到错误的结果。若后置文件中的坐标输出格式为整数，且机床分辨率不为 1 时，反读的结果是不对的，亦即系统不能读取坐标格式为整数且分辨率为非 1 的情况。

第四节　CAXA 制造工程师 2004 加工实例

本节将在前面介绍过的知识的基础上，以可乐瓶底为例，把 CAD 和 CAM 技术有机结合，完成零件的建模与加工的全过程，以利于对所学内容的理解和掌握。可乐瓶底零件图，如图 10-76 所示；三维模型，如图 10-77 所示。

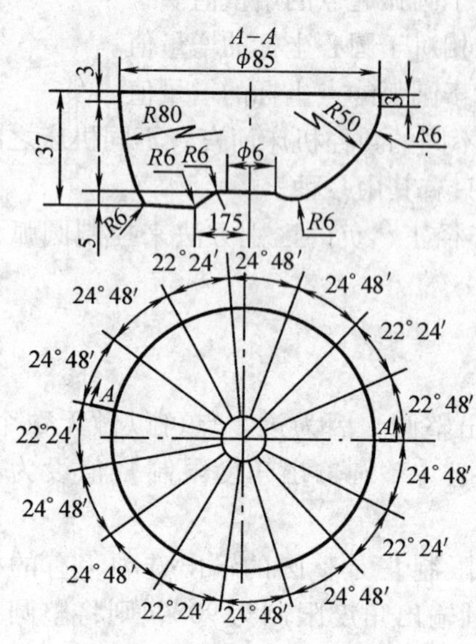

图 10-76 可乐瓶底的二维图

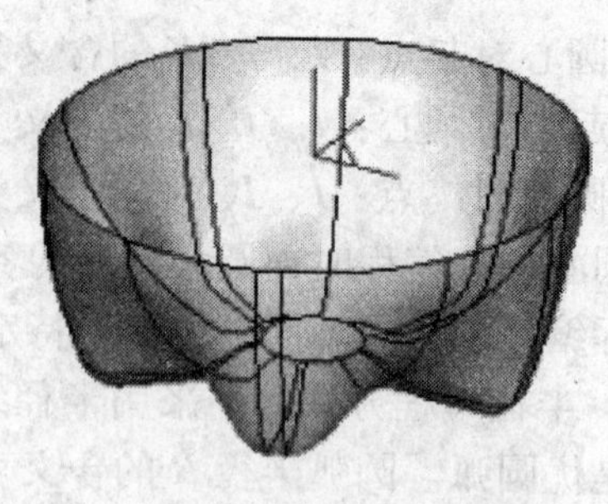

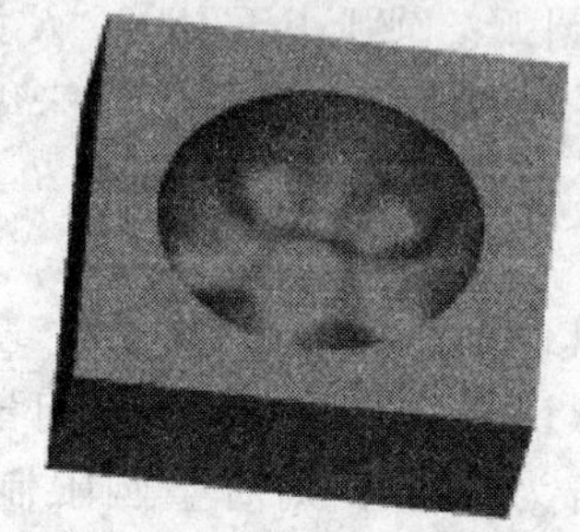

图 10-77 可乐瓶底的三维图

一、可乐瓶底三维模型的制作

1. 分析可乐瓶底（凹模型腔）的造型思路

本实例可以直接以曲面加工，这样会显得更简单一点；也可以直接加工实体，但直接做出可乐瓶底的实体模型非常困难；因此，可采用先建曲面，再用曲面和实体编辑方法，得到实体模型。

2. 分析可乐瓶底的曲面结构特点

可乐瓶底有五个完全相同的部分，可利用曲面造型功能中的网格面来完成曲面的建模。面又是由线组成，那么我们只要作出该曲面的特征截面线（一个突起的两根截面线和一个凹进的一根截面线）即可，然后进行圆形阵列就可以得到其他几个突起和凹进的所有截面线。最后使用网格面功能生成五个相同部分的曲面。

可乐瓶底的最下面平面，我们使用直纹面中的“点 + 曲线”方式来做，这样做的好处是：加工时，两张面（直纹面和网格面）可以一同用参数线方法加工。

最后，以瓶底的上口为基准，构造一个立方体实体，然后用可乐瓶底的两张面，把不需要的部分裁剪掉，就可以得到我们要求的凹模型腔。

二、可乐瓶底（凹模型腔）的建模步骤

1. 绘制截面线

1）按下【F7】键，将绘图平面切换到 *XOZ* 平面。

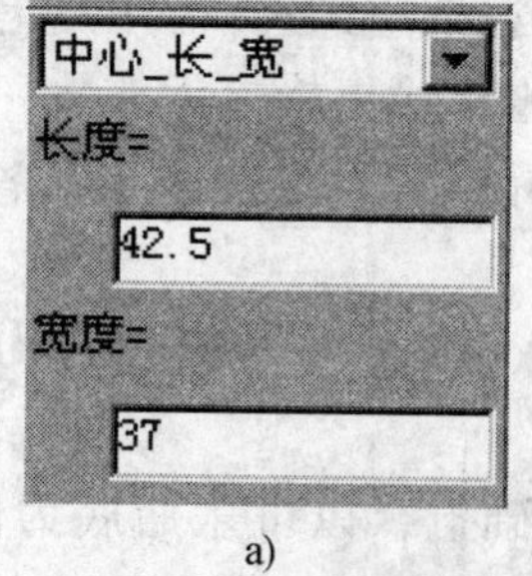

a)

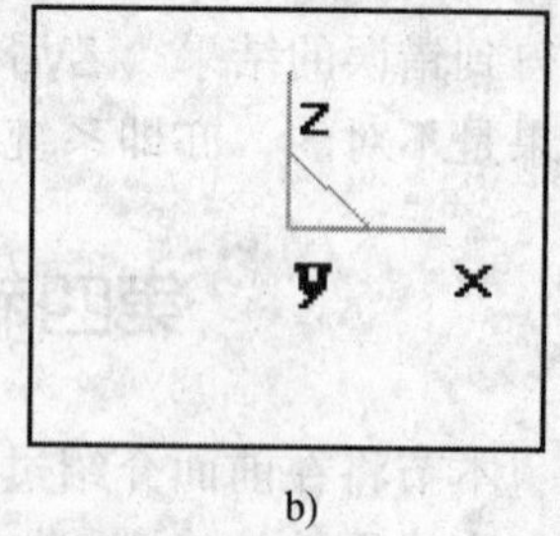

b)

图 10-78 绘制矩形

a）绘制矩形立即菜单选择 b）绘制矩形效果

2）单击曲线工具条中的“矩形”按钮，在界面左侧的立即菜单中选择“中心_长_宽”方式，输入长度 42.5，宽度 37，如图 10-78a 所示，光标拾取到坐标原点，绘制一个 42.5mm×37mm 的矩形，如图 10-78b 所示。

3）单击几何变换工具栏中的“平移”按钮，在立即菜单中输入“DX = 21.25　DZ = −18.5”，如图 10-79a 所示，然后拾取矩形的四条边，单击鼠标右键确认，将矩形的左上角平移到原点（0，0，0），如图 10-79b 所示。

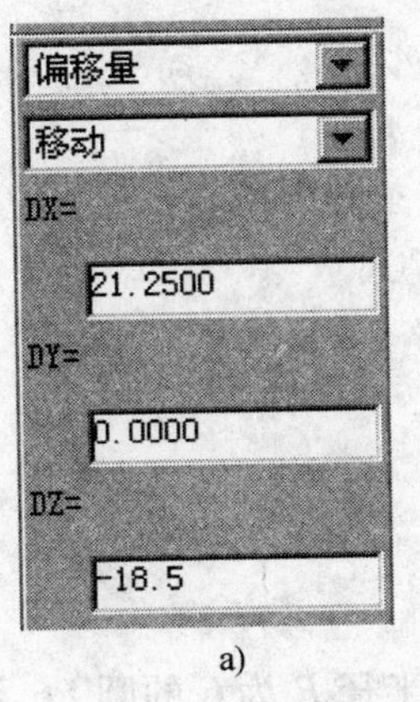

a)

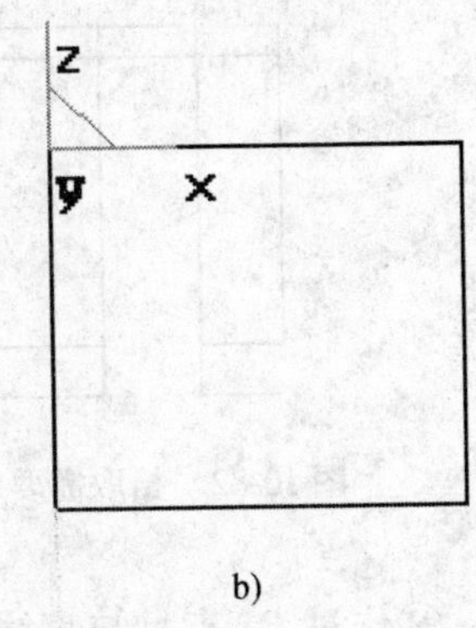

b)

图 10-79　平移矩形

a）平移矩形立即菜单选择　b）平移矩形效果

4）单击曲线工具栏中的“等距线”按钮，在立即菜单中输入距离 3，拾取矩形的最上面一条边，选择向下箭头为等距方向，生成距离为 3 的等距线，如图 10-80 所示。

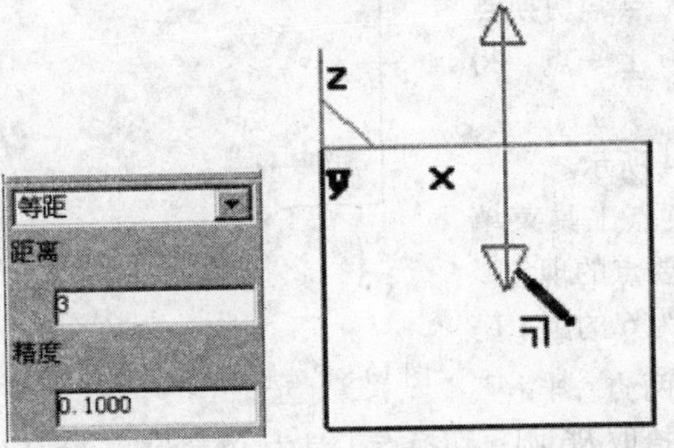

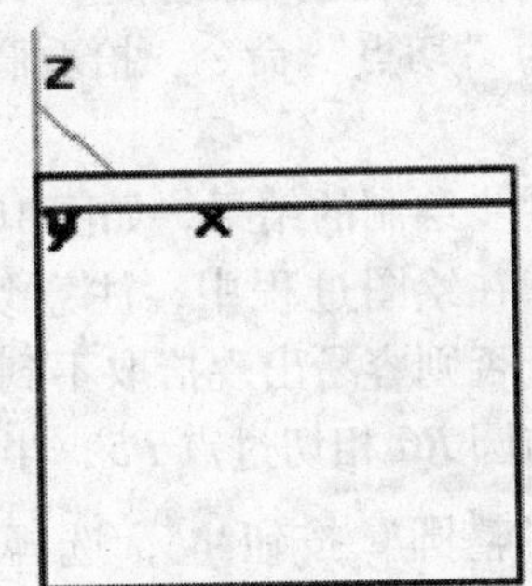

图 10-80　生成等距线

5）用上述相同的等距方法，生成如图 10-81 所示尺寸标注的各个等距线。

6）单击曲面编辑工具栏中的“裁剪”按钮，拾取需要裁剪的线段，结果如图 10-82 所示，然后单击“删除”按钮，拾取需要删除的直线，按右键确认删除，结果如图 10-83 所示。

7）绘制第一条截面线。

①作过 $P1$、$P2$ 点且与直线 $L1$ 相切的圆弧。

单击“圆弧”按钮，选择“两点_半径”方式，拾取 $P1$ 点和 $P2$ 点，然后按空格键，在弹出的点工具菜单中选择“切点”命令，拾取直线 $L1$。

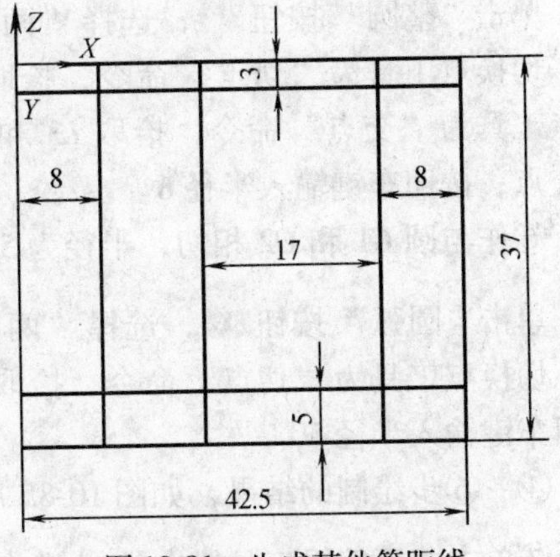

图 10-81　生成其他等距线

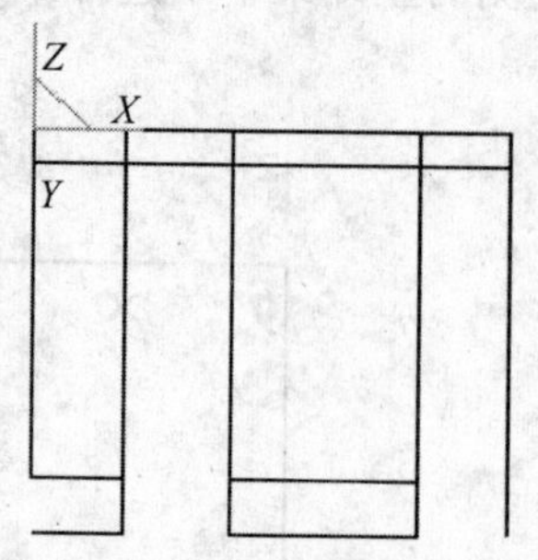

图 10-82 拾取需要裁剪的线段

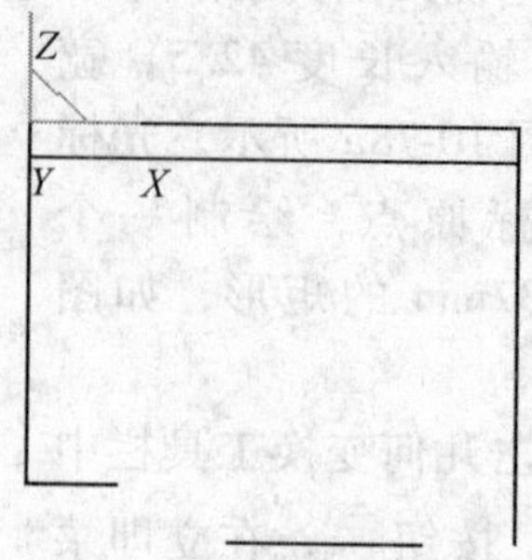

图 10-83 裁剪的效果

②作过 $P4$ 点且与直线 $L2$ 相切，半径 R 为 6 的圆 $R6$。

单击“整圆”按钮，拾取直线 $L2$（上一步中点工具菜单中选中了“切点”命令），切换点工具为“默认点”命令，然后拾取 $P4$ 点，按回车键输入半径 6。

③作过直线端点 $P3$ 和圆 $R6$ 的切点的直线。

单击“直线”按钮，拾取 $P3$ 点，切换点工具菜单为“切点”命令，拾取圆 $R6$ 上一点，得到切点 $P5$。

①~③步绘制的结果，如图 10-84 所示。

注意：在绘图过程中，注意切换点工具菜单中的命令，否则容易出现拾取不到需要点的现象。

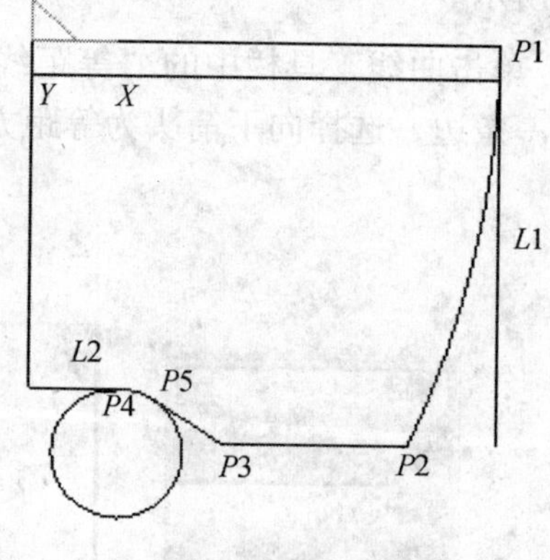

图 10-84 绘制第一条截面线①~③步结果

④作与圆 $R6$ 相切过点 $P5$，半径为 6 的圆 $C1$。

单击“整圆”按钮，选择“两点_半径”方式，切换点工具为“切点”命令，拾取 $R6$ 圆；切换点工具为“端点”，拾取 $P5$ 点；按回车键，输入半径 6。

⑤作与圆弧 $C4$ 相切，过直线 $L3$ 与圆弧 $C4$ 的交点，半径为 6 的圆 $C2$。

单击“整圆”按钮，选择“两点_半径”方式，切换点工具为“切点”命令，拾取圆弧 $C4$；切换点工具为“交点”命令，拾取 $L3$ 和 $C4$ 得到它们的交点；按回车键输入半径 6。

⑥作与圆 $C1$ 和 $C2$ 相切，半径为 50 的圆弧 $C3$。

单击“圆弧”按钮，选择“两点_半径”方式，切换点工具为“切点”命令，拾取圆 $C1$ 和 $C2$，按回车键输入半径 50。

④~⑥步绘制的结果，如图 10-85 所示。

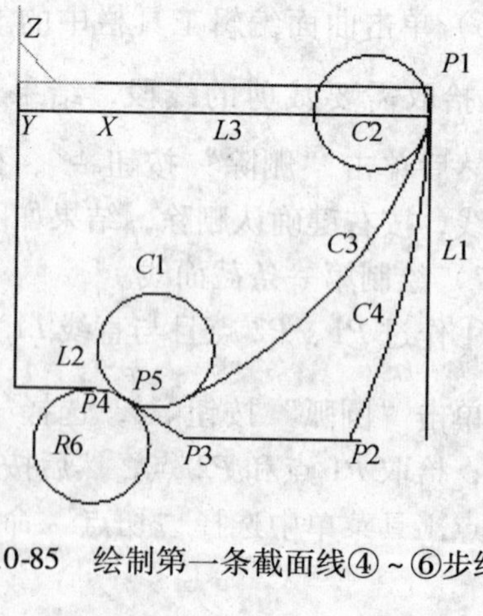

图 10-85 绘制第一条截面线④~⑥步结果

⑦单击曲面编辑工具栏中的“裁剪”按钮和

“删除”按钮，去掉不需要的部分。在圆弧 C4 上单击鼠标右键选择“隐藏”命令，将其隐藏，如图 10-86 所示。

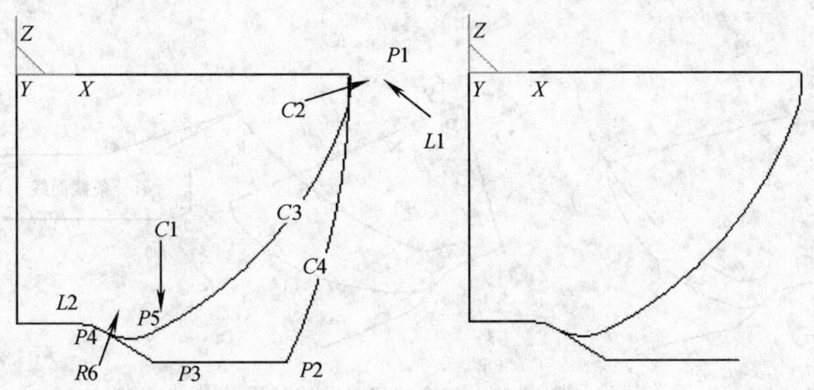

图 10-86　去掉不需要的部分

⑧按下 F5 键，将绘图平面切换到 XOY 平面，然后再按 F8，显示其轴侧图，如图 10-87 所示。

⑨单击曲面编辑工具栏中的“平面旋转”按钮，在立即菜单中选择“拷贝”方式，输入角度 41.6°，拾取坐标原点为旋转中心点，然后框选所有线段，单击右键确认，如图 10-88 所示。

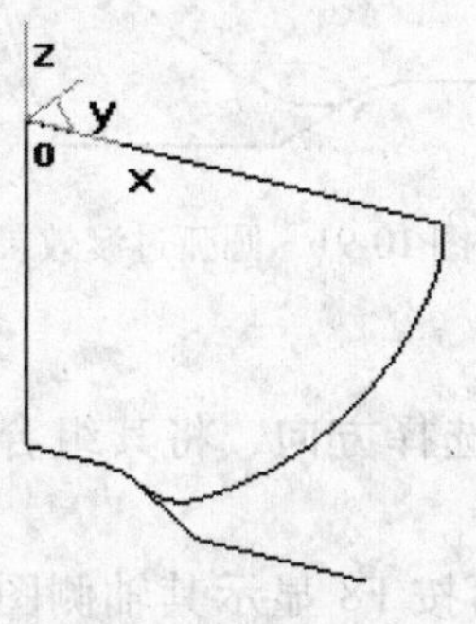

图 10-87　轴侧图效果

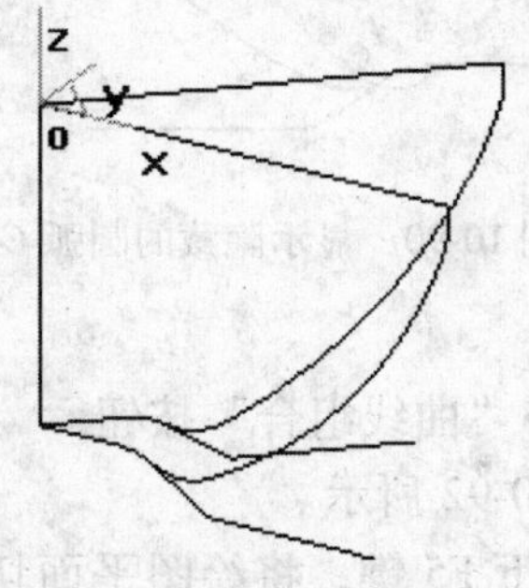

图 10-88　平面旋转后的效果

⑩单击“删除”按钮，删掉不需要的部分。按下 Shift + 方向键旋转视图，观察生成的第一条截面线。单击“曲线组合”按钮，拾取截面线，选择方向，将其组合成一样条曲线，如图 10-89 所示。

至此，第一条截面线完成。因为作第一条截面线用的是拷贝旋转，所以完整地保留了原来绘制的图形，我们只需要稍加编辑就可以完成第二条截面线。

8）绘制第二条截面线。

①按 F7 将绘图平面切换到 XOZ 面内，如图 10-90 所示，单击“线面可见”按钮，显示前面隐藏掉的圆弧 C4，并拾取确认。然后拾取第一条截面线，单击右键，选择“隐藏”命令，将其隐藏掉。

②单击“删除”按钮，删掉不需要的线段。单击“曲线过渡”按钮，选择“圆弧过渡”方式，半径为6，对 $P2$、$P3$ 两处进行过渡，如图10-91所示。

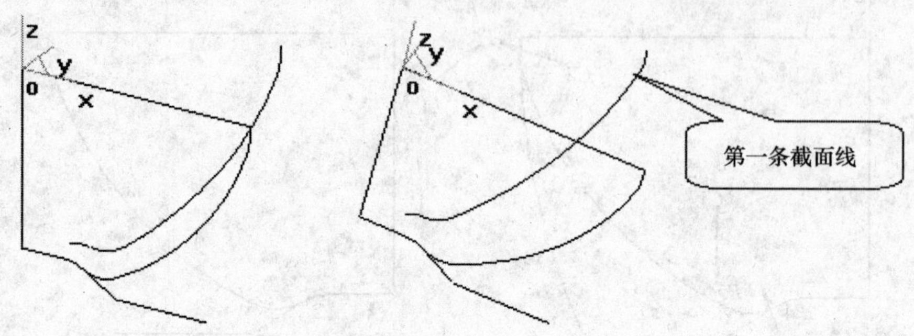

图10-89 组合成样条曲线效果

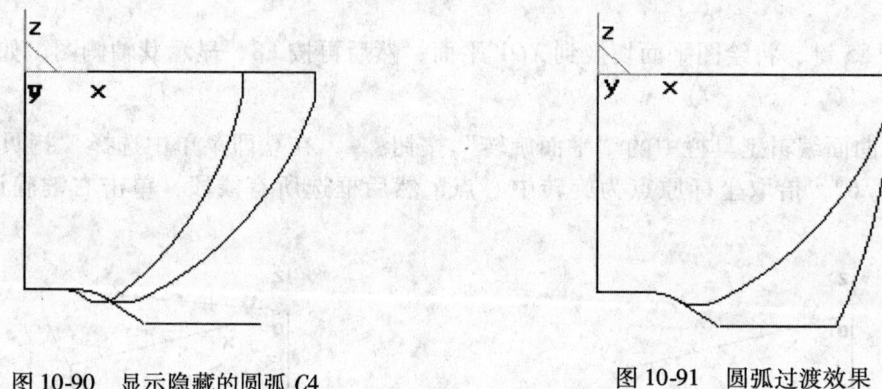

图10-90 显示隐藏的圆弧 $C4$

图10-91 圆弧过渡效果

③单击“曲线组合”按钮，拾取第二条截面线，选择方向，将其组合成一样条曲线，如图10-92所示。

9）按下F5键，将绘图平面切换到 XOY 平面，然后再按F8显示其轴侧图。单击“圆弧”按钮，选择“圆心_半径”方式，以 Z 轴方向的直线两端点为圆心，拾取截面线的两端点为半径，绘制如图10-93所示的两个圆。

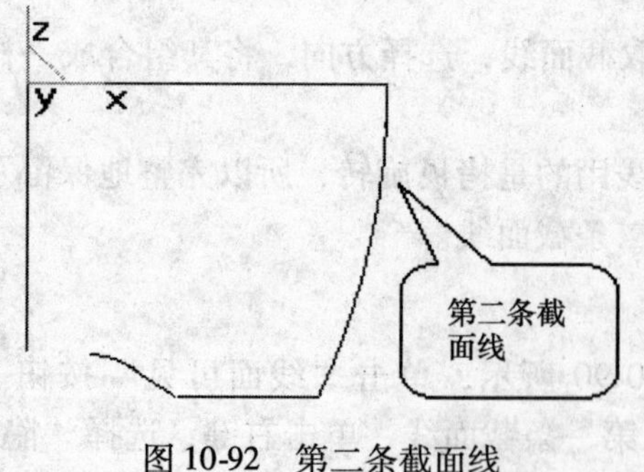

图10-92 第二条截面线

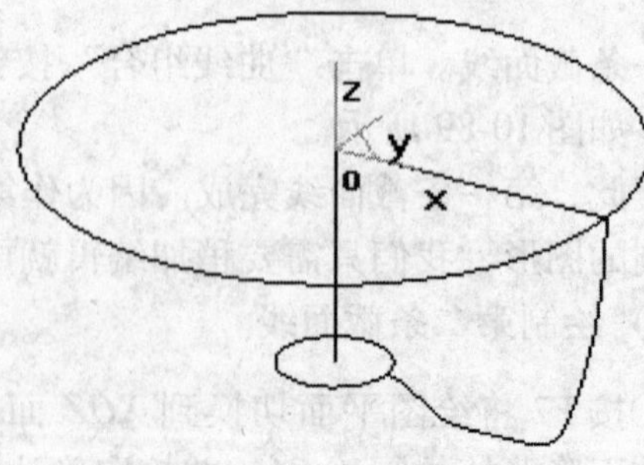

图10-93 绘制 Z 向两圆效果

10）删除两条直线。单击“线面可见”按钮，显示前面隐藏的第一条截面线，如图10-94所示。

11）单击曲面编辑工具栏中的“平面旋转”按钮，在立即菜单中选择“拷贝”方式，输入角度11.2°，拾取坐标原点为旋转中心点，拾取第二条截面线，单击右键确认，如图10-95所示。

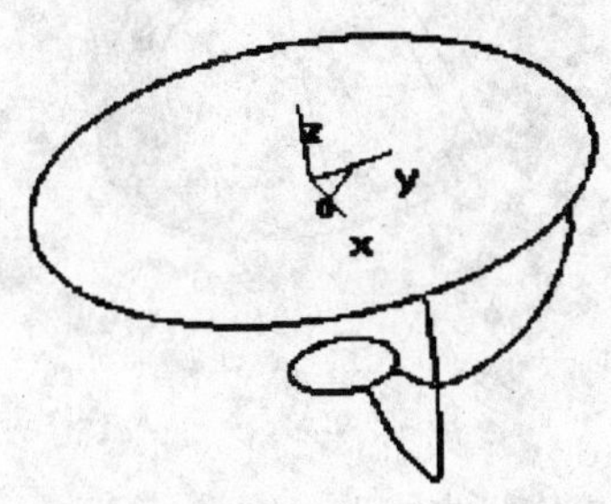

图10-94 删除两条直线后的效果

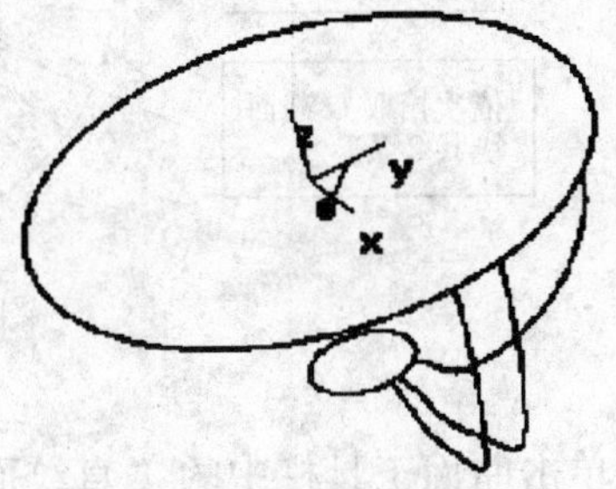

图10-95 平面旋转后的效果

可乐瓶底有五个相同的部分，至此，我们完成了其中一部分的截面线，通过阵列我们就可以得到全部，这是一种简化作图的有效方法。

12）曲面线架的生成。单击“阵列”按钮，选择“圆形”阵列方式，如图10-96所示份数为5，拾取三条截面线，单击鼠标右键确认，拾取原点（0，0，0）为阵列中心，按鼠标右键确认，立刻得到如图10-97所示。

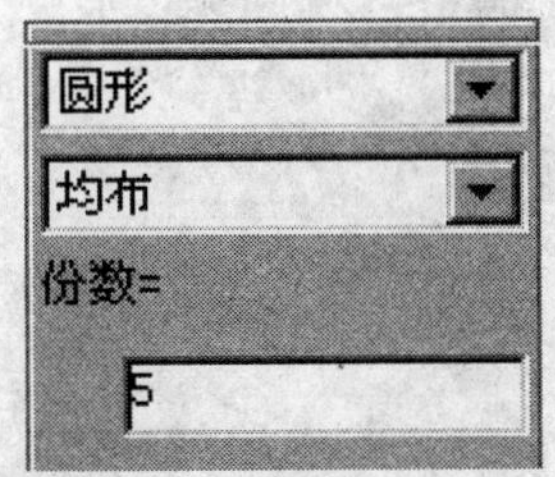

图10-96 圆形阵列参数输入

图10-97 圆形阵列后的效果

至此为构造曲面所作的线架已经完成。

2. 生成网格面

按F5键进入俯视图，单击曲面工具栏中的“网格面”按钮，依次拾取U截面线共2条，按鼠标右键确认；再依次拾取V截面线共15条，按右键确认，曲面生成如图10-98所示。

3. 生成直纹面

底部中心部分曲面可以用两种方法来做：① 裁剪平面；② 直纹面（点+曲线）。这里用直纹面“点+曲线”来做，这样的好处是加工时两张面（网格面和直纹面）可以一同用参数线来加工，而裁剪平面不能与非裁剪平面一起来加工。

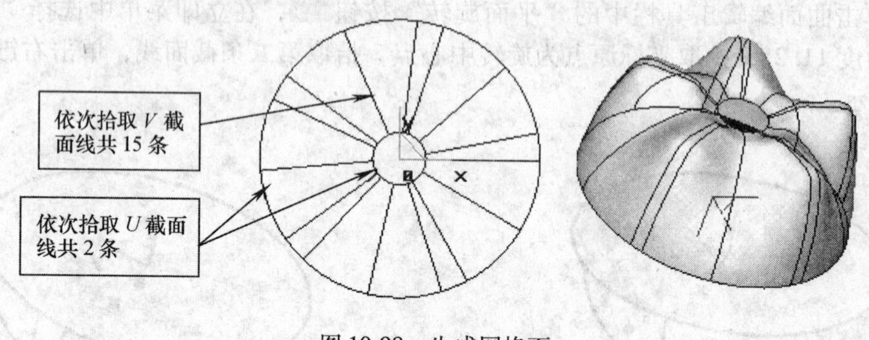

图10-98　生成网格面

1）单击曲面工具栏中的“直纹面”按钮，选择“点+曲线”方式。

2）敲空格键，在弹出的点工具菜单中选择“圆心”命令，拾取底部圆，先得到圆心点，再拾取圆，直纹面立即生成，如图10-99所示。

3）单击“设置”菜单，选择“拾取过滤设置”选项，打开如图10-100所示的拾取过滤器对话框，取消【图形元素的类型】中的“空间曲面”项。

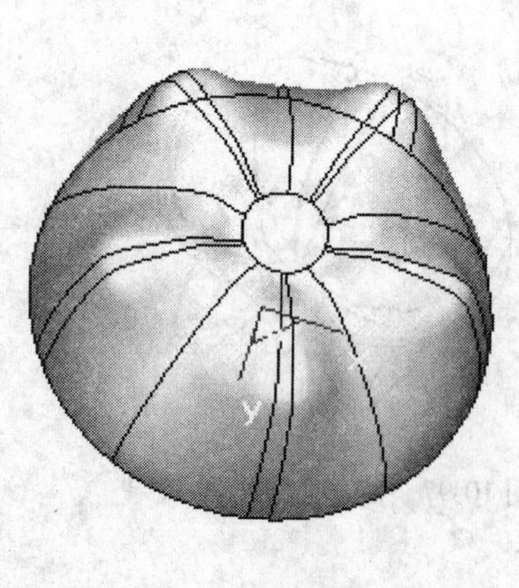

图10-99　生成直纹面

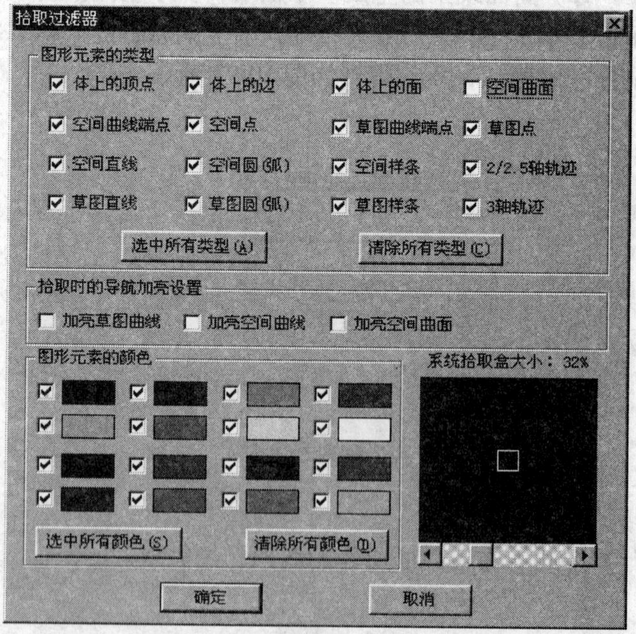

拾取过滤器

图形元素的类型

☑ 体上的顶点　☑ 体上的边　☑ 体上的面　☐ 空间曲面

☑ 空间曲线端点　☑ 空间点　☑ 草图曲线端点　☑ 草图点

☑ 空间直线　☑ 空间圆(弧)　☑ 空间样条　☑ 2/2.5轴轨迹

☑ 草图直线　☑ 草图圆(弧)　☑ 草图样条　☑ 3轴轨迹

选中所有类型(A)　清除所有类型(C)

拾取时的导航加亮设置

☐ 加亮草图曲线　☐ 加亮空间曲线　☐ 加亮空间曲面

图形元素的颜色　系统拾取盒大小：32%

选中所有颜色(S)　清除所有颜色(D)

确定　取消

图10-100　拾取过滤器对话框

4）选择“编辑”→“隐藏”命令，框选所有曲线，按右键确认，就可以将线框全部隐藏，结果如图10-101所示。

至此，可乐瓶底的曲面造型已经做完。下一步的任务是如何选用曲面造型造出实体。

4. 曲面实体混合造型

造型思路：先以瓶底的上口为基准，构造一个立方体实体，然后用可乐瓶底的两张面（网格面和直纹面）把不需要的部分裁剪掉，得到我们所要的凹模型腔。曲面裁剪实体是 CAXA 制造工程师中非常有用的功能。

1）单击特征树中的“平面 *XOY*”，选定平面 *XOY* 为绘图的基准面。

2）单击“绘制草图”按钮，进入草图状态如图 10-102 所示，在选定的基准面 *XOY* 面上绘制草图。

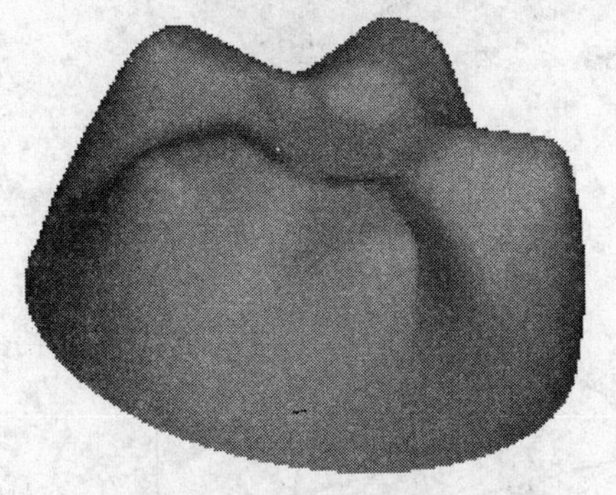

图 10-101　线框全部隐藏后的效果

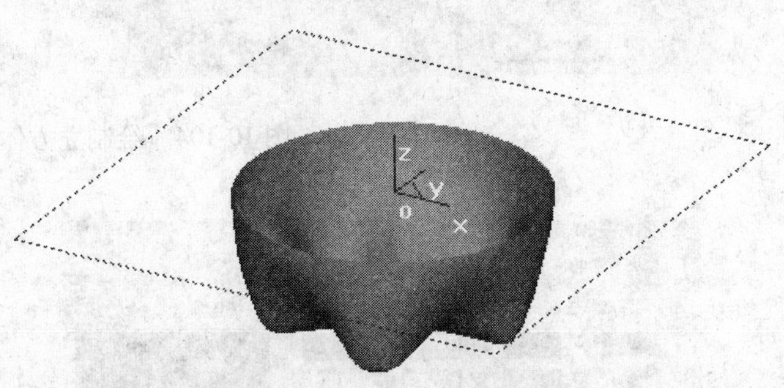

图 10-102　进入草图状态

3）单击曲线工具栏中的“矩形”按钮，选择“中心_长_宽”方式，输入长度 120，宽度 120，拾取坐标原点（0，0，0）为中心，得到一个 120mm × 120mm 的正方形，如图 10-103 所示。

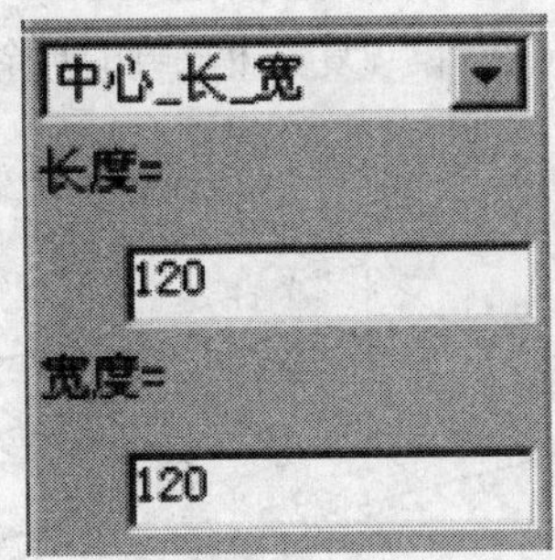

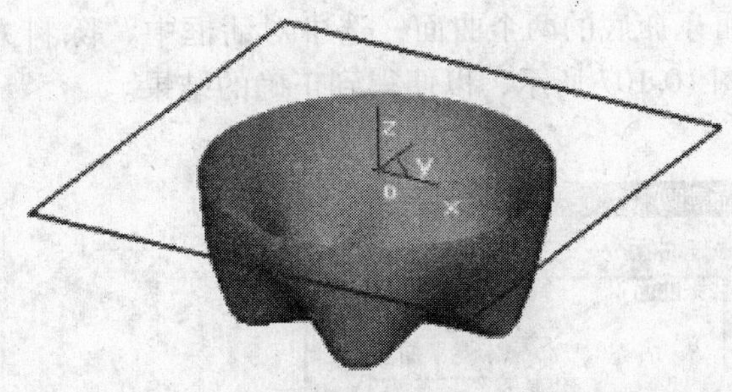

图 10-103　绘制正方形

4）单击特征生成工具栏中的“拉伸”按钮，在弹出的“拉伸”对话框中，输入深度为 50，选中“反向拉伸”复选框，单击“确定”得到立方体，如图 10-104 所示。

5）选择“设置”菜单→【拾取过滤设置】命令，在弹出的对话框中的“拾取时的导航加亮设置”项选中【加亮空间曲面】，这样当鼠标移到曲面上时，曲面的边缘会被加亮。同时为了更加方便拾取，单击“显示线架”按钮，退出真实感显示，进入线架显示，如图 10-105 所示，可以直接点取曲面的网格线。

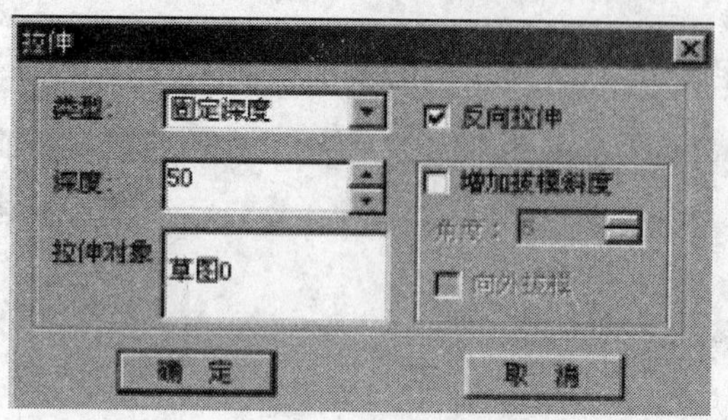

图 10-104 绘制立方体

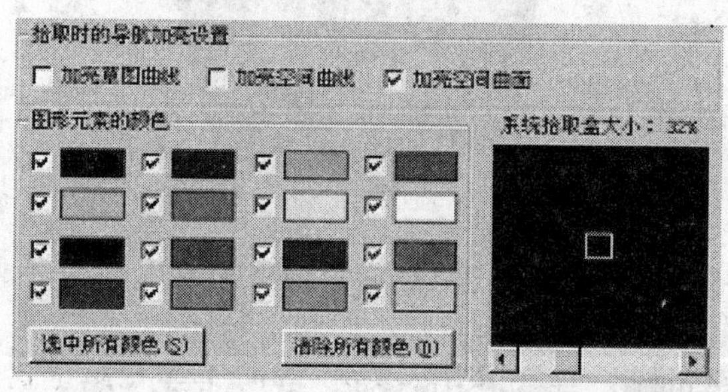

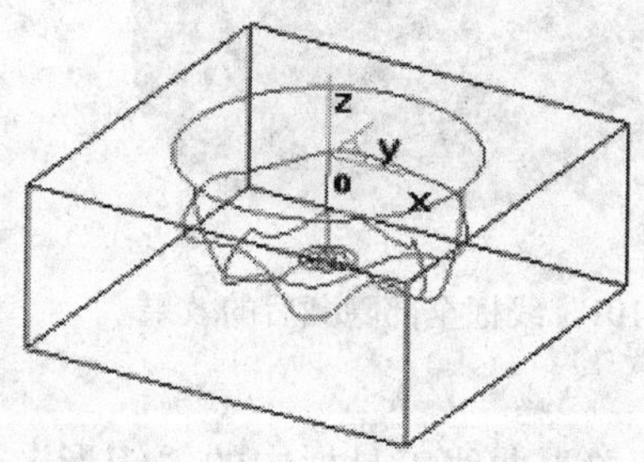

图 10-105 线架显示

6）单击特征生成工具栏中的“曲面裁剪除料”按钮，弹出如图 10-106 所示对话框，拾取可乐瓶底的两个曲面，选中对话框中“除料方向选择”复选框，切换除料方向为向里，如图 10-107 所示，以便得到正确的结果。

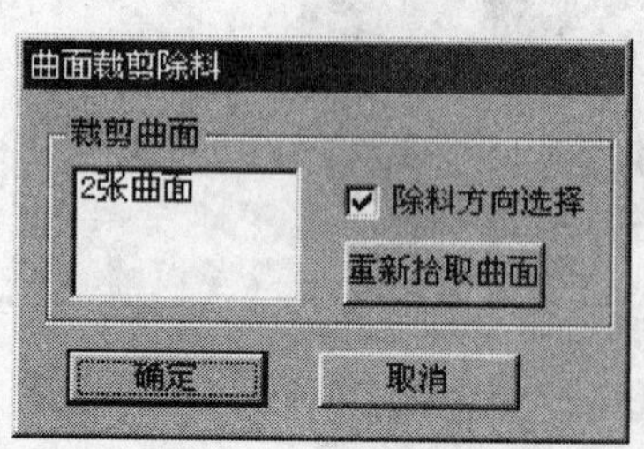

图 10-106 曲面裁剪除料对话框

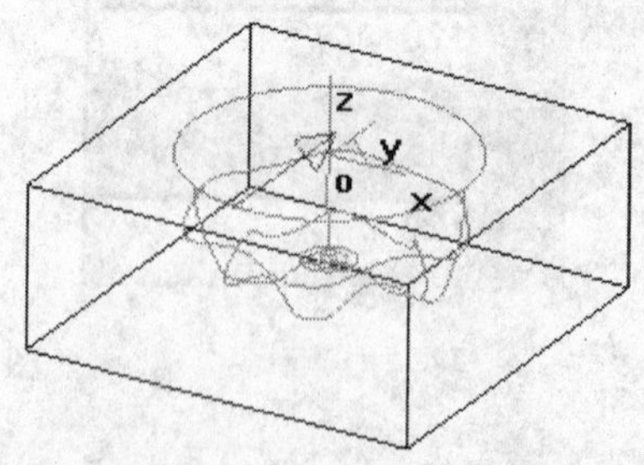

图 10-107 切换除料方向

7）单击“确定”，曲面除料完成。选择“编辑”→“隐藏”命令，拾取两个曲面将其隐藏，然后单击“真实感显示”按钮，造型结果如图 10-108 所示。

三、可乐瓶底加工

1. 加工方法分析

可乐瓶底凹模型腔的整体形状较为陡峭，所以粗加工采用等高粗加工方式。然后用参数线精加工方式对凹模型腔中间曲面进行精加工。

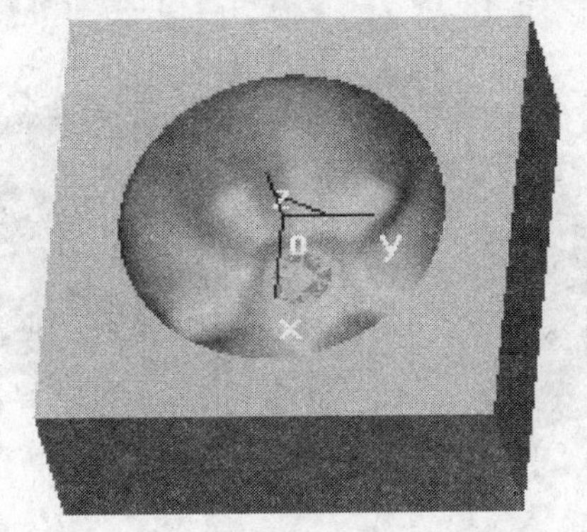

图 10-108 真实感显示

图 10-109 拾取模型上内轮廓

2. 工件坐标原点和装夹方法

为了与设计基准保持一致，将工件坐标原点选在零件底面中心处；采用平口台虎钳夹紧。

3. 生成刀具轨迹

步骤：

（1）粗加工轨迹的生成——等高粗加工

1）实体边界拾取 单击“曲线工具”工具条上的“相关线”按钮→【实体边界】，如图 10-109 所示，拾取模型上内轮廓（或作一个圆）。

2）定义毛坯，可选用“参照模型”的方法：单击“加工”菜单，打开如图 10-3 所示的“定义毛坯”对话框。

3）单击“加工”菜单，再单击“等高线粗加工”选项，打开如图 10-110 所示的对话框，分别设置“加工参数 1”、“加工参数 2”、“切入切出”、“下刀方式”、“切削用量”、“加工边界”、“刀具参数”页标签中的加工参数（略）→单击【确定】按扭。

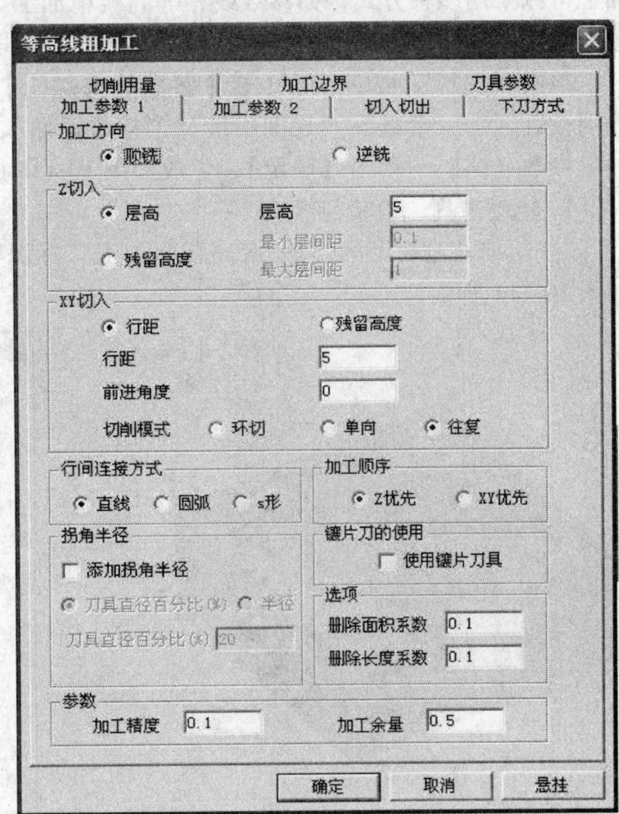

图 10-110 等高线粗加工的对话框

4）如图 10-111 所示，拾取实体→单击鼠标右键→拾取加工边界→拾取任一指向的箭头，生成如图 10-112 所示“等高线粗加工”的刀具轨迹。

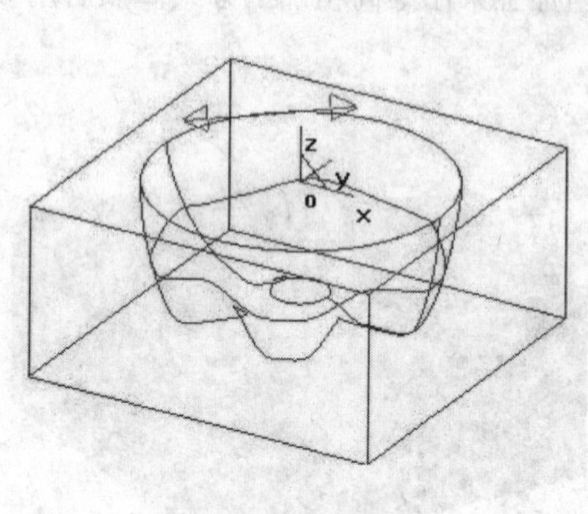

图 10-111 拾取实体

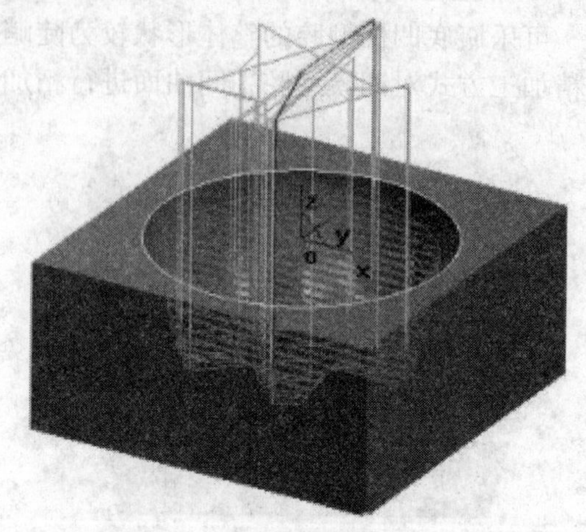

图 10-112 等高线粗加工刀具轨迹

5）拾取粗加工刀具轨迹，单击右键，选择“隐藏“命令，将粗加工轨迹隐藏。

（2）精加工轨迹的生成——参数线精加工 可乐瓶底内型腔表面为 5 张曲面，本例精加工可以采用多种方式，如参数线、等高线精加工等。下面仅采用参数线精加工。曲面的参数线加工要求曲面有相同的走向、公共的边界，点取位置要对应。

单击“加工”菜单，再单击【参数线精加工】选项，打开如图 10-73 所示的对话框，分别设置“加工参数”、“切削用量”、“接近返回”、“下刀方式”、“刀具参数”页标签中的加工参数（略）→单击【确定】，生成如图 10-113 所示的参数线精加工轨迹。

4. 轨迹仿真、检验与修改

1）拾取轨迹树上的“1—等高线粗加工”标识项→单击鼠标右键→选取【显示（D）】，如图 10-114 所示。

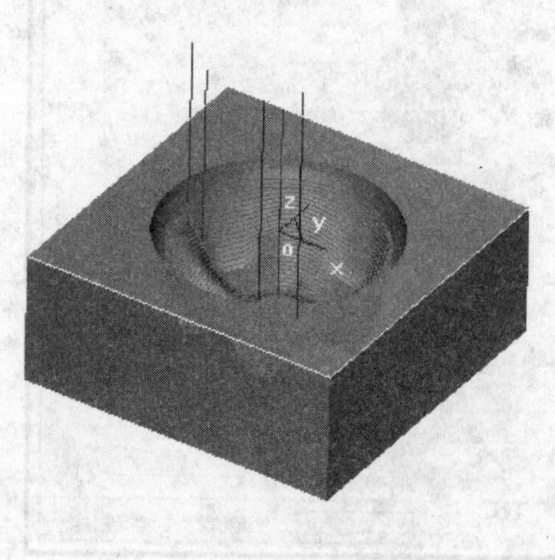

图 10-113 参数线精加工轨迹

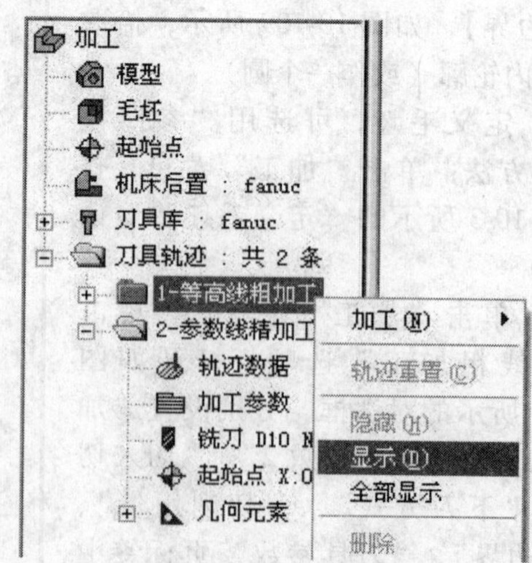

图 10-114 拾取轨迹树上的“1—等高线粗加工”标识项

2）单击【加工】→【轨迹仿真】命令→拾取粗加工/精加工的全部刀具轨迹，单击鼠标右键→系统立即将进行加工仿真，仿真结果如图 10-115 所示。

3）仿真检验无误后，单击“文件”→“保存”，保存粗加工和精加工轨迹。

5. 后置处理

用户可以增加当前使用的机床，给出机床名，定义适合自己机床的后置格式。系统默认的格式为 FANUC 系统的格式。

1）选择【加工】→【后置处理】→【后置设置】命令，弹出后置设置对话框。

2）增加机床设置。选择当前机床类型→FANUC，如图 10-6 所示。

3）单击【后置设置】页标签→查看和设置相应的选项。

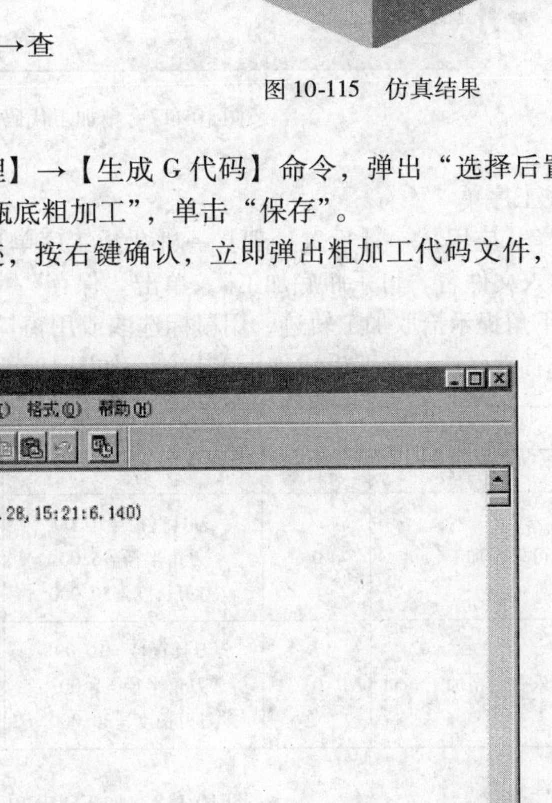

图 10-115　仿真结果

6. 生成 G 代码

1）选择【加工】→【后置处理】→【生成 G 代码】命令，弹出“选择后置文件”对话框，填写加工代码文件名“可乐瓶底粗加工”，单击“保存”。

2）拾取生成的粗加工刀具轨迹，按右键确认，立即弹出粗加工代码文件，保存即可，如图 10-116 所示。

可乐瓶底粗加工.cut - 写字板

文件(F)　编辑(E)　查看(V)　插入(I)　格式(O)　帮助(H)

```
%
(可乐瓶底粗加工.cut,2006.12.28,15:21:6.140)
N10G90G54G00Z60.000
N12S1000M03
N14X18.199Y2.337Z60.000
N16Z50.000
N18Z15.000
N20G01Z0.000F20
N22X-37.167Y14.184F300
N24X-35.569Y18.229
N26X-31.494Y24.606
N28X-26.242Y30.133
N30X-20.063Y34.561
N32X-13.153Y37.737
N34X-5.766Y39.533
N36X1.840Y39.916
N38X5.627Y39.569
N40X9.426Y38.839
```

要“帮助”，请按 F1　NUM

图 10-116　粗加工代码

3）用同样的方法生成精加工 G 代码，如图 10-117 所示。

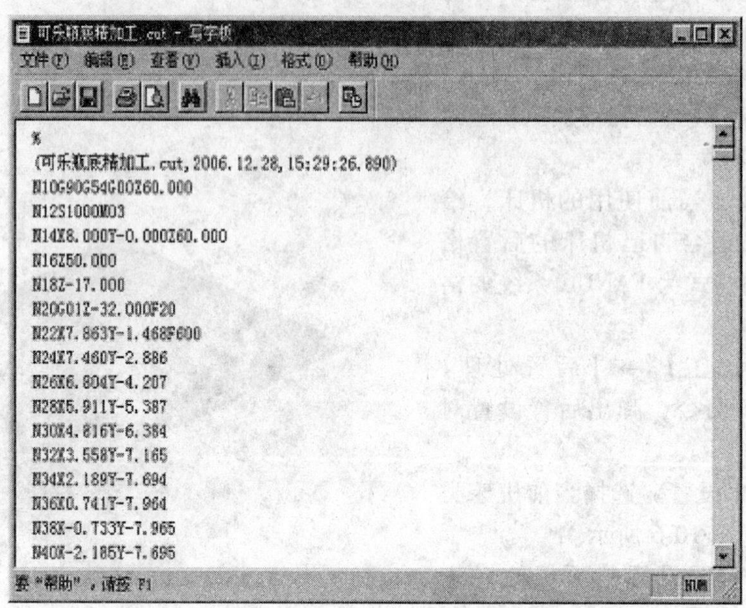

图 10-117　精加工代码

7. 生成工序单

1）选择【应用】→【后置处理】→【生成工序单】命令，弹出“选择 HTML 文件名”对话框，输入文件名“可乐瓶底加工”，单击“保存”。

2）左下角提示拾取加工轨迹，用鼠标选取或用窗口选取或按“W”键，选中全部刀具轨迹，单击右键确认，立即生成加工工艺单，如图 10-118 所示。

加工轨迹明细单						
序号	代码名称	刀具号	刀具参数	切削速度	加工方式	加工时间
1	可乐粗加工.cut	0	刀具直径＝10.00 刀角半径＝5.00 刀刃长度＝30.000	300	粗加工	120 分钟
2	可乐瓶底精加工.cut	0	刀具直径＝10.00 刀角半径＝5.00 刀刃长度＝30.000	600	参数线	65 分钟

图 10-118　加工工艺单

究竟采用哪一种加工方式来生成轨迹，要根据所要加工形状的具体特点，不能一概而论。对于本例来说，参数线方式加工效果较好。最终加工结果的好坏，是一个综合性的问题，它不单纯决定于程序代码的优劣，还决定于加工的材料、刀具、加工参数设置、加工工艺、机床特点等等。多种因素配合好了，我们才能够得到较佳的加工结果。

复习思考题

10-1　CAXA 软件提供的“粗加工”和“精加工”方法有哪些？

10-2　两轴半铣削加工方法，能加工平面吗？能加工曲面吗？

10-3　什么是刀具轨迹的起始点？

10-4　写出毛坯定义的全部方法？

10-5　CAXA 软件提供的“粗加工”和“精加工”，与机加工工艺中的术语有何不同？

10-6　项目实训题：按如图 10-119 所示的某旋钮模型图尺寸编制 CAM 加工程序，已知毛坯尺寸为 100mm×40mm×16mm，材质为 2A12。

要求：

1）合理安排加工工艺路线和建立加工坐标系。

2）编制完整的 CAM 加工程序，后置处理格式按 FAUNC—0i 或 Siemens 802D 系统要求生成。

3）调用 2）生成的 NC 程序，完成零件的仿真加工，所有尺寸公差按 ±0.01mm 计，表面粗糙度上限 $R_a3.2\mu m$。

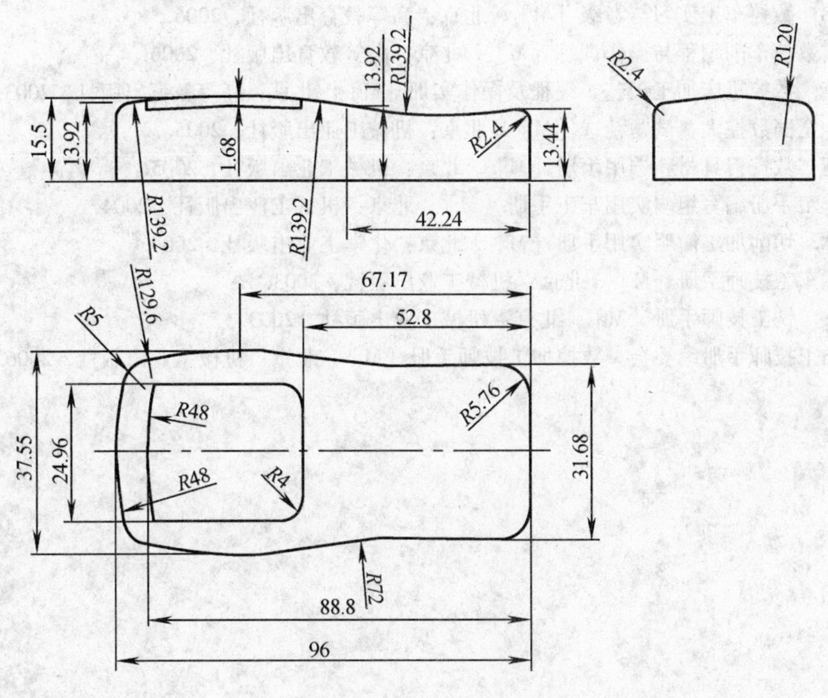

图 10-119　旋钮模型图

参 考 文 献

[1] 华中数控股份有限公司. HNC—21T 世纪星车削数控装置编程说明书. 2002.

[2] 华中数控股份有限公司. HNC—21M 世纪星铣削数控装置编程说明书. 2002.

[3] 台中精机. Fanuc 0i—MA 系统操作说明书. 2004.

[4] 大连机床厂. Fanuc 0i—TB 系统操作说明书. 2004.

[5] 南京第一机床厂. Siemens 802D 系统操作说明书. 2005.

[6] 杨仲冈. 数控设备与编程 [M]. 北京：高等教育出版社，2003.

[7] 朱鹏超. 数控加工技术 [M]. 北京：高等教育出版社，2002.

[8] 吴文龙. 数控系统 [M]. 北京：高等教育出版社，2006.

[9] 黄康美. 数控加工实训教程 [M]. 北京：电子工业出版社，2004.

[10] 徐夏民. 数控铣工实习与考级 [M]. 北京：高等教育出版社，2006.

[11] 孙伟伟. 数控车工实习与考级 [M]. 北京：高等教育出版社，2006.

[12] 高枫. 数控车削编程与操作训练 [M]. 北京：高等教育出版社，2006.

[13] 张超英. 数控机床加工工艺、编程及操作实训 [M]. 北京：高等教育出版社，2003.

[14] 袁锋. 全国数控大赛试题精选 [M]. 北京：机械工业出版社，2005.

[15] 邓建新. 数控刀具材料选用手册 [M]. 北京：机械工业出版社，2005.

[16] 实用车工手册编写组. 实用车工手册 [M]. 北京：机械工业出版社，2004.

[17] 黄如林. 切削加工简明实用手册 [M]. 北京：化学工业出版社，2004.

[18] 胡农. 车工技师手册 [M]. 北京：机械工业出版社，2003.

[19] 邱言农. 铣工技师手册 [M]. 北京：机械工业出版社，2003.

[20] 数控加工技师手册编委会. 数控加工技师手册 [M]. 北京：机械工业出版社，2006.